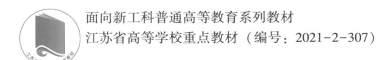

面向新工科普通高等教育系列教材

江苏省高等学校重点教材（编号：2021-2-307）

电力传动与控制

赵文祥　陈　前　刘国海　等编著

U0256233

机 械 工 业 出 版 社

本书以新工科建设理念为指导，以服务产业发展需求为目标，以适应本科专业认证要求为出发点，遵循从直流到交流、从经典到先进的编写原则，全面介绍了电力传动与控制系统。全书共 5 章，主要包括电力传动与控制系统现状与发展概述（第 1 章）、直流电动机闭环控制系统构建流程介绍（第 2 章）以及交流电动机经典及先进控制阐述（第 3~5 章）。本书旨在培养读者了解电力传动控制系统的组成和工作原理、学会直流传动系统的闭环设计及参数整定方法、掌握异步电动机传动系统动静态分析思路及矢量控制的实现、了解永磁电动机控制系统的主流发展技术以及其他新兴控制策略，使读者能够运用所学知识解决电力传动系统中的复杂工程问题。

本书力求将理论知识与工程实践紧密结合，在系统阐述交直流传动系统理论知识的前提下，增加了仿真环节以及工程实例，加深了读者对核心知识的理解。本书内容全面且合理，可作为电气工程及其自动化、自动化、农业电气化与自动化等专业的教材，也可作为其他电类专业的教学用书，同时亦可作为从事电力传动行业工程技术人员的参考用书。

本书配有授课电子课件等配套资源，需要的教师可登录 www.cmpedu.com 免费注册，审核通过后下载，或联系编辑索取（微信：18515977506，电话：010-88379753）。

图书在版编目（CIP）数据

电力传动与控制／赵文祥等编著．--北京：机械工业出版社，2025.1．--（面向新工科普通高等教育系列教材）．--ISBN 978-7-111-76516-5

Ⅰ．TM921.5

中国国家版本馆 CIP 数据核字第 2024BH0658 号

机械工业出版社（北京市百万庄大街 22 号　邮政编码 100037）

策划编辑：汤　枫		责任编辑：汤　枫　赵晓峰	
责任校对：郑　雪　宋　安		责任印制：李　昂	

北京捷迅佳彩印刷有限公司印刷

2025 年 2 月第 1 版第 1 次印刷

184mm×260mm · 14 印张 · 345 千字

标准书号：ISBN 978-7-111-76516-5

定价：69.00 元

电话服务

客服电话：010-88361066
　　　　　010-88379833
　　　　　010-68326294

封底无防伪标均为盗版

网络服务

机　工　官　网：www.cmpbook.com
机　工　官　博：weibo.com/cmp1952
金　书　　　网：www.golden-book.com
机工教育服务网：www.cmpedu.com

电力传动与控制系统在高档数控机床和机器人、航空航天装备、海洋工程装备及高技术船舶、先进轨道交通装备、节能与新能源汽车、电力装备以及农机装备等领域得到了广泛应用，为国家经济发展和国防建设提供了强大支持。因此，培养契合时代需求和引领未来的专业人才，成为高校的主要任务。目前，绝大部分高校的电气相关专业均开设了电力传动与控制课程。对于电气专业学生和电气工程师而言，有一本内容充实、难度适当、能全面涵盖电力传动与控制系统传统及新兴技术，并将其较好融合的教材至关重要。

随着变频技术和控制理论的迭代更新，大功率、高性能电力传动及其控制系统应运而生，如一些高功率密度、高效率的永磁电动机正快速占据高端应用市场。因此，为了适应时代发展，本书以交流电动机控制为主，优化直流电动机和交流电动机控制的比例，各章节内容循序渐进、有机衔接，引导读者全面系统地学习核心知识。为提升读者的实践能力，书中安排了一节涉及应用的工程案例，由编者与具备多年现场经验的工程师共同完成，从行业工程师的视角，介绍该部分内容在现场如何应用，以解决实际问题。同时为了增加教材的趣味性和可读性，每节后都加入了知识拓展环节，围绕电动机选择多个拓展科普内容，如：中国高铁中的电动机控制、驰骋在火星上的"风火轮"、碳达峰/碳中和问题和科学认识工程伦理等内容。

本书面向电力传动行业最新科技发展、立足行业应用、着眼为国育才理念，具有如下特点：

1. 内容先进、合理，满足产业发展需求

本书编写坚持精品原则，优化直流电动机控制和交流电动机控制的比例，增加永磁电动机控制内容，各章节内容循序渐进、有机衔接，引导读者全面系统地学习核心知识；立足培养读者的创新意识和实践能力，增加产业应用工程案例，提升读者能力与企业需求的匹配度。

2. 融入行业发展，激发学习兴趣

本书增加行业的发展历程、最新科技成果和职业规范等内容，让读者既了解到电力传动与控制方面的最新突破，又深刻认识我国在电力传动发展中的不足、难点和痛点，帮助其树立四个自信，激发其学习兴趣，同时也为教师开展价值塑造教学活动提供相关素材。

本书按 64 学时理论教学内容编写，考虑到各校不同专业学时的差异，在实际教学中可选用部分内容，MATLAB 仿真实验也可由读者在课后用计算机自行完成。

本书由江苏大学赵文祥教授、陈前教授、刘国海教授、于焰均副教授和陶涛讲师共同编写。其中第 1 章绪论由赵文祥编写、第 2 章由于焰均编写、第 3 章由刘国海编写、第 4 章由陈前编写、第 5 章由陶涛编写。全书由赵文祥统稿。本书部分内容取自国家杰出青年科学基金项目（52025073）、教育部产学合作协同育人项目（201902280004）和江苏省高等教育教改研究重点课题（2021JSJG612）。

在编写本书的过程中参阅和引用了部分兄弟院校的教材及国内外文献资料，在此对原作者们表示感谢。

由于编者学识有限，书中难免有疏漏和不妥之处，欢迎读者朋友们批评指正。

编　者

目录（Contents）

电力传动系统利用电动机将电能转化为机械能，并能够按照控制要求自动实现装备的运行，其主要由电动机、传输机械能的传动机构和控制电动机运转的电气控制装置组成。电力传动系统的任务是通过控制电动机电压、电流和频率等输入量，来改变装备的转矩、速度和位移等机械量，使各种装备按人们期望的要求运行，以满足生产工艺及其他应用的需要。

1.1　电力传动系统的应用领域

电力传动系统广泛应用于多个领域，以实现制造强国战略目标涉及的十大重点发展领域为例，电力传动系统是其中七个领域（节能与新能源汽车、高档数控机床和机器人、航空航天装备、海洋工程装备及高技术船舶、先进轨道交通装备、电力装备和农机装备）重大装备的关键与核心[1]。

如图 1-1a 所示的新能源汽车主要由电力传动系统、车载能源以及车身和底盘等部分组

a）新能源汽车

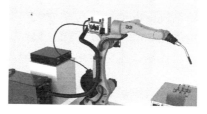

b）工业机器人

c）航空飞行器

图 1-1　电力传动系统的应用领域

成，电力传动系统作为新能源汽车的心脏，为车辆的行驶提供了全部驱动力，保证了车辆行驶过程中的动力性和平顺性。因此，电力传动系统作为新能源汽车发展的关键技术之一，直接决定了新能源汽车的爬坡、加速和最高速度等主要性能指标，并直接影响整个新能源汽车的性能和成本。

图 1-1b 为工业机器人，其通过控制关节电动机可实现特定的动作，常用于机床上下料、焊接、喷涂和装配等场合，降低工作人员的劳动强度，减少安全事故。随着发展水平的提高，各应用场合对工业机器人的精度、寿命等提出了更高的要求，而工业机器人要实现高速、高精度的运动控制，必须依赖高效的传动机构和先进的控制系统。得益于伺服电动机、减速器和编码器等机器人关键部件以及先进控制算法方面的显著进步，机器人正朝着高效率、高精度、智能化和信息化的方向发展。

飞机飞行自动控制系统也是电力传动系统在航天航空领域应用的典型案例，其核心组成如图 1-1c 所示。传统的航天装备往往需要预先设定参考轨迹，使飞行器沿预设轨迹飞行，适应性差。在应用电力传动系统后，航天装备可以将飞行中测量获得的运动参数、环境参数和推进系统运行参数等信息纳入闭环控制，根据飞行任务，在满足过程约束、终端约束的前提下，通过制导控制律在线优化、轨迹在线规划等手段，拓宽飞行轨迹变换范围，能在更宽的参数散布下保证原有的指标，从而实现航天设备的自动平稳飞行。飞行自动控制系统已经成为保证飞行器稳定、操控性、提高完成任务能力、飞行品质、安全性及减少飞行员负担的必备系统。

通过以上案例可以看出，电力传动系统有助于实现生产技术的精密化、生产设备的信息化和生产过程的自动化，符合先进制造业的发展要求。因此，新型工业化美好愿景的实现，离不开电力传动系统在各个领域中发挥的重要作用。

1.2　电力传动系统的构成及发展

电力传动系统由电动机、功率放大与变换装置、控制器、信号检测预处理装置及负载等构成，其结构如图 1-2 所示，可简单分为电动机、变流器和控制器三个部分。由图可见，现代电力传动与控制技术包含电机学、电力电子技术、微电子技术、计算机控制技术、控制

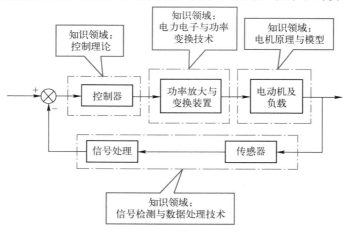

图 1-2　电力传动系统构成

理论、信号检测与数据处理技术等多门课程知识点。

1.2.1　电动机

电力传动系统的控制对象为电动机，电动机根据其用途可分为用于控制系统的拖动电动机和用于伺服系统的伺服电动机，根据其工作原理可分为直流电动机、异步电动机和永磁同步电动机等。对设计者而言，了解不同电动机的特点并根据系统性能指标选择合适的电动机至关重要。

直流电动机具有运行效率高、起动特性优越、调速范围广且平滑以及过载能力强等优点，但需要通过使用换向器和电刷进行机械换向。电刷与换向器之间的机械摩擦以及电气摩擦会不可避免地导致电刷磨损，带来系统可靠性和安全性的降低、寿命减少等问题。减轻电刷磨损和提高电刷性能可以从电气、结构和材料等方面入手，如适当减少线圈匝数以降低绕组的换向电感、电刷错位排列以提高换向性能、改善电刷与换向器之间应力、采用耐磨性好的碳纤维电刷代替石墨电刷等。

异步电动机的电磁转矩由气隙旋转磁场与转子绕组感应电流相互作用产生，具有结构简单、制造容易、运行可靠、价格低廉和维护方便等优点，非常适合制作高速大容量电动机，因而在传动系统发展过程中，逐步取代直流电动机。但交流异步电动机由于定转子磁场旋转速度不同，存在转差率，难以实现较大范围内的平滑调速，而且必须使用电容器等无功补偿装置补偿从电网吸收滞后的无功功率。异步电动机按转子结构的不同可分为笼型和绕线转子式两种，其中笼型转子结构简单可靠、价格便宜，得到了广泛的应用。图 1-3 为交流异步电动机的笼型转子，在生产制造过程中，笼型转子多采用铝铸造而成（图 1-3a），制造工艺成熟且成本较低，但铸铝转子交流异步电动机效率较差。为了解决这一难题，电导率更高的铸铜转子出现（图 1-3b），显著提升了电动机效率和寿命。然而，铸铜转子加工难度高且端环易出现气泡，于是转而使用焊接手段来制造铜心转子，先将铜条插在转子槽中，再在两侧焊上端环，但这又对焊接工艺提出了更高的要求，需要采用成本较高的感应钎焊方法。为了

a) 铸铝转子

b) 铸铜转子

c) 焊接转子

图 1-3　交流异步电动机的笼型转子

避免感应钎焊，先将表面镀银的铜质楔子插入铜条端部的间隙之中再进行焊接（图 1-3c），可以降低焊接难度和成本。

永磁同步电动机的转子磁场由永磁材料产生，可简化结构和降低能耗，其一般组成结构如图 1-4 所示。由于永磁体的排列方式灵活，永磁同步电动机转子有着丰富多样的结构，如图 1-5 所示，主要包括表贴式、内嵌式、内置式和轮辐式等。永磁同步电动机与异步电动机不同，稳态运行时不存在转差，因而只能通过改变主磁场的运行调速即改变电动机极对数或者改变定子电流频率来实现永磁同步电动机的调速。由于永磁同步电动机结构简单、体积小、重量轻、效率高、过载能力大、转动惯量小以及转矩脉动小等一系列优点，采用先进控制策略可以使永磁同步电动机输出转矩随定子电流线性变化，使其具备高精度、高动态性能和宽调速范围等优越的控制性能。另外，我国是稀土大国，无论是稀土永磁材料还是稀土永磁同步电动机的发展水平都达到了国际先进水平，因此永磁同步电动机有着广阔的应用前景和市场。

图 1-4　永磁同步电动机组成结构

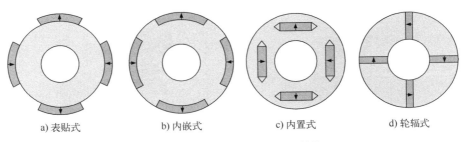

a) 表贴式　　　　　b) 内嵌式　　　　　c) 内置式　　　　　d) 轮辐式

图 1-5　永磁同步电动机转子结构

1.2.2　变流器

在调速系统中，变流器根据控制信号要求为被控电动机提供所需的电压和电流，现在多采用功率半导体器件构成变流器。功率半导体器件经历了由半控型向全控型、由低频开关向高频开关、由分立的器件向具有复合功能的功率模块发展的过程。电力电子技术的发展，使功率放大与变换装置的结构趋于简单、性能趋于完善。

晶闸管（SCR）是第一代电力电子器件的典型代表。1956 年，晶闸管的概念首次被提出，并在 20 世纪 60 年代进入市场。在很长的一段时间里，晶闸管器件在变流器中占据了主导地位。晶闸管属于半控型器件，可以用脉冲控制其开通，而一旦开通，就不能通过门极来实现关断。第一代半控型功率器件的应用推动了交直流调速系统的飞速发展。但半控型的器件特性限制了许多控制策略的应用，对于电力传动方面的交流变频等装置，必须增加强迫换流回路，使电路结构复杂。

20 世纪 70 年开始，全控型功率器件开始兴起。以功率金属-氧化物-半导体场效应晶体管（MOSFET）、绝缘栅双极型晶体管（IGBT）为代表的功率器件，不仅可以控制导通，也可以控制关断。应用于无源逆变（DC-AC）和直流调压（DC-DC）时，无需强迫换流回路，主回路结构简单。功率 MOSFET 属于多子导电的器件，其开关速度具有很大优势，但不能利用少数载流子来降低导通压降，难以在大功率领域发挥作用。IGBT 是性能理想的中大容量的中高速压控型器件，随着工艺的更新，IGBT 的开关频率和容量正在不断提高，因而 IGBT 的应用范围也迅速扩大。

近年来，随着功率半导体技术发展，以碳化硅（SiC）和氮化镓（GaN）材料制作的第三代宽禁带半导体功率器件逐渐走向商业化。宽禁带半导体功率器件相比于传统硅功率器件具有更高的工作频率、更低导通电阻和更高的工作温度。图 1-6 为常用半导体材料关键特性对比。

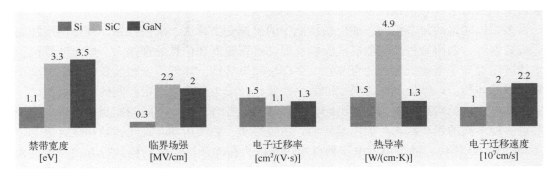

图 1-6　硅、碳化硅和氮化镓三种半导体材料关键特性对比

更高的禁带宽度意味着器件可以实现更低的漏电流和更高的工作温度，禁带宽度更宽能够使价态电子跃变成为自由电子的过程变得更加困难，故新型宽禁带半导体材料能够工作在高温、高压和强辐射等极端恶劣环境中。

更高的击穿场强意味着相同尺寸的晶片可以承受更高的电压，新型宽禁带半导体材料的击穿电场强度是硅材料的 7 倍以上。这表明当长度一样时，新型宽禁带半导体材料能够承受更高的电压等级。同理，在相同电压等级的使用条件下，新型宽禁带半导体材料所需的材料要短得多。材料的优秀特性使宽禁带半导体材料在更高电压等级工作时的开通状态电阻相对更低，故它的通态损耗也相对更低。

更高的导热能力意味着相同的耗散功率下需要的散热器更少，新型宽禁带半导体材料中的氮化镓耐压能力最强，但热导率较差，大致与硅材料相当，而碳化硅材料的热导率则是硅材料的 3 倍以上，这表明碳化硅材料拥有更优越的散热特性。

新型宽禁带半导体材料的饱和电子迁移速度是硅材料的 2 倍以上，故新型宽禁带半导体功率器件能够在更快的开关速度与更高的开关频率条件下工作，因此电力电子器件的开关损耗会更低，电容器、电感器等附加元件的体积也会更小，使变流系统的体积进一步减小、功率密度进一步提高。

1.2.3　控制器

在电力传动系统中，控制器的作用是实现系统所需要的控制规律，相当于是系统的"大脑"，其主要任务是将系统指令转换成相应的电信号，传输给功率放大与变换装置。控制器主要分为模拟控制器和数字控制器两类；控制策略包括经典控制、预测控制、自适应控制、模糊控制、神经网络控制、滑模控制和最优控制等控制规律。

模拟控制器常采用运算放大器等元器件搭建而成，具有物理概念清晰、响应速度快、实现简单且系统带宽较大等优点，但是控制算法或控制系统一经搭建，控制参数将不能修改，缺少通用性。

以单片机和数字信号处理器（DSP）为控制核心的微机控制技术迅速发展和广泛应用，促使数字控制逐步取代模拟控制，形成全数字化的电力传动控制系统。数字控制器主要包括接口部件（模/数转换器、数/模转换器、脉冲测试接口、输入输出接口和通信总线）、数字计算机（硬件和软件）两部分。数字控制器具有处理速度快、硬件电路标准化程度高、能够运行多种智能控制算法且制作成本低、控制规律修改方便等优点，此外还拥有信息存储、数据通信和故障诊断等模拟控制器难以实现的功能。

许多难以实现的复杂控制，如矢量控制中的坐标变换算法、滑模控制、神经网络控制和自适应控制等，利用微机控制器后能大幅度提高运算速度和信息处理能力。同时计算机控制技术的应用提高了电动机控制的可靠性、多样性和灵活性，降低了变频装置的成本，减小了变频装置的体积。以微处理器为核心的数字控制已经成为现代电动机控制的主要特征之一。

根据电动机结构和应用领域的不同，控制策略也各有千秋。不同的控制策略可以实现被控对象多种不同的运动状态，如连续转动、微幅移动、曲线运动、直线运动和往返运动等。

20 世纪 60 年代，随着电力电子器件应用于电力传动领域，电动机运行方式开始进入由电能变换装置控制的时代。紧接着，自动化技术和计算机技术加入电动机控制，电力传动系统控制器发生了根本性改变，具体可归纳如下。

1. 多种高性能控制理论的诞生

交流电动机是一个高阶、非线性、强耦合的多变量系统，早期的交流电动机控制系统的控制方式是基于交流电动机的稳态数学模型，其动态性能要比直流电动机控制系统逊色很多。1971 年，德国学者 F. Blaschke 提出了"异步电动机磁场定向的控制原理"[2]、美国学者 P. C. Custman 和 A. A. Clark 申请"异步电动机定子电压的坐标变换控制"的专利，两者奠定了矢量控制的基础。矢量控制的基本思想是应用参数重构和状态重构的概念实现交流电动机定子励磁分量和转矩分量之间的解耦控制，使得交流传动系统的控制效果有了显著的改善，开创了交流传动控制的新纪元。

继矢量控制技术后，1985 年，德国学者 M. Depenbrock 提出了直接自控制的直接转矩控制[3]，1986 年，日本学者 I. Takahashi 也提出了直接转矩控制思想[4]，并在实际应用中验证了其可行性。与矢量控制技术相比，直接转矩控制直接对交流电动机的转矩和定子磁链进行控制，可以获得更大的瞬时转矩和快速的动态响应，因此，直接转矩控制是继矢量控制后具有较大发展前景的控制方法。

随着工业生产从单机、单回路向大生产的发展，采用传统的理论难以实现高精度、多变量和有约束的复杂工业优化控制。智利学者 J. Rodriguez 提出了适用于电动机驱动的模型预测控制[5]，该控制方法具有多变量控制、易于处理非线性约束以及直观易实现的优点，一经提出便受到学术界的广泛关注。

考虑到电力电子电路控制变量是有限状态开关动作信号开和关的组合，模型预测控制利用被控对象的模型就可预知每一个开关状态组合对应的系统控制变量未来输出等信息，因此通过建立一个目标函数，利用预测模型进行预测，就可以选择能够获得期望系统性能指标的最优开关组合作用于被控对象，实现提前校正偏差。可以看出，将预测控制应用于电力传动控制系统，将减少计算时间和控制误差，提高电力传动系统的动态性能，满足被控对象的工作需求[6-8]。

现代电力电子技术、自动化技术和计算机技术的不断发展，为新的控制器和控制策略设计提供了支持，使得电力传动控制的精度和深度得到大幅度提高。如近年来的模糊控制、自适应控制、专家系统控制和神经网络控制等智能控制在电力传动控制中的应用成为新的热点[9-12]。

2. 控制器的多元化

电力传动控制系统是一个闭环系统，需要运用到传感器进行实时的数据测量，并将测得的物理量转化为对应的电信号反馈回控制器。在电力传动系统中，主要的传感器有位置传感器和速度传感器。但对闭环系统而言，传感器的机械安装要求高，调试工作量大，有时由于应用场合和空间的限制，难以安装传感器，因此无传感器控制应运而生。无传感器控制的基本方法是实时检测定子电压和电流，再依照电动机模型和一定的算法对转速或位置进行估算，并反馈估算值[13-14]。但无传感器控制受电动机参数影响较大，如何提高估算精度，是无传感器控制的关键问题。同样，故障诊断控制、降低系统功耗控制、状态监测和容错控制等也是研究方向。

1.2.4 信号检测与处理

电力传动系统中常需要电压、电流、转速和位置的反馈信号，为了真实可靠地得到这些信号，并实现功率电路（强电）和控制器（弱电）之间的电气隔离，需要相应的传感器。电压、电流传感器的输出信号多为连续的模拟量，而转速和位置传感器的输出信号因传感器的类型而异，可以是连续的模拟量，也可以是离散的数字量。

在闭环控制系统中，准确的转子位置是保证电动机良好控制性能的基本要求。通常，电动机转子位置由安装在电动机转子轴上的旋转变压器或位置编码器获得。光电编码器是一种集光、机、电为一体的数字检测装置，它是一种通过光电转换，将输至轴上的机械、几何位移量转换成脉冲或数字量的传感器，主要用于速度或位置的检测，具有精度高、响应快、抗干扰能力强和性能稳定可靠等显著的优点，按结构形式可分为直线编码器和旋转编码器两种类型。旋转编码器主要由光栅、光源、检读器、信号转换电路和机械传动等部分组成。光栅面上刻有节距相等的辐射状透光缝隙，相邻两个透光缝隙之间代表一个增量周期，分别用两个光栅面感光。由于两个光栅面具有 90° 的相位差，因此将该输出输入数字加减计算器，就能以分度值来表示角度。它们的节距按光电编码器的输出信号种类来划分，可分为增量式和绝对值式两大类。旋转增量式编码器转动时输出脉冲，通过计数设备来知道其位置，当编码器不动或停电时，依靠计数设备的内部记忆来记住位置。绝对值式编码器是由码盘的机械位置决定的，不受停电、干扰的影响。绝对值式编码器由机械位置决定的每个位置是唯一的，无须记忆，无须找参考点，而且不用一直计数。编码器的抗干扰特性、数据的可靠性极大提高。由于绝对值式编码器在定位方面明显地优于增量式编码器，已经越来越多地应用于工业控制定位中。常见的信号采集设备如图 1-7 所示，图 1-7a 所示为光电编码器实物图。

旋转变压器是一种输出电压随转子转角变化的信号元件。当励磁绕组以一定频率的交流电压励磁时，输出绕组的电压幅值与转子转角成正余弦函数关系，或保持某一比例关系，或在一定转角范围内与转角成线性关系。磁阻式旋转变压器输出绕组的电压幅值与转子转角也是成正余弦函数关系，其励磁绕组和输出绕组都安置在定子槽内，但励磁绕组和输出绕组的绕线形式不一样。两相绕组的输出信号彼此相差 90° 电角度，电压幅值随转角做正余弦变化。转子磁极形状做特殊优化设计，可进一步降低输出绕组的谐波分量，提高产品精度。图 1-7b 为一种旋转变压器实物图。

对于电流的检测通常可采用分流器、电流互感器、霍尔式电流传感器、零磁通霍尔式电流传感器和巨磁阻电流传感器等。其中霍尔式电流传感器在电动机驱动中被广泛地应用。霍尔式电流传感器的基本原理是一次电流产生的磁通被高品质磁心聚集在磁路中，霍尔元件固定在很小的气隙中，对磁通进行线性检测，霍尔器件输出的霍尔电压经过特殊电路处理后，二次侧输出与一次侧波形一致的跟随输出电压，此电压能够精确反映一次电流的变化，实现对一次电流的采样。图 1-7c 为一种霍尔式电流传感器实物图。

a) 光电编码器　　　　　b) 旋转变压器　　　　　c) 霍尔式电流传感器

图 1-7　常见的信号采集设备

1.2.5　负载

电力传动系统中一般包含三种负载特性，分别是恒转矩负载、通风机负载和恒功率负载，负载特性曲线如图 1-8 所示，图中 ω_{m} 为角速度。

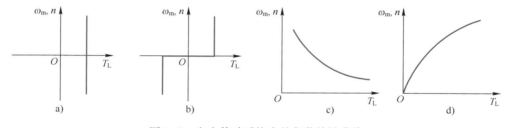

图 1-8　电力传动系统中的负载特性曲线

1）恒转矩负载的转矩特性：指负载转矩 T_L 与转速 n 无关，即当转速 n 变化时，负载转矩 T_L 保持常值不变（$|T_L|$ 为常数）。恒转矩负载有以下两类。

位能性恒转矩负载（图 1-8a）：其特点是工作机构转矩的绝对值大小是恒定不变的，而且方向不变。当 $n>0$ 时，$T_L>0$，转矩的性质是阻碍运动的制动性转矩；当 $n<0$ 时，$T_L>0$，是帮助运动的拖动性转矩。

反抗性恒转矩负载（图 1-8b）：其特点是工作机构转矩的绝对值大小是恒定不变的，转矩的性质是阻碍运动的制动性转矩，即 $n>0$ 时，$T_L>0$（常数）；$n<0$ 时，$T_L<0$（也是常数），且 T_L 的绝对值相等。

2）恒功率负载的转矩特性（图 1-8c）：是指负载的转速与转矩的乘积为常数。

3）通风机负载的转矩特性（图 1-8d）：通风机、水泵、油泵和螺旋桨等，其转矩的大小与转速的二次方成正比，即 $T_L \propto n^2$。

长知识——电力传动与控制的应用 高铁

我国的高铁事业突飞猛进地发展，高铁建设频频刷新世界纪录，取得了举世瞩目的成就。不仅如此，有着中国"外交名片"美誉的高铁还作为"一带一路"倡议实施的重要载体，承担着互联互通的时代使命。我国高铁从无到有，从追赶到超越，从引进消化吸收再创新到系统集成创新，再到完全自主创新，已经练就成世界铁路科技的集大成者。从东部走向西部，从"四纵四横"到"八纵八横"，从国内走向海外，我国高铁的大发展开启了人类交通史的新纪元。

目前，我国高铁运营里程超过 4.8 万 km，是世界上高铁建设运营规模最大的国家，比日本、德国、法国、西班牙和意大利等拥有高铁的国家和地区的总和还多，其运营速度和整体配套处于世界前列。与此同时，我国还拥有全球最为庞大和完整的产业供应链，配套产业涵盖设计研发、试验、生产和运营维护各个环节，所生产的高铁动车组和基建能在沙漠、草地、高原、沼泽、沿海等复杂地质环境和高寒或炎热气候中穿行无阻，强大的科研实力能较快满足"一带一路"沿线各国和非洲、美洲等地复杂的地理条件需求。我国高铁因其高强度大密度的运营维护需要，积累了举世无双的经验库存和原始数据，对开展世界铁路科研、建设和运营都具有较大的利用价值。

高铁的动力来源于其上方的电网，工作时通过受电弓与接触网接触将高压交流电取回车内，然后通过变压器降压和四象限整流器转换成直流，再经过逆变器转换成可调幅调频的三相交流电，输入给三相异步/同步牵引电动机定子绕组，定子绕组产生旋转磁场，在转子绕组中感应出电动势并产生电流，最终带动转子旋转。高铁中几乎每节车厢上都有电动机，几乎每个车轮都是动力旋转，列车运行时所有车轮同时转动进行高速行驶，就像赛龙舟一样，当所有车轮都一致工作时，高铁就跑得很快。可见，对高铁中牵引电动机的精确、高效控制是保证高铁稳定和高速运行的前提。

1.3 电力传动系统的特点

电力传动系统是由软、硬件闭环构成，具有反馈控制系统的特点。系统的输出能够跟随给定，同时能抑制控制器、功率放大与变换装置、电动机上的扰动，但是，当传感器与信号处理环节出现误差时，系统难以克服。

电力传动系统的主要任务是控制电动机的转速和转角，其基本运动方程为

$$\mathrm{d}\frac{(J\omega_{\mathrm{m}})}{\mathrm{d}t} = T_{\mathrm{e}} - T_{\mathrm{L}} - D\omega_{\mathrm{m}} - K\theta_{\mathrm{m}}$$

$$\frac{\mathrm{d}\theta_{\mathrm{m}}}{\mathrm{d}t} = \omega_{\mathrm{m}} \tag{1-1}$$

式中，J 为机械转动惯量（kg·m²）；ω_{m} 为转子的机械角速度（rad/s）；θ_{m} 为转子的机械转角（rad）；T_{e} 为电磁转矩（N·m）；T_{L} 为负载转矩（N·m）；D 为阻尼转矩阻尼系数；K 为扭转弹性转矩系数。

当 J 为常数时，式（1-1）可写成

$$J\frac{\mathrm{d}\omega_{\mathrm{m}}}{\mathrm{d}t} = T_{\mathrm{e}} - T_{\mathrm{L}} - D\omega_{\mathrm{m}} - K\theta_{\mathrm{m}}$$

$$\frac{\mathrm{d}\theta_{\mathrm{m}}}{\mathrm{d}t} = \omega_{\mathrm{m}} \tag{1-2}$$

若忽略阻尼转矩和扭转弹性转矩，则运动控制系统的基本运动方程式可简化为

$$J\frac{\mathrm{d}\omega_{\mathrm{m}}}{\mathrm{d}t} = T_{\mathrm{e}} - T_{\mathrm{L}}$$

$$\frac{\mathrm{d}\theta_{\mathrm{m}}}{\mathrm{d}t} = \omega_{\mathrm{m}} \tag{1-3}$$

若采用工程单位制，则式（1-3）的第 1 行应改写为

$$\frac{GD^2}{375}\frac{\mathrm{d}n}{\mathrm{d}t} = T_{\mathrm{e}} - T_{\mathrm{L}} \tag{1-4}$$

式中，GD^2 为转动惯量，习惯称飞轮力矩（N·m²），$GD^2 = 4gJ$；n 为转子的机械转速（r/min），$n = \dfrac{60\omega_{\mathrm{m}}}{2\pi}$。

由式（1-2）和式（1-3）可知，要控制转速和转角，唯一的途径就是控制电动机的转矩 T_{e}，使转速变化率按人们期望的规律变化。因此，转矩控制是运动控制的根本问题。但在实际应用时，还得充分利用电动机铁心，以实现在一定的电流作用下尽可能地产生最大转矩，以加快系统的过渡过程，必须在控制转矩的同时也控制磁通（或磁链）。因为当磁通（或磁链）很小时，即使电枢电流（或交流电动机定子电流的转矩分量）很大，实际转矩仍然很小。何况由于物理条件限制，电枢电流（或定子电流）总是有限的。因此，磁链控制与转矩控制同样重要，不可偏废。通常在基速（额定转速）以下采用恒磁通（或磁链）控制，而在基速以上采用弱磁控制。

长知识——电力传动控制系统的发展历程

电力传动主要由电动机、传动结构和电气控制装置组成。电力传动的历史可追溯到 1834 年雅可比研制成功世界第一台实用的直流电动机，随后 1888 年 N. Tesla 与美国西屋公司合作制造了第一台三相异步电动机，从此开始了用电动机拖动生产机械的电力传动时代，但是由于条件简陋，控制技术的不完善，电动机控制效率和效果不理想。随着晶闸管的发

明、自动化技术和计算机技术的不断发展，电力传动系统发生了根本性的改变，电力传动现已为主要的运动控制形式。目前，电力传动系统的工业应用领域不断扩大，已遍及能源、电力、机械、军工、电子信息、化工、交通运输和家用电器等领域，可以说如果没有电力传动，就没有便捷和高效的生活。

电力传动控制系统的发展历程可归纳为从模拟到数字、从直流到交流、从开环到闭环、从单机控制到现在的基于网络的电力传动控制。随着电力传动自身的研究和发展、电力电子技术和控制技术的不断更新，电力传动系统发展趋势为：①驱动的交流化；②功率变换器的高频化；③控制的数字化；④智能化和网络化。另外，随着新材料的发明和研制，涌现了大量的新型实用电动机，如无刷直流电动机、开关磁阻电动机、超导电动机和磁悬浮电动机等，这些也为电力传动控制的发展开辟了新领域。

随着电力电子器件在电力传动系统中获得应用，高性能交流电动机拖动控制技术得到了飞速发展，逐步取代直流电动机拖动控制，成为市场主流。但是许多高性能的交流电动机拖动控制技术都是在直流电动机拖动控制理论的基础上发展起来的，而且在一些小容量的拖动系统中仍运用着直流电动机拖动。因此，有必要对直流拖动控制系统的基本理论与控制方法进行研究与分析。

2.1　开环直流 PWM 变换器–电动机系统

2.1.1　可控直流电源发展概况

根据直流电动机机械特性方程：

$$n=\frac{E_{\mathrm{a}}}{C_{\mathrm{E}}\varPhi}=\frac{U_{\mathrm{d}}-I_{\mathrm{a}}R}{C_{\mathrm{E}}\varPhi}=\frac{U_{\mathrm{d}}-I_{\mathrm{a}}R}{C_{\mathrm{e}}} \tag{2-1}$$

式中，n 为电动机转速（r/min）；E_{a} 为直流电动机电枢反电动势平均值（V）；C_{E} 为直流电动机电动势常数（$\mathrm{V}\cdot\mathrm{r}^{-1}\cdot\mathrm{min}\cdot\mathrm{Wb}^{-1}$）；$\varPhi$ 为励磁磁通（Wb）；U_{d} 为直流电动机外加的电枢电压（V）；I_{a} 为直流电动机电枢电流（A）；R 为直流电动机电枢回路总电阻（Ω）；$C_{\mathrm{e}}=C_{\mathrm{E}}\varPhi$（$\mathrm{V}\cdot\mathrm{min}/\mathrm{r}$）。

由式（2-1）可知，调节直流电动机的转速有三种方法：

1）调节直流电动机电枢两端的输入电压 U_{d}。

2）调节（减弱）励磁磁通 $\varPhi$。

3）改变电枢回路总电阻 R。

分析可知，改变电枢回路电阻，直流电动机只能非平滑地分级调速；减弱磁通虽然能够平滑调速，但是调速范围较小，常配合调压方案实现基速以上的弱磁升速控制；调节电枢电压在一定范围内可以实现无级平滑调速，且控制方便、调速范围宽，是直流电动机调速的主要方法，本书重点讲述直流电动机调压控制方式。

要实现直流电动机转速调节，关键是需要有一个实时可调、可控的电枢电压源，将该电源称为可控直流电源，其供电原理图如图 2-1 所示。

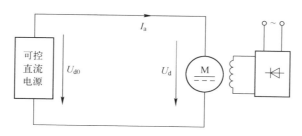

图 2-1　他励直流电动机供电原理图

可控直流电源的发展经历了三个主要阶段。

在 20 世纪中期之前，主要采用旋转变流机组作为可控直流电源，该旋转变流机组由一台交流电动机驱动一台直流发电机构成，通过改变直流发电机的励磁电流来控制其输出电压。该方案效率低、成本高、噪声大且占地面积大，已经退出历史舞台。

从 20 世纪 60 年代开始，半控型器件晶闸管被用于直流电源控制，构成晶闸管相控整流器，使得可控直流电源产生了重大的变革。该相控整流器通过改变晶闸管的触发延迟角 α 来控制输出直流电压的大小。相较于旋转变流机组，该方案虽然具有效率高、噪声小等优点，但其功率因数低、轻载时容易发生电流断续、负载谐波电流大，特别是电动机容量较大时，会成为不可忽视的"电力公害"，需要对其进行无功补偿和谐波治理。随着全控型器件的问世，晶闸管相控整流电源逐步被由全控型器件构成的脉宽调制变换器所取代，现仅在一些超大功率（兆瓦级以上）直流电动机控制系统中应用。

20 世纪 70 年代中后期，全控型器件得到迅速的发展，将其应用于直流电源的控制，构成了直流脉宽调制（Pulse Width Modulation，PWM）变换器，简称 PWM 变换器或直流斩波器。

与晶闸管相控整流器相比，PWM 变换器在如下方面具有较大的优越性：

1）主电路简单，需要较少的电力电子器件。

2）开关频率高，电流容易连续，谐波少，电动机损耗和发热都比较小。

3）低速性能好，稳速精度高，调速范围宽。

4）系统频带宽，动态响应快，动态抗扰能力强。

5）电力电子开关器件工作在开关状态时，导通损耗小，使得该变换器效率较高。

由于上述优点，在动态性能要求较高的控制系统中，PWM 变换器已经逐步取代了晶闸管相控整流器。因此本书仅分析 PWM 变换器所构成的可控直流电源的电路结构、工作原理、控制特性及数学模型。

2.1.2　直流 PWM 变换器及其动态数学模型

直流 PWM 变换器工作原理如下：用脉冲宽度调制的方法，将恒定的直流电压调制成频率一定、宽度可调的脉冲电压序列，从而改变平均输出电压的大小。图 2-2 为直流 PWM 变换器-电动机系统电路原理图，VT 代表接在直流电源 U_s 和电动机之间的全控型电力电子器件。在 VT 导通的整个 t_{on} 时间内，电动机的输入电压 $U_d = U_s$；VT 断开的整个 t_{off} 时间内，电动机的输入电压 $U_d = 0$。而时间 $t_{on} + t_{off} = T$，T 称为直流 PWM 电路的工作周期。导通时间 t_{on} 与工作周期 T 的比值，称为占空比 $\rho（0 \leqslant \rho \leqslant 1）$，即

$$\rho = \frac{t_{on}}{T} \tag{2-2}$$

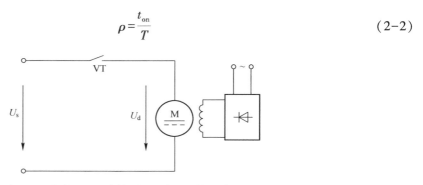

图 2-2　直流 PWM 变换器–电动机系统电路原理图

　　直流 PWM 变换器有多种电路形式，总体上可分为不可逆和可逆两大类，本书将分别介绍三种常见的直流 PWM 变换器的电路结构图及其工作原理。

1. 简单不可逆直流 PWM 变换器

　　图 2-3a 为简单不可逆直流 PWM 变换器主电路原理图，其中 VT 为全控型开关器件、C 为滤波电容、VD 为续流二极管、U_s 为恒定的直流电源，此电路也称为直流降压斩波器。

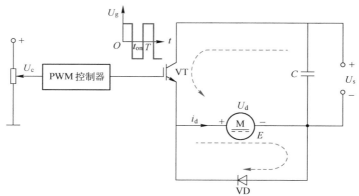

a) 主电路原理图

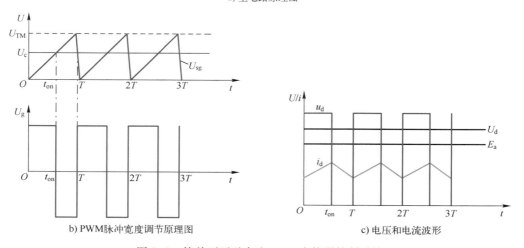

b) PWM 脉冲宽度调节原理图　　　　　　c) 电压和电流波形

图 2-3　简单不可逆直流 PWM 变换器控制系统

VT 的门极由脉宽可调的脉冲电压 U_g 驱动，而 U_g 的脉冲宽度由控制电压 U_c 进行调节，调节原理图如图 2-3b 所示。当控制电压 U_c 大于载波信号 U_{sg} 时，门极输入脉冲电压 U_g 为正；而当控制电压 U_c 小于调制信号 U_{sg} 时，U_g 为小于零的负向脉冲信号。调节控制信号 U_c 的大小，即可改变 U_g 的脉冲宽度，从而改变全控型器件 VT 导通和关断的时间。

一个开关周期内，当 $0 \leq t < t_{on}$ 时，U_g 为正，VT 饱和导通，恒定的直流电源电压 U_s 通过 VT 加在直流电动机上，此时电动机两端的电压为 U_s，电枢电流增大。当 $t_{on} \leq t < T$ 时，U_g 为负，VT 关断，电动机两端的电压为 0。由于电动机是感性负载，电流方向不能突变，只能通过续流二极管 VD 续流，电枢电流降低。可得直流电动机电枢两端的平均电压为

$$U_d = \frac{t_{on}}{T} U_s = \rho U_s \tag{2-3}$$

其中，控制电压与占空比的关系为

$$\rho = \frac{t_{on}}{T} = \frac{U_c}{U_{TM}} \tag{2-4}$$

式中，U_{TM} 为载波电压的最大值（V）。

电动机电枢电压也可用控制电压表示为

$$U_d = \frac{U_c}{U_{TM}} U_s = K_s U_c \tag{2-5}$$

其中

$$K_s = \frac{U_s}{U_{TM}} \tag{2-6}$$

改变控制电压 U_c 的大小即可改变占空比 ρ，从而改变直流电动机电枢两端的平均电压，达到电动机调压调速的目的。若令 $\gamma = \dfrac{U_d}{U_s}$ 为 PWM 电压系数，则在简单不可逆直流 PWM 变换器中，有

$$\gamma = \rho \tag{2-7}$$

图 2-3c 为直流电动机在简单不可逆直流 PWM 变换器控制下稳态时各种电压和电流波形，分别为电枢电压 $u_d = f(t)$、电流 $i_d = f(t)$、平均电压 U_d 和电枢反电动势平均值 E_a 的波形。由于电动机电磁惯性的存在，电枢电流为脉动波形，其平均值等于稳态时的负载电流 $I_{dL} = \dfrac{T_L}{C_T \Phi} = \dfrac{T_L}{C_m}$（$T_L$ 和 C_T 分别为负载转矩和转矩系数，$C_m = C_T \Phi$）。由于 PWM 变换器开关频率高，可到 15 kHz 及以上，因此电流脉动幅值不大，电流断续的范围很小，一般认为采用 PWM 变换器时电流连续，同时影响到转速和反电动势的脉动就更小了，可以忽略不计。

2. 有制动电流通路的不可逆直流 PWM 变换器

简单不可逆直流 PWM 变换器控制系统（图 2-3）中没有反向电流通路，导致电枢电流无法反向，不能产生制动电磁转矩使电动机制动。若要实现电动机制动，必须为反向电流提供通路，即提出了如图 2-4a 所示的电动机正转时带制动电流通路的不可逆直流 PWM 变换器控制系统。图中 VT₂ 和 VD₁ 分别为反向电枢电流提供通路，因此称 VT₁ 为主管、VT₂ 为辅助管，不考虑功率器件的开关时间时，VT₁ 和 VT₂ 驱动电压大小相等且极性相反，即

$U_{g1} = -U_{g2}$。

可以看出，图 2-4a 是在图 2-3a 的基础上增加了一组功率开关器件，因此它不仅能够实现图 2-3 的电动状态，还能实现电动机的制动状态，同时还会出现一种特殊情况——轻载状态。三种状态下电压、电流波形如图 2-4b~d 所示，现对这三种状态进行分析。

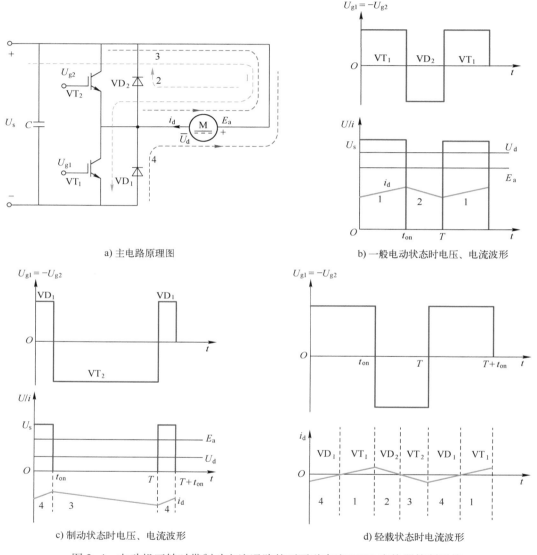

a) 主电路原理图

b) 一般电动状态时电压、电流波形

c) 制动状态时电压、电流波形

d) 轻载状态时电流波形

图 2-4　电动机正转时带制动电流通路的不可逆直流 PWM 变换器控制系统

图 2-4b 为电动机在电动状态时电压、电流在不同开关状态下的波形，由图可知电枢电流 i_d 始终为正值。设 t_{on} 为 VT_1 导通时间，当 $0 \leqslant t < t_{on}$ 时，U_{g1} 为正、U_{g2} 为负、VT_1 导通、VT_2 关断，电源电压 U_s 通过回路 1（虚线 1）加到电动机电枢两端，电枢电流 i_d 沿着回路 1 流通，电流增大。当 $t_{on} \leqslant t < T$ 时，U_{g1} 为负、U_{g2} 为正、VT_1 关断，VT_2 此时还是关断，原因是 i_d 沿着回路 2（虚线 2）经二极管 VD_2 续流，在 VD_2 两端产生的电压降给 VT_2 施加反向电压，

使 VT_2 失去导通的可能。因此，在电动状态时是由 VT_1 和 VD_2 交替导通，其电压、电流波形（图 2-4b）与简单不可逆电路输出波形（图 2-3c）一致，输出电压平均值的计算公式与式（2-3）相同。

若直流电动机需要快速减速，电动机需产生反向电磁转矩，则电枢电流 i_d 需为负值，此时电动机为制动状态。所以，制动状态的关键是如何将电枢电流反向。其方法如下：在电动状态下，减小直流 PWM 变换器控制电压 U_c，使得 U_{g1} 正脉冲变窄，负脉冲变宽，电动机两端的平均电压迅速降低。由于机电惯性的存在，转速和反电动势还来不及变化，因而导致 $E_a > U_d$，电枢电流反向，VD_2 截止，电动机进入制动状态。

图 2-4c 为直流电动机在制动状态下的电压、电流波形，以一个周期为例说明其原理。在 $t_{on} \leqslant t < T$ 期间，U_{g2} 为正，VT_2 导通，电枢反向电流沿着回路 3（虚线 3）经 VT_2 流通，此时电动机处于能耗制动。在 $T \leqslant t < T + t_{on}$（下一个周期的 $0 \leqslant t < t_{on}$）期间，U_{g2} 为负，VT_2 关断，反向电枢电流沿着回路 4（虚线 4）经 VD_1 续流，向电源回馈能量。此时 U_{g1} 虽然为正，但是 VT_1 仍关断，其原因是 VD_1 两端电压反向加在 VT_1 两端，使其无法导通。可以看出，电动机在制动状态时，VT_2 和 VD_1 轮流导通，此时 VT_1 始终处于关断状态。

还有一种特殊情况——轻载状态。此时电枢电流平均值较小，以致在 VT_1 关断后 i_d 经过 VD_2 续流，还没有到达周期 T 时，电流已经衰减至零，VT_2 提前导通，使得电枢电流经回路 3 反向流通，产生局部时间的制动。在 $T \leqslant t < T + t_{on}$ 周期内，VT_2 关断，反向电枢电流经 VD_1 续流，但是由于电流较小，也会使得 VT_1 提前导通。因此，在轻载时，一个周期分为四个阶段，其电流波形如图 2-4d 所示，电流会在正负方向之间脉动。

图 2-4 中直流电动机输入正向电压，其平均电压幅值为正，电动机正向旋转。若使直流电动机反向转动，需要通入反向电压，同样也存在三种状态，即一般电动状态、制动状态和轻载状态，其电路原理图和各状态下电压、电流波形如图 2-5 所示，图中电压和电流的正方向与图 2-4 一致，原理与电动机正转时相同，此处不再赘述。

图 2-3a、图 2-4a 和图 2-5a 都为不可逆直流 PWM 控制电路。虽然图 2-4a、图 2-5a 可以分别实现电动机的正转和反转，但是两者电路不同。且 PWM 变换器输出的电压 U_d 都是单方向的，调节占空比，只能调节输出电压的平均值的幅值，不能控制输出平均电压的方向。这种控制方式称为单极式 PWM 控制方式，简称单极式调制方式。

3. 可逆直流 PWM 变换器

可逆 PWM 变换器主电路有多种类型，将图 2-4a、图 2-5a 结合起来，就得到一种最常用的桥式（H 型）电路，实现电动机四象限运行。桥式可逆直流 PWM 变换器控制主电路原理图如图 2-6 所示，该电路可以实现单极式、双极式两种 PWM 控制方式。

单极式 PWM 控制：当 VT_3 保持导通、VT_4 保持关断时，对 VT_1 和 VT_2 进行 PWM 控制，即为图 2-4a，电动机工作在第 I 、 II 象限；当 VT_4 保持导通、VT_3 保持关断时，对 VT_1 和 VT_2 进行 PWM 控制，即为图 2-5a，电动机工作在第 III 、 IV 象限。

本书重点介绍双极式可逆 PWM 控制方式的工作原理，此时四个功率开关器件的驱动电压关系为 $U_{g1} = U_{g4} = -U_{g2} = -U_{g3}$。以一个开关周期为例，当 $0 \leqslant t < t_{on}$ 时，VT_1、VT_4 导通，此时电动机两端电压 $U_{AB} = U_s$，电枢电流 i_d 沿着回路 1 流通；当 $t_{on} \leqslant t < T$ 时，驱动电压反向，电枢电流沿回路 2 续流，此时 $U_{AB} = -U_s$。可以看出，电动机电枢两端电压 U_{AB} 在一个周期内具有正负相间的脉冲波形，这种双向取值的控制方式称为双极式调制方式。

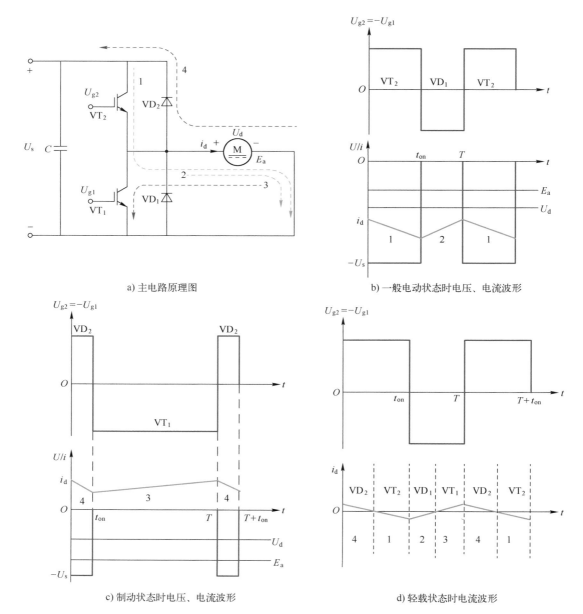

a) 主电路原理图　　　　　　　　　　　b) 一般电动状态时电压、电流波形

c) 制动状态时电压、电流波形　　　　　　d) 轻载状态时电流波形

图 2-5　电动机反转时带制动电流通路的不可逆直流 PWM 变换器控制系统

　　双极式 H 型可逆 PWM 变换器的驱动电压、输出电压和电流波形如图 2-7 所示。电枢电压 U_{AB} 在正、负之间连续变化，调节控制电压 U_c 即可调节驱动电压脉冲宽度，而电动机电枢电压的平均值则体现在驱动电压的正、负脉冲的宽窄上，当增大 U_c 时，正脉冲变宽、负脉冲变窄。电动机电枢平均端电压可表示为

$$U_d = U_{AB} = \frac{t_{on}}{T}U_s - \frac{T - t_{on}}{T}U_s = \left(\frac{2t_{on}}{T} - 1\right)U_s = (2\rho - 1)U_s \tag{2-8}$$

控制电压 U_c 与占空比 ρ 的关系为

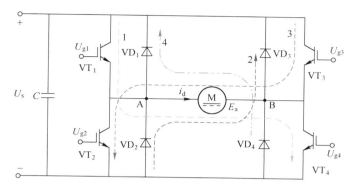

图 2-6　桥式可逆直流 PWM 变换器控制主电路原理图

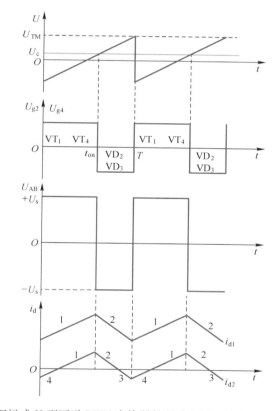

图 2-7　双极式 H 型可逆 PWM 变换器的驱动电压、输出电压和电流波形

$$\rho = \frac{t_{on}}{T} = \frac{U_c + U_{TM}}{2U_{TM}} \tag{2-9}$$

　　与不可逆 PWM 变换器相同，可逆电路中电动机电枢电压也可以由控制电压表示，即

$$U_d = \frac{U_c}{U_{TM}} U_s = K_s U_c \tag{2-10}$$

则占空比 ρ 和 PWM 的电压系数 γ 的关系为

$$\gamma = 2\rho - 1 \tag{2-11}$$

当控制电压 U_c 增加时，占空比 ρ 增加，电枢电压随着控制电压线性增大。调速时，ρ 的可调范围为 0~1，则电压系数 γ 的变化范围为 $-1 \sim 1$。当 $\rho > \dfrac{1}{2}$ 时，γ 为正，电动机正转；当 $\rho < \dfrac{1}{2}$ 时，γ 为负，电动机反转；当 $\rho = \dfrac{1}{2}$ 时，γ 为零，电动机停止。在 $\rho = \dfrac{1}{2}$ 时，虽然电动机不动，但电枢两端的瞬时电压不为零，为正负脉宽相等的交变脉冲电压，其平均值为零。因而，电枢电流也是交变的，其平均值也为零，不产生平均电磁转矩，但增大了电动机的损耗，这是双极式控制的缺点。但它的优点是电动机停止时仍有高频微振，从而消除正反向时的静摩擦死区，起着"动力润滑"的作用。

在该控制电路中，负载的大小使得电流波形存在两种情况，如图 2-7 中 i_{d1} 和 i_{d2} 所示。i_{d1} 相当于电动机负载较重的情况，这时平均电流大，电枢电感储能较多，在续流阶段仍维持正方向，电动机始终工作在第 Ⅰ 象限的电动状态。i_{d2} 相当于负载很轻的情况，平均电流小，电枢电感储能少，在续流阶段电流很快衰减到零，于是 VT_2 和 VT_3 失去反压后导通，电枢电流反向，即为电流波形中的线段 3 和 4，此时电动机工作在第 Ⅱ 象限。

归纳双极式控制的桥式可逆 PWM 变换器工作的优点如下：电动机能四象限运行；电流一定连续；电动机停止时有微振电流，能消除摩擦死区；低速平稳性好，调速范围宽；低速时，每个功率开关器件的驱动脉冲仍较宽，有利于保证器件的可靠导通。但是其缺点也可总结如下：4 个功率开关器件在工作过程中都可能处于工作状态，开关损耗大，在切换时容易发生上下桥臂直通的事故，降低了装置的可靠性。为了防止上下桥臂直通，在一个器件关断和另一个器件导通的驱动脉冲之间，应设置逻辑延时。

4. 直流 PWM 控制器和变换器的动态数学模型

无论哪一种 PWM 变换器电路，其驱动电压都由 PWM 控制器发出，PWM 控制器与变换器控制结构框图可用图 2-8 表示。分析时常把 PWM 控制器和变换器当作系统中的一个环节，因此需求出该环节的放大系数和传递函数。

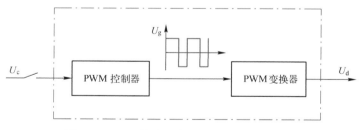

图 2-8 PWM 控制器与变换器控制结构框图

根据式（2-5）和式（2-10）可以看出 PWM 输出电压 U_d 与控制电压 U_c 的关系，当控制电压 U_c 改变时，平均输出电压 U_d 按线性规律变化，但其响应会有延迟，最大滞后时间为一个载波周期 T，则 PWM 控制器与变换器（简称 PWM 装置）可以看成一个滞后环节，其传递函数为

$$W_s(s) = \frac{U_d(s)}{U_c(s)} = K_s e^{-T_s s} \tag{2-12}$$

式中，K_s 为 PWM 装置的放大系数；T_s 为 PWM 装置的延迟时间（s），$T_s \leq T$。

在分析系统时常按最大延时考虑，即 $T_s = T$。如开关频率为 5 kHz 时，延迟时间 $T_s = 0.2\,\text{ms}$。

将式（2-12）按泰勒级数展开，可得

$$W_s(s) = K_s e^{-T_s s} = \frac{K_s}{e^{T_s s}} = \frac{K_s}{1 + T_s s + \frac{1}{2!}T_s^2 s^2 + \frac{1}{3!}T_s^3 s^3 + \cdots} \tag{2-13}$$

由于 PWM 开关频率较高，T_s 很小，可忽略高次项，把 PWM 装置近似看成一个一阶惯性环节，则其传递函数可简化为

$$W_s(s) \approx \frac{K_s}{1 + T_s s} \tag{2-14}$$

需注意的是，式（2-14）是近似的传递函数，实际上 PWM 装置不是一个线性环节，而是具有继电特性的非线性环节。

2.1.3　开环直流 PWM 变换器-电动机系统的机械特性

直流 PWM 变换器-电动机系统，可简称 PWM-M 系统。不管是具有制动电流通路的不可逆直流 PWM 变换器，还是具有单极式和双极式的可逆 PWM 变换器，都具有反向的电流通路，因此无论电动机是重载还是轻载状态下，电流波形都是连续的，这就使得其机械特性的关系式较为简单。

对于带制动的不可逆 PWM 变换器和单极式可逆 PWM 变换器，其电压方程为

$$\begin{cases} U_s = R i_d + L \dfrac{d i_d}{dt} + E_a & (0 \leq t < t_{on}) \\[2mm] 0 = R i_d + L \dfrac{d i_d}{dt} + E_a & (t_{on} \leq t < T) \end{cases} \tag{2-15}$$

对于双极式可逆 PWM 变换器，只需将式（2-15）中第二个方程式的电源电压改为 $-U_s$，其余不变，即

$$\begin{cases} U_s = R i_d + L \dfrac{d i_d}{dt} + E_a & (0 \leq t < t_{on}) \\[2mm] -U_s = R i_d + L \dfrac{d i_d}{dt} + E_a & (t_{on} \leq t < T) \end{cases} \tag{2-16}$$

式中，R、L 分别为电枢回路的电阻（Ω）和电感（H）。

所谓稳态，是指电动机的平均电磁转矩与负载转矩平衡的状态，此时机械特性是平均转速与平均转矩（电流）的关系。一个周期内电枢两端的平均电压为 $U_d = \gamma U_s$、平均电流为 I_d、平均电磁转矩为 T_e，而电枢电感压降 $L \dfrac{d i_d}{dt}$ 的平均值在稳态时应为零。式（2-15）和式（2-16）的平均值方程都可写成

$$\gamma U_s = R I_d + E_a = R I_d + C_e n \tag{2-17}$$

则开环 PWM-M 系统机械特性方程式为

$$n = \frac{\gamma U_{\mathrm{s}}}{C_{\mathrm{e}}} - \frac{R I_{\mathrm{d}}}{C_{\mathrm{e}}} = n_0 - \frac{R}{C_{\mathrm{e}}} I_{\mathrm{d}} \qquad (2\text{-}18)$$

或根据 $T_{\mathrm{e}} = C_{\mathrm{m}} I_{\mathrm{d}}$，机械特性方程用转矩表示为

$$n = \frac{\gamma U_{\mathrm{s}}}{C_{\mathrm{e}}} - \frac{R}{C_{\mathrm{e}} C_{\mathrm{m}}} T_{\mathrm{e}} = n_0 - \frac{R}{C_{\mathrm{e}} C_{\mathrm{m}}} T_{\mathrm{e}} \qquad (2\text{-}19)$$

式中，n_0 为理想空载转速（r/min），与电压系数 γ 成正比，$n_0 = \frac{\gamma U_{\mathrm{s}}}{C_{\mathrm{e}}}$。

对于带制动可逆直流 PWM-M 系统，$-1 \leqslant \gamma \leqslant 1$，调节 γ 即可得到如图 2-9 所示的开环直流 PWM-M 系统四象限运行的机械特性。

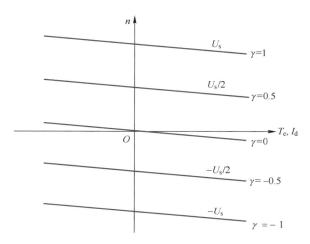

图 2-9　开环直流 PWM-M 系统四象限运行的机械特性

长知识——电力传动与控制的应用　驰骋在火星上的"风火轮"

2021 年 5 月 15 日凌晨，在经历了 296 天的太空之旅后，我国首个火星探测器"天问一号"在火星停泊轨道上进入着陆窗口，随后"天问一号"探测器实施降轨，其环绕器与着陆巡视器（包括"祝融号"火星车及进入舱）开始分离，最终"祝融号"成功降落在火星北半球的乌托邦平原南部，成为中国首个火星巡视器。"祝融号"是附属于"天问一号"的火星车，"祝融号"携带了导航地形相机、多光谱相机、探测雷达、表面成分探测仪和气象探测仪等探测仪器，这些可拍摄火星高清广角大图的导航地形相机，能为人们带来各种火星"华丽的荒凉"场景。

为了保证"祝融号"能够平稳可靠地运行在地貌复杂的火星上，航天科技集团四院 401 所提供的四类永磁直流电动机分布于"祝融号"火星车移动系统的各个部位，为火星车在火星表面 3 个月左右的灵敏行动提供移动、转向和越障动力，是火星车巡视火星的关键动力。"祝融号"的机身被设计成可升降的主动悬架结构，能够自由转向，六个轮子均独立驱动，多轮悬空的条件下依然能自由移动。在极端地形中，"祝融号"还能重新设计轮子驱动方案以实现"蠕动""蟹行"和"踮脚"等复杂机械操作，成为一辆不折不扣的"火星六驱越野车"，以提高驾驶安全性，可以说这将成为"祝融号"在火星驰骋的"风火轮"。

"天问一号"和"祝融号"火星探测器的成功，标志着中国成为继苏联、美国后，全球第三个成功登陆火星的国家，全球第二个成功利用火星车开展火星地面探测的国家，"祝融号"也成为全球第五辆成功登陆火星并正常工作的火星车。

2.2　稳态性能指标和开环系统的局限性

2.2.1　稳态性能指标

稳态性能指标，或称静态性能指标，用来描述系统稳定运行时能达到的性能指标，常见的稳态性能指标有两个：调速范围和静差率。

1. 调速范围

调速范围也称调速深度，是指生产机械要求电动机提供的同向最高转速 $n_{\max}$ 和最低转速 $n_{\min}$ 的比值，用 D 表示，即

$$D = \frac{n_{\max}}{n_{\min}} \qquad (2-20)$$

式中，$n_{\max}$、$n_{\min}$ 分别为电动机在额定负载稳定运行时最高和最低转速（r/min）。对于少数负载很轻的机械，例如精密磨床，也可用实际负载时的最高和最低转速。

2. 静差率

额定负载下的额定转速 n_{N} 相对于其理想空载转速 n_0 的差值 Δn_{N} 与理想空载转速的比值称为转差率，在静态时即为静态转差率，简称静差率，用 s 表示，即

$$s = \frac{n_0 - n_{\mathrm{N}}}{n_0} = \frac{\Delta n_{\mathrm{N}}}{n_0} \qquad (2-21)$$

或用百分数表示

$$s = \frac{\Delta n_{\mathrm{N}}}{n_0} \times 100\% \qquad (2-22)$$

显然，静差率是用来衡量调速系统在负载变化下转速的稳定度。它和机械特性的硬度（习惯上将机械特性下倾的斜率大小称为机械特性的硬度）有关，下倾斜率越大，特性硬度越软，静差率越大，转速的稳定度就越小。

然而由式（2-22）可知，静差率除与机械特性硬度有关外，还与其理想空载转速有关。如图 2-10 所示，两条机械特性 a 和 b 的 Δn_{N} 相同，因而其硬度相同，但它们的静差率却不同，因为两者理想空载转速不同，可知 $s_{\mathrm{a}} < s_{\mathrm{b}}$。总结可知，对于同样硬度的机械特性，理想空载转速越低时，静差率越大，转速的相对稳定度也就越差。

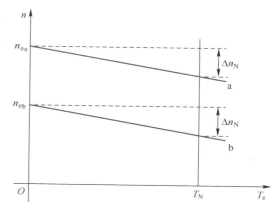

图 2-10　不同转速下的静差率

对于直流电动机调压调速而言，额定转速降落（简称速降）相同，理想空载转速越低时，静差率越大。由此可知：若低速时静差率能满足设计要求，则高速时静差率肯定能满足要求。因此，调速系统的静差率指标，主要是指低速时的静差率，即

$$s = \frac{\Delta n_N}{n_{0\min}} \tag{2-23}$$

需注意的是，调速范围和静差率这两个指标并不是彼此孤立的，调速系统的调速范围是指在最低速时还能满足静差率要求的转速变化范围，脱离了对静差率的要求，任何调速系统都可以得到极宽的调速范围；同理，脱离了调速范围，要满足给定的静差率也是相当容易的。

3. 调速范围、静差率和额定速降之间的关系

一般以电动机的额定转速 n_N 作为最高转速 $n_{\max}$，系统的静差率为式（2-23），调压调速时，额定负载时的最低转速为

$$n_{\min} = n_{0\min} - \Delta n_N \tag{2-24}$$

将式（2-23）代入式（2-24）可得

$$n_{\min} = \frac{\Delta n_N}{s} - \Delta n_N = \frac{\Delta n_N(1-s)}{s} \tag{2-25}$$

将式（2-25）代入式（2-20），得

$$D = \frac{n_{\max}}{n_{\min}} = \frac{n_N}{n_{\min}} = \frac{n_N s}{\Delta n_N(1-s)} \tag{2-26}$$

式（2-26）表达了调速范围 D、静差率 s 和额定速降 Δn_N 之间的关系。对于同一个调压调速系统，其机械特性硬度或者额定速降 Δn_N 相同，如果对静差率要求越严（s 越小），系统允许的调速范围 D 也越小。

例 2-1　某直流电动机调速系统的额定转速 $n_N = 1000\ \text{r/min}$，采用调压调速，其额定速降 $\Delta n_N = 84\ \text{r/min}$，当要求：

1）静差率 $s \leqslant 30\%$，试计算此系统的调速范围 D。

2）若要求调速范围 D 达到 10，试计算此时的静差率 s。

解：1）若要求静差率 $s \leqslant 30\%$，则调速范围为 $D = \dfrac{n_N s}{\Delta n_N(1-s)} = \dfrac{1000\ \text{r/min} \times 0.3}{84\ \text{r/min} \times (1-0.3)} = 5.1$。

2）若要求调速范围 D 达到 10，则静差率为

$$s = \frac{D\Delta n_N}{n_N + D\Delta n_N} = \frac{10 \times 84\ \text{r/min}}{1000\ \text{r/min} + 10 \times 84\ \text{r/min}} \approx 0.457 = 45.7\%$$

2.2.2　开环系统的局限性

前面介绍的 PWM-M 系统由于没有反馈环节，应属于开环控制系统，通过调节控制电压 U_c 就可以改变电动机的转速，如果负载的生产工艺对运行时的静差率要求不高时，这种开环控制系统可以实现一定范围的无级平滑调速。

但在实际中许多需要无级调速的生产机械常常对静差率有较为严格的要求，不允许有很大的静差率。例如，龙门刨床加工各种材质的工件时，当工件表面不平时，会导致加工时负载常有波动，为了保证加工精度和加工后的表面光洁度，加工过程中速度必须保持基本稳

定，即静差率不能太大。因此，对龙门刨床工作台调速系统，一般要求调速范围 $D=20\sim40$，静差率 $s\leqslant5\%$。又如热连轧钢机，各种架轧辊分别由单独的电动机拖动，钢材在几个轧辊内同时轧制，为了保证被轧钢材不会被拉断或起拱，这就要求各机架出口线速度保持严格比例关系，为了满足要求，一般要求调速范围 $D=3\sim10$，静差率 $s\leqslant0.5\%$。在上述的情况下，开环调速系统是不能满足要求的，下面举例说明。

例 2-2　某龙门刨床工作台采用可逆 PWM 变换器供电的直流电动机拖动，其额定数据如下：$P_N=60\,\mathrm{kW}$，$U_N=220\,\mathrm{V}$，$I_N=305\,\mathrm{A}$，$n_N=1000\,\mathrm{r/min}$，$R_a=0.06\,\Omega$，主电路总电阻 $R=0.18\,\Omega$。如果要求调速范围 $D=20$，静差率 $s\leqslant5\%$，采用开环调速系统是否能满足要求？若要满足这个要求，系统的额定速降最多为多少？

解：根据直流电动机机械特性方程，在额定电压时

$$C_e=\frac{U_N-R_aI_N}{n_N}=\frac{220\,\mathrm{V}-0.06\,\Omega\times305\,\mathrm{A}}{1000\,\mathrm{r/min}}\approx0.202\,\mathrm{V\cdot min/r}$$

$$\Delta n_N=\frac{RI_N}{C_e}=\frac{0.18\times305}{0.202}\,\mathrm{r/min}\approx271.78\,\mathrm{r/min}$$

开环 PWM-M 系统在额定转速时的静差率为

$$s=\frac{\Delta n_N}{n_0}=\frac{\Delta n_N}{n_N+\Delta n_N}=\frac{271.78}{1000+271.78}\times100\%\approx21.37\%$$

求解可知，在额定转速时静差率已经不能满足 $s\leqslant5\%$ 的要求，更不要说在最低速时了，所以开环 PWM-M 调速系统不能满足调速范围 $D=20$，$s\leqslant5\%$ 的要求。

如果要求满足 $D=20$，$s\leqslant5\%$，根据式（2-26）得

$$\Delta n_N=\frac{n_Ns}{D(1-s)}=\frac{1000\times0.05}{20\times(1-0.05)}\,\mathrm{r/min}\approx2.63\,\mathrm{r/min}$$

计算可知，开环系统的额定速降 Δn_N 一般都比较大，无法满足稳态性能指标的要求，从式（2-26）可看出，既要提高调速范围，又要降低静差率，唯一的方法是减小负载所引起的速降 Δn_N，根据直流电动机机械特性方程可知，额定负载下的速降 $\Delta n_N=RI_N/C_e$ 是由直流电动机的参数决定的，无法改变。因此，此处可以引入自动控制原理中反馈控制技术来解决这一矛盾。

长知识——拥有高精尖大脑和灵活双手的"奋斗者"号[15]

2020 年 11 月，中国万米载人深潜器"奋斗者"号在马里亚纳海沟创造了 10909 m 中国载人深潜的新纪录。随后，习近平总书记在贺信中提到："奋斗者"号研制与海试的成功，标志着我国具有了进入世界海洋最深处开展科学探索和研究的能力。而一系列超高难度国产核心技术的突破成就万米海底下"奋斗者"号的成功。

"奋斗者"号关键部件——深海电动机是由哈尔滨工业大学研制的。研究团队历经 10 余年的攻坚克难，全面攻克了深海电动机系统耐高压强、密封与防腐、高功率密度、低振动、高可靠设计与驱动控制等关键技术，研制出的深海永磁同步电动机及其驱动系统，在功率密度、效率和噪声等方面的指标优于国外同类产品，实现了深海关键部件的自主可控。

　　"奋斗者"号要在地形环境高度复杂的万米海底实现作业，必须实现高精度航行控制，为此中国科学院沈阳自动化研究所为"奋斗者"号打造了一个高精度的"大脑"，也就是它的控制系统。"奋斗者"号控制系统实现了基于数据与模型预测的在线智能故障诊断、基于在线控制分配的容错控制、海底自主避碰等功能，大幅提高了潜水器的智能程度和安全性。同时还采用了基于神经网络优化的算法，实现了大惯量载体贴海底自动匹配地形巡航、定点航行及悬停定位等高精度控制功能。"奋斗者"号的水平面和垂直面航行控制性能指标，已经达到国际先进水平。

　　"奋斗者"号具有两套主从伺服液压机械手，其具有 7 个关节，可实现 6 自由度运动控制，持重能力超过 60 kg，具有超大的作业能力。依托这双机械手，"奋斗者"号在深渊海底顺利完成了岩石、生物抓取及沉积物取样器操作等精准作业任务，填补了我国应用全海底液压机械手开展万米作业的空白。

2.3　转速闭环控制系统

2.3.1　转速闭环控制系统稳态结构图与静特性

　　根据反馈控制原理可知，要维持某一物理量基本不变，就引入该物理量的负反馈。在 2.2 节分析中可知，解决矛盾的关键是减小额定速降 Δn_N，即可引入被控量为转速的负反馈，构成转速闭环控制系统。

　　图 2-11 为带转速负反馈的直流电动机闭环控制系统原理框图，该系统的控制对象是直流电动机 M，被调量是转速 n，通过转速检测环节（测速发电机 TG 和电位器 RP_2），将转速 n 实时转换成一个与之成正比的电压反馈信号 U_n，U_n 与转速给定电压 $U_n{}^*$ 比较后，得到偏差电压 ΔU_n，ΔU_n 经放大器 A 放大后产生可控直流电源的控制电压 U_c，调节 U_c 即可改变直流电动机的输入电压 U_{d0}，从而控制电动机的转速，这就组成了转速反馈闭环控制系统。与开环控制系统相比，主要差别在于转速 n 经过检测反馈到输入端参与了控制，而将反馈回路断开后，即变成 2.2 节中的直流电动机开环控制系统。

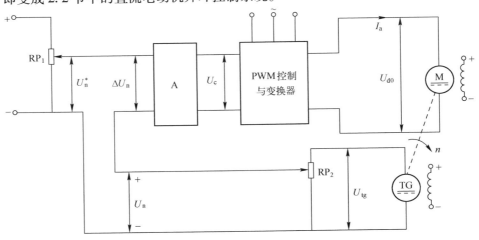

图 2-11　带转速负反馈的直流电动机闭环控制系统原理框图

为了分析闭环控制系统的稳态特性，先做如下假定：

1）忽略各种非线性因素，假定系统中各环节的输入输出关系都是线性的，或者只取其线性工作段。

2）忽略控制电源和电位器的内阻。

图 2-11 中主要环节及其稳态关系可总结如下：

1）电压比较环节　　　　　　　　$\Delta U_n = U_n^* - U_n$

2）比例调节器　　　　　　　　　$U_c = K_p \Delta U_n$

3）PWM 控制与变换器　　　　　$U_{d0} = K_s U_c$

4）直流电动机机械特性方程　　　$n = \dfrac{U_{d0} - I_a R}{C_e}$

5）测速反馈环节　　　　　　　　$U_n = \alpha_2 U_{tg} = \alpha_2 C_{etg} n = \alpha n$

式中，K_p 为比例调节器的比例系数；K_s 为 PWM 装置的放大系数，系统稳态时不考虑其滞后的时间 T_s；α_2 为反馈电位器的分压比；U_{tg} 为测速发电机输出电压（V）；C_{etg} 为测速发电机额定磁通下电动势转速比；α 为转速反馈系数（V·min/r），$\alpha = \alpha_2 C_{etg}$；$U_{d0}$ 为 PWM 装置理想空载输出电压（V）。

根据各环节的稳态关系式可以画出如图 2-12 所示的转速负反馈闭环控制系统稳态结构图，图中各方块内的文字符号代表该环节的放大系数。同时消去上述各关系式中的中间变量，或通过系统的稳态结构图，均可推导出闭环系统的静特性方程式为

$$n = \frac{K_p K_s U_n^* - I_d R}{C_e(1 + K_p K_s \alpha / C_e)} = \frac{K_p K_s U_n^*}{C_e(1+K)} - \frac{I_d R}{C_e(1+K)} \tag{2-27}$$

式中，K 为闭环系统的开环放大系数，$K = K_p K_s \alpha / C_e$，它是系统中各环节放大系数的乘积。

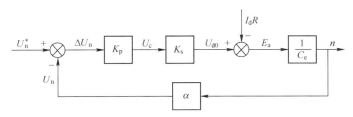

图 2-12　转速负反馈闭环控制系统稳态结构图

转速闭环控制系统的静特性表示闭环系统稳态时电动机转速与负载电流（或转矩）间的稳态关系，它在形式上与开环机械特性相似，但是本质上却有很大的不同，故称为"静特性"，以示区别。

2.3.2　闭环系统静特性与开环系统机械特性的比较

为了能够看出转速反馈闭环控制的优越性，现将闭环系统的静特性与开环系统的机械特性进行比较分析。

式（2-27）静特性方程可写成

$$n = \frac{K_p K_s U_n^*}{C_e(1+K)} - \frac{R I_d}{C_e(1+K)} = n_{0cl} - \Delta n_{cl} \tag{2-28}$$

式中，n_{0cl} 为闭环系统的理想空载转速（r/min）；Δn_{cl} 为闭环系统的稳态速降（r/min）。

如果断开图 2-11 中的转速反馈回路（令 $\alpha = 0$，则 $K = 0$），则开环系统的机械特性方程为

$$n = \frac{K_{p}K_{s}U_{n}^{*}}{C_{e}} - \frac{RI_{d}}{C_{e}} = n_{0op} - \Delta n_{op} \qquad (2-29)$$

式中，n_{0op} 为开环系统的理想空载转速（r/min）；Δn_{op} 为开环系统的稳态速降（r/min）。

比较式（2-28）和式（2-29）可以得出以下结论：

1）闭环系统静特性比开环系统的机械特性硬得多。在相同的负载下（I_{d} 相同），两者的稳态速降分别为

$$\Delta n_{cl} = \frac{RI_{d}}{C_{e}(1+K)} \text{和} \ \Delta n_{op} = \frac{RI_{d}}{C_{e}}$$

可得两者的关系式为

$$\Delta n_{cl} = \frac{\Delta n_{op}}{1+K} \qquad (2-30)$$

显然，当 K 较大时，Δn_{cl} 要比 Δn_{op} 小得多，也可以说闭环系统的静特性比开环系统的机械特性硬得多。

2）闭环系统的静差率要比开环系统的静差率小得多。闭环系统和开环系统的静差率分别为

$$s_{cl} = \frac{\Delta n_{cl}}{n_{0cl}} \text{和} \ s_{op} = \frac{\Delta n_{op}}{n_{0op}}$$

按两者理想空载转速相同进行比较，可得

$$s_{cl} = \frac{s_{op}}{1+K} \qquad (2-31)$$

3）当所要求的静差率一定时，闭环系统的调速范围可大幅提高。如果电动机最高转速为额定转速 n_{N}，开环和闭环情况下静差率都为 s，则闭环时的调速范围为

$$D_{cl} = \frac{n_{N}s}{\Delta n_{cl}(1-s)} = \frac{n_{N}s}{\frac{\Delta n_{op}}{1+K}(1-s)} = (1+K)D_{op} \qquad (2-32)$$

式中，$D_{op} = \frac{n_{N}s}{\Delta n_{op}(1-s)}$。

需指出的是，式（2-32）的条件是开环和闭环具有相同的 n_{N} 和 s，式（2-31）的条件是相同的理想空载转速，两式的条件不一样。若在同一条件下计算，其结果在数值上会略有差异，但是两个论点仍是正确的。

4）闭环系统必须设置放大器。由以上分析可以看出，三条优越性都是建立在 K 较大的基础上的。由于系统的开环放大系数为 $K = K_{p}K_{s}\alpha/C_{e}$，从表达式可以看出，要增大 K，首选增大 K_{p}，因此必须设置足够大的放大器。

综上，可以得到如下结论：比例控制的闭环系统可以获得比开环系统硬得多的静特性，且闭环系统的开环放大系数越大，静特性就越硬，在保证一定静差率要求时，调速范围也越大，为此，需设置电压放大器和转速检测与反馈环节。

根据直流电动机的机械特性方程式（2-1）可知，稳态时电动机的速降由 C_{e}、电枢回路

总电阻 R 和负载决定，在负载相同的情况下，开环系统和闭环系统中 C_e 和总电阻 R 都没有变化，那闭环系统的速降 Δn_{cl} 为什么会显著减小？

在开环系统中，若此时电动机输入电压为 U_{d01}，负载增大时，负载电流将增大，根据式 $\Delta n_{op} = RI_d/C_e$ 可知，速降将增大，即如图 2-13 所示，开环时 A 点变化到 A′点。但在闭环控制系统中，负载增大时，转速稍有降低，反馈电压 U_n 就减小，与给定比较后得到的偏差电压 ΔU_n 增大，控制电压 U_c 增大，将电动机输入电压由 U_{d01} 提高到了 U_{d02}，转速回升到 B 点，以补偿负载增大引起的速降的影响，如图 2-13 所示从 A 点变化到 B 点，可看出闭环系统的稳态速降比开环系统要小得多。像这样，在闭环系统中，随着系统负载的变化，闭环系统总是这样不断地自动调节电动机输入的电枢电压，使电动机工作在不同的开环机械特性上，如图 2-13 中的点 A、B、C、D……将这些工作点连在一起就组成了闭环系统的静特性。

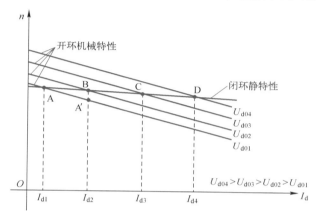

图 2-13　闭环系统静特性与开环系统机械特性的关系

例 2-3　在例 2-2 中，龙门刨床要求调速范围 $D=20$，静差率 $s \leqslant 5\%$，此时采用比例调节器的转速闭环控制系统，其中，$K_s = 20$，$\alpha = 0.02\ V \cdot min/r$，若要满足上述要求，比例放大器的放大系数至少为多少？

解：在例 2-2 中已经计算出如下数据：开环系统的额定速降为 $\Delta n_{op} \approx 271.78\ r/min$；为了满足稳态性能指标，闭环系统的额定速降 $\Delta n_{cl} \leqslant 2.63\ r/min$。

根据式（2-30）得

$$K = \frac{\Delta n_{op}}{\Delta n_{cl}} - 1 \geqslant \frac{271.78}{2.63} - 1 \approx 102.34$$

代入已知参数，可得

$$K_p = \frac{K C_e}{K_s \alpha} \geqslant \frac{102.34 \times 0.202}{20 \times 0.02} \approx 52$$

即只要放大器的放大系数大于或等于 52，转速负反馈闭环系统就能满足上述的稳态性能指标。

2.3.3　闭环系统反馈控制规律

采用比例放大器（比例调节器）的闭环直流控制系统是一种基本的反馈控制系统，其基本反馈控制规律可总结如下，且各种不加其他调节器的反馈控制系统都遵循这些规律。

1. 被调量有静差

可以从两个方面验证在采用比例调节器的闭环反馈系统中，被调量有静差。根据静特性方程可得闭环系统的稳态速降为

$$\Delta n_{\mathrm{cl}} = \frac{RI_{\mathrm{d}}}{C_{\mathrm{e}}(1+K)} \tag{2-33}$$

只有当 $K=\infty$ 时才能使得 $\Delta n_{\mathrm{cl}}=0$，即实现无静差，但实际上 K 不可能为无穷大。

从控制作用上看，比例调节器的输出电压 U_{c} 与转速偏差 ΔU_{n} 成正比，如果实现了无静差，则 $\Delta U_{\mathrm{n}}=0$，$U_{\mathrm{c}}=0$，电动机输入电压 $U_{\mathrm{d0}}=0$，系统将无法工作。所以比例调节器的闭环控制系统是依靠被调量的偏差进行控制的，该反馈控制系统只能减小稳态误差，而不能消除偏差，因此，这样的控制系统叫作有静差控制系统。

2. 抵抗扰动，服从给定

根据自动控制原理可知，反馈控制系统具有良好的抗扰作用，它能有效抑制一切被负反馈环所包围的前向通道上的扰动，但对给定的变化"唯命是从"。

除给定信号外，作用在控制系统中各环节上的一切会引起输出量变化的因素称为"扰动作用"。对于转速闭环控制系统的扰动作用有许多，如负载的变化（使 I_{d} 变化）、交流电源电压的波动（使 K_{s} 变化）、电动机励磁电流的变化（使 C_{e} 变化）、放大器输出电压的漂移（使 K_{p} 变化）、由温度变化引起的主电路电阻 R 的变化等。转速闭环控制系统中的给定和扰动作用如图 2-14 所示，图中箭头指向哪个框图就表示会引起该环节放大系数发生变化。

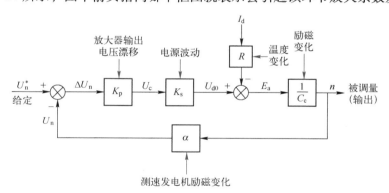

图 2-14 转速闭环控制系统中的给定和扰动作用

根据反馈控制系统抗扰特性可知，放大器输出电压漂移、电源电压的波动、负载的变化、温度变化和电动机励磁变化等扰动作用都在被负反馈环所包围的前向通道上，因此这些扰动都能被转速闭环控制系统所抑制。但是反馈通道上测速反馈系数 α 受到某些影响而发生变化，它非但不能得到反馈控制系统的抑制，反而会造成被调量有误差。

转速给定信号 U_{n}^{*} 在反馈环外部，由于被调量转速紧紧跟随给定电压的变化，当给定电压发生波动时，转速也随之变化。

3. 系统的精度依赖于给定和反馈检测的精度

由于反馈控制系统无法鉴别给定电压的波动，所以高精度的闭环控制系统需要高精度的给定电源。另外，反馈检测装置的误差也是反馈控制系统无法抑制的，如图 2-14 所示中测

速发电机励磁变化，会使得检测到的转速反馈信号偏离正常的数值。同时，测速发电机输出电压中的纹波、制造或安装不良造成的转子的偏心等，都会给控制系统带来周期性的干扰。为此，高精度的系统必须具有高精度的给定和反馈检测装置作保障。

2.3.4　常见的转速检测反馈装置

对于电力传动系统而言，转速检测反馈环节必不可少，可通过模拟检测技术或数字检测技术来实现转速的测量。

1. 模拟检测技术——测速发电机

测速发电机是用于测量和自动调节电动机转速的一种传感器，其由带绕组的定子和转子构成。根据励磁电流的不同，测速发电机可分为直流测速发电机（他励式和永磁式两种）、交流测速发电机两大类。测速发电机的作用是将转速信号转变为电信号，由电动势公式 $E_a = C_E \Phi n$ 知，若保持气隙磁通恒定不变，电动势就与转速成正比，转速信号被转为电信号。这种方法简单可靠，常在模拟系统中采用，其输入输出特性如图 2-15 所示。

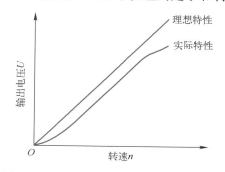

图 2-15　直流测速发电机的输入输出特性

从图中可以看出，输入输出特性的中间部分线性较好，但低速端和高速端的输出偏离理想特性，主要影响因素可归纳如下：①电枢反应的去磁和换向绕组的附加电流所产生的延时去磁导致输出特性高速端向下弯曲；②输出电压由多个元器件不同相位感应电动势叠加，其输出电压具有直流发电机固有的纹波；③换向器短路和电刷跳动导致高频噪声和电磁干扰；④电刷换向器接触电阻导致其输出特性下端的弯曲。

因此控制系统在使用测速发电机时，应注意以下几点：①使用时不要超过最高转速限制，不要进入高速端非线性区；②负载电阻不要小于规定最小阻值，也就是限制其不超过最大电流；③电压输出端设置低通滤波器，滤除纹波。

2. 数字检测技术——光电旋转编码器

光电旋转编码器一般可以分为三大类：增量式、绝对型和频闪型。下面以增量式为例予以介绍。增量式光电旋转编码器为输出信号频率与转速成正比的脉冲传感器，由与电动机同轴相连的码盘、码盘一侧的光源与另一侧的光电转换元件（光敏器件）构成，如图 2-16 所示。它的特点是只有在旋转期间才能输出信号，在静止状态无信号输出。

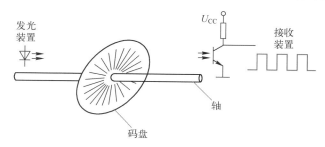

图 2-16　增量式光电旋转编码器示意图

　　码盘上有3圈透光光栅，如图2-17a所示，外层的第一圈和第二圈的光栅数相同，但光栅位置相差90°电角度，其输出的波形如图2-17b中的 A、B 脉冲所示。第三圈只有一条光栅，码盘转动一圈后生成一个 Z 脉冲，该 Z 脉冲可作为定位脉冲或者复位脉冲。需说明的是，为了达到很高的分辨率，实际码盘一周存在数千条光栅，常见的光栅数有1024、2048和4096等。本书为了简化，图中仅绘制了部分光栅。

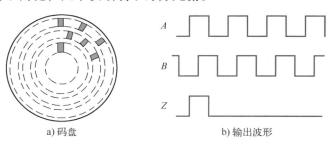

a) 码盘　　　　　　　　　　　　　　b) 输出波形

图2-17　增量式光电旋转编码器及其输出波形

　　利用旋转式光电编码器输出的脉冲可以实时计算转轴的转速，其计算方法有 M 法、T 法和 M/T 法。

　　（1）M 法测速　如图2-18a所示，在一定的采样间隔 T_s 内，测得旋转式光电编码器的脉冲信号个数 M，根据式（2-34）即可推算此时转速：

$$n = \frac{60M}{ZT_s} \tag{2-34}$$

式中，T_s 为采样周期（s）；M 为在 T_s 时间间隔内所测得的脉冲数；Z 为码盘每转一圈共产生的脉冲数，由铭牌参数可得到。

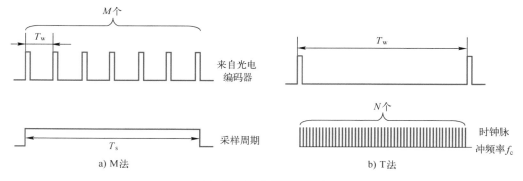

a) M法　　　　　　　　　　　　　　　b) T法

图2-18　光电编码器测速

　　例如，当测得 $M=20$，$T_s=2$ ms，$Z=1000$ 时，根据式（2-34）可计算实际转速 $n = \dfrac{60 \times 20}{1000 \times 2 \times 10^{-3}}$ r/min = 600 r/min。

　　但 M 法的缺点是低速测量时受限。低速时脉冲频率低，若在 T_s 内只采集到一个脉冲，即 $M=1$，利用上面的参数可计算实际转速为 $n_{min} = \dfrac{60 \times 1}{1000 \times 2 \times 10^{-3}}$ r/min = 30 r/min，说明低于30 r/min 的转速就无法测量了。考虑到测量误差的要求，实际能达到的最低测量转速还要进一步受到限制，此时可以考虑另外一种方法——T 法。

（2）T 法测速　如图 2-18b 所示，T 法是测出旋转编码器两个输出脉冲之间的间隔时间来计算转速的，又称为周期法。具体为计算两个码盘脉冲的时间间隔 T_w 内已知频率 f_c 的高频脉冲个数，从而计算转速，其计算公式为

$$n = \frac{60f_c}{ZN} \tag{2-35}$$

式中，f_c 为计算机发出的高频脉冲频率（Hz）；Z 为码盘每转一圈共产生的脉冲数；N 为 T_w 内所测量得到的高频时钟脉冲个数。

例如，当 $Z=1000$，$f_c=10\,\mathrm{kHz}$，$N=200$ 时，根据式（2-35）计算得转速 $n = \dfrac{60 \times 10 \times 10^3}{1000 \times 200}\,\mathrm{r/min} = 3\,\mathrm{r/min}$。

但是与 M 法相反，T 法测速的缺点是高速测量时受限。如当 $N=1$ 时，利用上述参数计算可得最高转速为 $n_{max} = \dfrac{60 \times 10 \times 10^3}{1000}\,\mathrm{r/min} = 600\,\mathrm{r/min}$。

（3）M/T 法测速　根据分析可知，上述两种方法各有优缺点，若要在大范围内测量转速时，可以在同一系统分段采用两种测速法，在高速段采用 M 法测速，在低速段采用 T 法测速，即为 M/T 法测速。

2.3.5　带比例调节器转速闭环系统稳定性分析

前面讨论了转速闭环控制系统中的稳态性能指标，如果开环放大系数 K 足够大，负载引起的速降越小，稳态性能就越好。但是 K 过大，可能会使得系统不稳定，为此，必须进一步讨论系统的动态性能。

1. 转速闭环控制系统的动态数学模型

为了分析转速闭环控制系统的动态性能，必须首先建立系统的动态数学模型，建模的一般步骤如下：①列出系统中各环节的微分方程；②对各微分方程进行拉普拉斯变换，得到各环节的传递函数；③组成系统的动态结构图，并求出系统的传递函数。下面按照上述步骤推导出如图 2-11 所示的转速闭环控制系统的动态数学模型。

（1）比例放大器和测速反馈环节的数学模型　若不考虑放大器和测速反馈环节的滤波电路，它们的响应都可以认为是瞬时的，因此它们的传递函数就是其放大系数，即

比例放大器　$$W_a(s) = \frac{U_c(s)}{\Delta U_n(s)} = K_p \tag{2-36}$$

测速反馈环节　$$W_{fn}(s) = \frac{U_n(s)}{n(s)} = \alpha \tag{2-37}$$

（2）PWM 控制与变换器的动态数学模型　式（2-14）已经求出 PWM 控制与变换器的近似传递函数为

$$W_s(s) \approx \frac{K_s}{1+T_s s} \tag{2-38}$$

（3）直流电动机的动态数学模型　直流电动机电枢回路的动态电压方程为

$$u_{d0}(t) = Ri_d(t) + L\frac{di_d(t)}{dt} + e_a(t) \tag{2-39}$$

忽略黏性摩擦及弹性转矩，电动机轴上的动力学方程为

$$T_e(t) - T_L(t) = \frac{GD^2}{375}\frac{dn}{dt} \tag{2-40}$$

额定励磁下感应电动势和电磁转矩方程分别为

$$e_a(t) = C_e n \tag{2-41}$$

$$T_e(t) = C_m i_d(t) \tag{2-42}$$

其中，$T_L(t)$ 为包括电动机空载转矩在内的负载转矩（N·m）；GD^2 为电力传动装置折算到电动机轴上的飞轮力矩（N·m^2）；$C_m = \frac{30}{\pi}C_e$。

再定义几个时间常数：T_1 为电动机电枢回路的电磁时间常数（s），$T_1 = \frac{L}{R}$；T_m 为电力传动系统的机电时间常数（s），$T_m = \frac{GD^2 R}{375 C_e C_m}$。将两个时间常数代入式（2-39）、式（2-40），并考虑式（2-41）和式（2-42），整理后得到

$$u_{d0}(t) - e_a(t) = R\left[i_d(t) + T_1\frac{di_d(t)}{dt}\right] \tag{2-43}$$

$$i_d(t) - i_{dL}(t) = \frac{T_m}{R}\frac{de_a(t)}{dt} \tag{2-44}$$

式中，$i_{dL}(t)$ 为负载电流（A），$i_{dL}(t) = \frac{T_L(t)}{C_m}$。

在零初始条件下，对上面两式两侧进行拉普拉斯变换可得

$$\frac{I_d(s)}{U_{d0}(s) - E_a(s)} = \frac{1/R}{T_1 s + 1} \tag{2-45}$$

$$\frac{E(s)}{I_d(s) - I_{dL}(s)} = \frac{R}{T_m s} \tag{2-46}$$

式中，$I_d(s)$、$U_{d0}(s)$、$E_a(s)$ 和 $I_{dL}(s)$ 分别为变量 $i_d(t)$、$u_{d0}(t)$、$e_a(t)$ 和 $i_{dL}(t)$ 的拉普拉斯变换。

分别画出式（2-45）和式（2-46）的动态结构图如图 2-19a、b 所示，将两图合并，并考虑 $n = \frac{E_a}{C_e}$，即可得如图 2-19c 所示的额定励磁下直流电动机动态结构图。将图 2-19c 进一步化简，将扰动量 I_{dL} 的综合点前移，即可得如图 2-19d 所示的化简后的动态结构图。

将四个环节按它们在系统中的相互关系组合起来，就可以画出如图 2-20 所示的转速闭环直流电动机控制系统的动态结构图。由图可求出，该闭环系统的开环传递函数为

$$W(s) = \frac{U_n(s)}{\Delta U_n(s)} = \frac{K}{(T_s s + 1)(T_m T_1 s^2 + T_m s + 1)} \tag{2-47}$$

式中，$K = K_p K_s \alpha / C_e$。

系统的特征方程是令其传递函数的分母为零而得到的，转速闭环直流电动机控制系统具

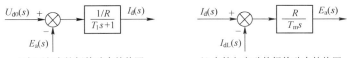

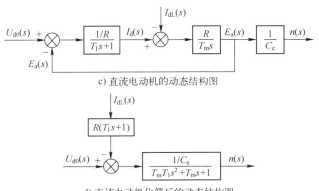

图 2-19　额定励磁下直流电动机动态结构图

有两个输入（给定输入和扰动输入）、一个输出。根据自动控制原理知识可知，系统对给定输入的传递函数与其对扰动输入的传递函数的分母是一样的，因此，可令图 2-20 中 $I_{dL}=0$，只求闭环控制下输出对给定输入下的传递函数即可，其传递函数为

$$W_{cl}(s) = \frac{n(s)}{U_n^*(s)} = \frac{\dfrac{K_p K_s / C_e}{(T_s s+1)(T_m T_1 s^2 + T_m s + 1)}}{1 + \dfrac{K_p K_s \alpha / C_e}{(T_s s+1)(T_m T_1 s^2 + T_m s + 1)}} = \frac{K_p K_s / C_e}{(T_s s+1)(T_m T_1 s^2 + T_m s + 1) + K}$$

$$= \frac{\dfrac{K_p K_s}{C_e(1+K)}}{\dfrac{T_m T_1 T_s}{1+K} s^3 + \dfrac{T_m(T_1+T_s)}{1+K} s^2 + \dfrac{T_m+T_s}{1+K} s + 1}$$

$$(2-48)$$

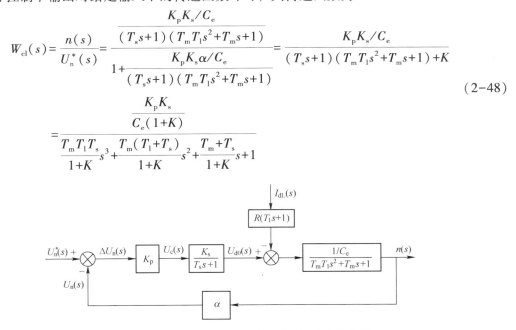

图 2-20　转速闭环直流电动机控制系统的动态结构图

2. 带比例调节器转速闭环控制系统的动态稳定性分析

由式（2-48）可知，带比例调节器转速闭环控制系统的特征方程为

$$\frac{T_m T_1 T_s}{1+K}s^3 + \frac{T_m(T_1+T_s)}{1+K}s^2 + \frac{T_m+T_s}{1+K}s + 1 = 0 \qquad (2-49)$$

它的一般表达式为

$$a_0 s^3 + a_1 s^2 + a_2 s + a_3 = 0 \qquad (2-50)$$

根据三阶系统的劳斯-赫尔维茨判据，系统稳定的充分必要条件是

$$a_0 > 0, \quad a_1 > 0, \quad a_2 > 0, \quad a_3 > 0, \quad a_1 a_2 - a_0 a_3 > 0$$

式（2-49）中各项系数显然都是大于零的，因此稳定条件就只有

$$\frac{T_m(T_1+T_s)}{1+K} \frac{T_m+T_s}{1+K} - \frac{T_m T_1 T_s}{1+K} > 0$$

化简整理后得

$$K < \frac{T_m}{T_s} + \frac{T_m}{T_1} + \frac{T_s}{T_1} = K_{cr} \qquad (2-51)$$

式中，K_{cr} 为临界放大系数。当 $K \geqslant K_{cr}$ 时，闭环控制系统将不稳定。这与前面提到 K 越大，稳态性能指标越好相矛盾。对于自动控制系统而言，稳定性是正常运行的首要条件，必须保证。若动态稳定性与稳态性能指标发生矛盾，常常设计合适的动态校正装置来改造系统，使其满足两者要求，后续章节将会进一步讲解。

例 2-4　在例 2-3 中，若系统中开关频率为 500 Hz，电枢回路总电阻 $R = 0.18\ \Omega$，电感 $L = 2\ \text{mH}$，运动部分的飞轮力矩 $GD^2 = 55\ \text{N·m}^2$，试判别系统的稳定性。

解：首先计算系统中各时间常数。

电磁时间常数 $T_1 = \dfrac{L}{R} = \dfrac{0.002}{0.18}\ \text{s} \approx 0.011 \text{s}$

机电时间常数 $T_m = \dfrac{GD^2 R}{375 C_e C_m} = \dfrac{55 \times 0.18}{375 \times 0.202 \times \dfrac{30}{\pi} \times 0.202}\ \text{s} \approx 0.067\ \text{s}$

PWM 装置滞后时间常数 $T_s = \dfrac{1}{500}\ \text{s} = 0.002\ \text{s}$

则可求此时的临界放大系数

$$K_{cr} = \frac{T_m}{T_s} + \frac{T_m}{T_1} + \frac{T_s}{T_1} = \frac{0.067}{0.002} + \frac{0.067}{0.011} + \frac{0.002}{0.011} \approx 33.5 + 6.091 + 0.182 = 39.773$$

按动态稳定性要求式（2-51）可知，当系统开环放大系数 $K < 39.773$ 时，系统才能稳定，但是按照例 2-3 中的稳态性能指标要求，$K \geqslant 102.34$，两者相矛盾。因此，该系统实际上是不稳定的，无法正常运行，则例 2-3 中的计算也就没有实际的工程意义。

2.3.6　无静差转速闭环控制系统

从 2.3.3 节提到的闭环直流控制系统的控制规律可知：采用比例放大器的反馈控制是有静差的，能否通过改进调节器实现转速无静差？本节主要讨论将比例调节器换成带积分环节的调节器，以期能够解决这个问题。

1. 积分调节器和积分控制规律

图 2-21a 为由线性集成运算放大器构成的积分调节器（简称 I 调节器）电路图，用 U_{in}

表示积分调节器的输入，U_{ex} 表示其输出，此时输入和输出的关系为

$$U_{ex} = \frac{1}{R_0 C} \int_0^t U_{in} dt = \frac{1}{\tau} \int_0^t U_{in} dt \tag{2-52}$$

其传递函数为

$$W_I(s) = \frac{1}{\tau s} \tag{2-53}$$

式中，τ 为积分时间常数（s），$\tau = R_0 C$。

当 U_{ex} 初始值为零，U_{in} 为阶跃输入时，输出值为 $U_{ex} = \dfrac{U_{in}}{\tau} t$，可以看出，当输入量为恒值时，输出量随时间线性增长，只要 U_{in} 不为零，积分调节器的输出就不断累积，如图 2-21b 所示，可看出输出信号响应较慢，图中 U_{exm} 为积分调节器的输出限幅值。若输入量变为零时，积分调节器的输出量保持输入信号为零前的输出值。

将积分调节器代替比例调节器用于直流电动机转速闭环控制系统中，此时积分调节器的输入量为 ΔU_n，输出量为 U_c。ΔU_n 不是阶跃输入，而是随着转速不断变化的。当电动机起动后，随着转速升高，ΔU_n 不断减小，积分作用使得其输出 U_c 仍然继续增大，但是 U_c 的增长不再是线性的，如图 2-21c 所示。

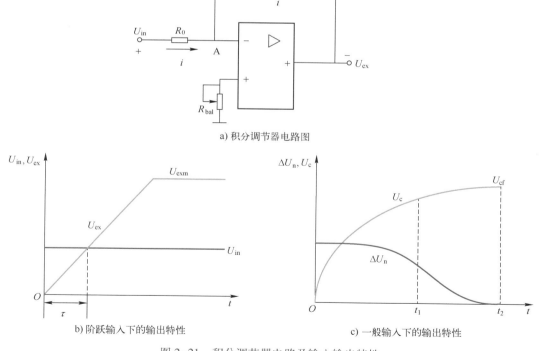

a) 积分调节器电路图

b) 阶跃输入下的输出特性　　　c) 一般输入下的输出特性

图 2-21　积分调节器电路及输入输出特性

在动态过程中，只要 $U_n^* > U_n$，即 $\Delta U_n > 0$，积分调节器输出 U_c 将会一直增大；只有达到 $U_n^* = U_n$，$\Delta U_n = 0$ 时，U_c 才停止上升，但此时 U_c 并不为零，而是保持一个终值 U_{cf}。如果 ΔU_n 不再变化，这个终值便保持恒定值不变，若要使得输出值 U_c 下降，只要使得 $\Delta U_n < 0$，

这就是积分控制不同于比例控制的特点。由此可知，积分控制可以使转速闭环控制系统在无静差的条件下保持恒速运行，实现转速无静差。

以上分析可总结如下：比例调节器的输出只取决于输入偏差量的现状，而积分调节器的输出包含了输入偏差量的全部历史。虽然积分调节器到稳态时 $\Delta U_n = 0$，但只要在整个积分过程中有过 $\Delta U_n \neq 0$，其积分输出就有一定的数值，产生所需的控制电压 U_c，这就是积分控制规律和比例控制规律的根本区别。但是积分调节器输出响应慢，快速性能不及比例调节器，如何既要实现转速无静差，又能实现快速响应？可以将比例调节器和积分调节器相结合，即采用比例积分（PI）调节器。

2. 比例积分调节器及其控制规律

PI 调节器电路图如图 2-22a 所示，用 U_{in} 表示 PI 调节器的输入，U_{ex} 表示其输出，此时输出量是比例和积分两部分的叠加，输入和输出的关系为

$$U_{ex} = \frac{R_1}{R_0}U_{in} + \frac{1}{R_0 C_1}\int_0^t U_{in}\mathrm{d}t = K_P U_{in} + \frac{1}{\tau}\int_0^t U_{in}\mathrm{d}t \tag{2-54}$$

其传递函数为

$$W_{PI}(s) = K_P + \frac{1}{\tau s} = \frac{K_P \tau s + 1}{\tau s} \tag{2-55}$$

式中，K_P 为 PI 调节器的比例放大系数，$K_P = R_1/R_0$；τ 为 PI 调节器积分时间常数（s），$\tau = R_0 C_1$。

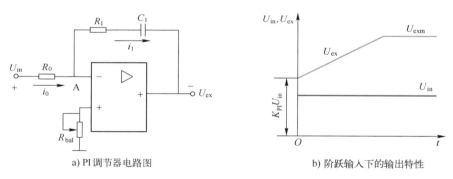

a) PI调节器电路图　　　　　　b) 阶跃输入下的输出特性

图 2-22　PI 调节器电路及输入输出特性

令 $\tau_1 = K_P \tau$，则 PI 调节器的传递函数也可写成如下形式：

$$W_{PI}(s) = K_P \frac{\tau_1 s + 1}{\tau_1 s} \tag{2-56}$$

式（2-56）表明，PI 调节器也可用积分和比例微分两个环节表示，其中，τ_1 为微分项的超前时间常数（s）。

图 2-22b 为阶跃输入下，PI 调节器的输出特性。当 $t = 0$ 时，突加输入 U_{in}，由于比例部分作用，此时输出能迅速反应为 $U_{ex}(t) = K_{PI}U_{in}$，实现快速响应。随后 $U_{ex}(t)$ 按积分规律增长，即 $U_{ex}(t) = K_{PI}U_{in} + \frac{t}{\tau}U_{in}$，最终消除误差。由此可见，比例积分控制器综合了比例控制器和积分控制器两种规律的优点，又克服了各自的缺点，扬长避短。除此之外，比例积分控制器还是提高系统稳定性的校正装置，在调速系统和其他控制系

统中获得广泛应用。

3. 无静差的转速闭环控制系统稳态参数计算

直流电动机无静差转速闭环控制系统稳态结构图如图 2-23 所示，图中转速调节器（Automatic Speed Regulator，ASR）采用比例积分调节器，用象征性的比例积分特性表示。

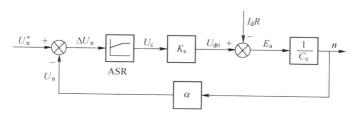

图 2-23　直流电动机无静差转速闭环控制系统稳态结构图

由比例积分调节器的特点，转速闭环控制系统稳态工作时，各变量之间的关系有

$$U_n^* = U_n = \alpha n = \alpha n^* \tag{2-57}$$

$$U_c = \frac{U_{d0}}{K_s} = \frac{C_e n^* + I_d R}{K_s} = \frac{C_e U_n^* / \alpha + I_{dL} R}{K_s} \tag{2-58}$$

从上述关系可以看出，在稳态工作点上，转速 n 由给定电压 U_n^* 决定；ASR 的输出为控制电压 U_c，其大小同时取决于 n 和 I_d，或者说同时取决于 U_n^* 和 I_{dL}，这些关系也反映了 PI 调节器不同于 P 调节器的特点，在动态过程中 PI 调节器的输出量取决于输入量的积分，而达到稳态后，输入量为零，输出的稳态值则是由其后面环节为了保证输入为零的需要决定的，后面环节需要 PI 调节器提供多大的输出值，它都能实现，直到其饱和为止。

无静差转速闭环控制系统稳态参数计算较为简单，在理想情况下，稳态时 $\Delta U_n = 0$，即 $U_n = U_n^*$，则可直接计算出转速反馈系数为

$$\alpha = \frac{U_{nmax}^*}{n_{max}} \tag{2-59}$$

式中，n_{max} 为电动机调压时最高转速（r/min）；U_{nmax}^* 为相应的最高给定电压（V）。

长知识——盾构机

盾构机是一种使用盾构法的隧道掘进机，全名叫盾构隧道掘进机，为隧道掘进专用工程机械，具有开挖切削土体、输送土渣、拼装隧道衬砌和测量导向纠偏等功能，涉及地质、土木、机械、力学、液压、电气、控制和测量等多门学科技术，已被广泛用于地铁、铁路、公路、市政和水电等隧道工程。图 2-24 为中国出口俄罗斯的 11 m 级大直径盾构机"胜利号"，其核心动力来自于由中车株洲电机有限公司提供的 12 台 350 kW 主驱动变频电动机，是中国铁建股份有限公司针对俄罗斯冬季极寒施工环境量身定制的，其渣土清运系统设有 22 层超级储带仓，可确保在 -30℃ 低温环境中正常掘进。

图 2-24　出口俄罗斯的 11 m 级大直径盾构机"胜利号"

　　由于盾构机存在工作环境恶劣、掘进地层复杂多样等情况，盾构机主驱动多电动机同步控制有其独特的特点。主要表现在盾构机主驱动具有驱动电动机数量多、传动比大、电动机输出轴到大齿圈之间均是刚性连接，微小的控制误差都会使得电动机输出扭矩成百倍得放大，导致驱动大齿圈运动的扭矩分布不均，对整个主驱动系统机械传动装置产生严重的损伤。因此研究盾构机主驱动系统电动机控制方式的稳定性及多电动机同步控制的高效性和可行性显得很有必要。

　　盾构机主驱动系统的多电动机同步控制常分为非耦合同步控制和耦合同步控制两类。非耦合同步控制方式主要包含并行同步控制和主从同步控制两种，并行同步控制使各电动机之间互不干扰，优点在于各电动机在起动和停止过程中同步性能良好，且控制结构简单，不受电动机数量的限制，便于维修和检查，但在发生扭矩突变情况时，同步性和跟随性都较差。主从同步控制是在系统中选取一台电动机作为主电动机，其余为从电动机，以主电动机的转速输出作为从电动机转速信号输入。这就导致主电动机的转速变化会对从电动机产生影响，而从电动机转速变化不会对主电动机产生反馈，也不会在从电动机中产生干扰，但这种控制会导致个别电动机不同步的现象。

　　耦合同步控制方式常采用环形耦合控制方式，该控制方式是在转速并联控制的基础上与同步误差补偿相结合的一种改进型控制方式，不仅考虑每台电动机跟踪误差，同时还对相邻电动机之间的同步误差加以补偿。

2.4　直流电动机转速、电流双闭环控制系统原理和静态分析

　　2.3 节主要介绍了转速单闭环控制系统原理、组成及其动静特性，但其还存在诸如响应速度度慢、抗扰性能差及电枢电流动态过冲大等局限性。为了改善系统的各项动态和静态指标，有必要进一步研究转速、电流双闭环控制系统。

2.4.1　转速、电流双闭环控制系统的组成

　　对于直流电动机调速系统，转速 n 的变化率是衡量其动态性能优劣的一个关键指标，转速变化率大，能缩短电动机起动和制动过程的时间，提高生产率。

　　根据运动方程式

$$T_e - T_L = \frac{GD^2}{375} \frac{\mathrm{d}n}{\mathrm{d}t} \tag{2-60}$$

转速变化率 $\mathrm{d}n/\mathrm{d}t$ 与电磁转矩与负载转矩之差成正比，两者之差越大，转速变化率就越大。而直流电动机电磁转矩又与其电枢电流 I_d 成正比，为此调节转速可转换成控制其电枢电流的大小和方向。

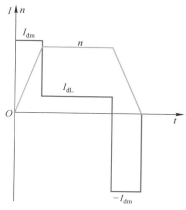

　　闭环系统控制的目标如下：为了提高效率，在电动机起动和制动过渡过程中，使得转速变化率 $\mathrm{d}n/\mathrm{d}t$ 大，即保持电动机电枢电流 I_d 为允许的最大值 I_{dm}，电动机将以最大的加（减）速度运行；当转速达到稳定转速时，使电枢电流 I_d 立即降低到负载电流 I_{dL}，使得电磁转矩等于负载转矩，电动机迅速进入稳定运行，其理想起动（制动）过渡过程如图 2-25 所示。值得注意的是，由于主电路电感的存在，电流不能突跳。

　　由前面分析可知，为了实现允许条件下的最快起动（制动），关键是获得一段时间的恒定最大电流 $I_{dm}(-I_{dm})$。根据反馈控制规律，要使得某个量保持不变，可引入该量的负反馈，即在转速负反馈的基础上引入电流负反馈。

图 2-25　理想过渡过程

　　问题是如何使得转速、电流两个负反馈配合使用？即在起动（制动）过程中电流负反馈起主导作用，在达到稳态转速后，转速负反馈发挥主要作用。最简单的实现方法是设置一个电流调节器，它以转速调节器（ASR）的输出为给定指令信号，以电枢电流为反馈信号，使电枢电流跟随转速调节器的输出，这时转速调节器的输出实际上是一个控制电动机转速变化率的转矩给定信号。

　　图 2-26 为增设电流反馈环后的直流电动机转速、电流双闭环控制系统的原理框图。从闭环结构上看，电流反馈环在内部，因此称其为内环，转速反馈环在外面，称作外环。其中，ASR 以 U_n^* 为给定指令，U_n 为反馈信号，实现转速跟随控制，ASR 的输出表示转速调节

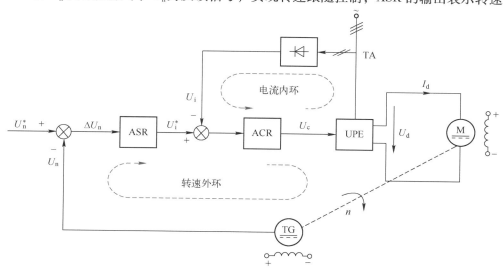

图 2-26　直流电动机转速、电流双闭环控制系统的原理框图

ASR—转速调节器　　ACR—电流调节器　　TA—电流互感器　　UPE—电力电子变换器　　TG—测速发电机

所需的转矩信号，用 U_i^* 表示。电流调节器（ACR）以 U_i^* 为给定信号，U_i 为反馈信号，实现电枢电流的跟随控制，其输出 U_c 表示电力电子变压器（可控直流电源）需要的电枢电压信号。电枢电压 U_d 受到 U_c 的控制，使得电枢电流 I_d 快速跟随电流给定信号 U_i^*，从而产生必要的动态转矩（T_e-T_L），进而控制转速 n 的变化，使与转速 n 成正比的反馈电压快速跟随给定信号。ASR 和 ACR 均采用比例积分调节器，且两个调节器输入和输出都设有限幅电路，ACR 的输出限幅值为 U_{cm}，它限制了可控直流电源输出电压的最大值 U_{dm}，ASR 输出限幅值为 U_{im}^*，它决定了主电路中最大的允许电流 I_{dm}。

2.4.2　双闭环控制系统的稳态结构图与参数计算

为了分析双闭环控制系统的静特性，应先得到它的稳态结构图，根据图 2-26 可以较容易得到如图 2-27 所示的双闭环控制系统的稳态结构图，从图中可看出，ASR 和 ACR 都采用带限幅输出的 PI 调节器。

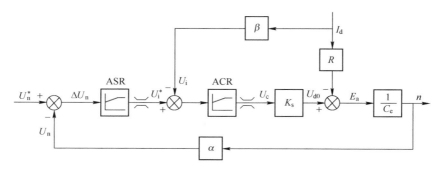

图 2-27　双闭环控制系统的稳态结构图
╳—表示输出限幅特性　α—转速反馈系数　β—电流反馈系数

分析稳态特性的前提是掌握 PI 调节器一般存在的两种状态：饱和状态——输出达到限幅值，不饱和状态——输出未达到限幅值。当调节器饱和时，输出为恒值，输入变量不再影响输出，除非有反向的输入信号使得调节器退出饱和，此种状态相当于调节器暂时隔断了系统的输入和输出之间的联系，使该调节器开环；当调节器不饱和时，输出随着输入的变化而变化。

需注意的是，为了实现电流的实时控制和快速跟随，电流调节器一般不进入饱和状态，因此，只有转速调节器需要经历不饱和、饱和状态。

1. 转速调节器不饱和

此时，两个调节器都不饱和，稳态时，两者都无输入偏差，因此有

$$U_n^* = U_n = \alpha n \tag{2-61}$$

$$U_i^* = U_i = \beta I_d = \beta I_{dL} \tag{2-62}$$

$$U_c = \frac{U_{d0}}{K_s} = \frac{C_e n + I_d R}{K_s} = \frac{C_e \dfrac{U_n^*}{\alpha} + I_{dL} R}{K_s} \tag{2-63}$$

由上述三式可得，电动机稳态运行时，转速 n 由给定电压 U_n^* 决定，ASR 的输出值 U_i^* 由负载电流 I_{dL} 决定，可控直流电源的控制电压 U_c 由转速 n 和负载电流 I_{dL} 决定。进一步验证

了 PI 调节器与比例调节器的不同，PI 调节器的输出是由后面所接的环节决定的，后面需要 PI 调节器提供多大的输出值，它都能做到，直到其饱和为止。

此时，由于 ASR 不饱和，其输出 $U_i^* < U_{im}^*$（U_{im}^* 为 ASR 输出的限幅值），由式（2-62）知，此时电枢电流 $I_d < I_{dm}$（I_{dm} 为当 ACR 输入为 U_{im}^* 时电枢电路允许的最大电流）。

2. 转速调节器饱和

此时，ASR 的输出为限幅值 U_{im}^*，转速外环呈开环状态，转速的变化不受闭环控制，双闭环控制系统变成一个电流无静差的闭环控制系统，由于此时 ACR 的输入为 U_{im}^*，则电枢电流为

$$I_d = I_{dm} = \frac{U_{im}^*}{\beta} \tag{2-64}$$

式中，I_{dm} 由设计者自己决定，取决于电动机容许的过载能力和系统要求的最大加速度。

因此，可以看出在转速、电流双闭环控制系统中，电动机的静特性有两种情况：

① 当 $I_d < I_{dm}$ 时系统表现为转速无静差，转速负反馈起主要调节作用；

② 当 $I_d = I_{dm}$ 时系统表现为电流无静差，此时转速调节器处于饱和状态，转速不受控，电流调节器起主要调节作用，保证电动机在一段时间以最大电枢电流加速或者减速，同时也起到了电流自动保护的作用。

另外，转速反馈系数 α 和电流反馈系数 β 还可以通过给定值和限幅值计算。

转速反馈系数

$$\alpha = \frac{U_{nm}^*}{n_{max}} = \frac{U_{nm}^*}{n_N} \tag{2-65}$$

电流反馈系数

$$\beta = \frac{U_{im}^*}{I_{dm}} \tag{2-66}$$

式中，U_{nm}^*、n_N 和 U_{im}^* 分别为最大转速给定电压（V）、额定转速（r/min）和 ASR 输出的限幅电压（V）。

例 2-5　在直流电动机转速、电流双闭环转速控制系统中，ASR 和 ACR 均采用 PI 调节器，电动机主要参数为 $U_N = 220\text{ V}$、$n_N = 1000\text{ r/min}$、$I_N = 20\text{ A}$、$C_e = 0.185\text{ V·min/r}$，若 $U_{nm}^* = 10\text{ V}$、$U_{im}^* = 10\text{ V}$，系统允许的过载倍数 $\lambda = 2$，电枢回路总电阻 $R = 2\ \Omega$，稳态时可控 PWM 直流电源的放大系数 $K_s = 30$，试求：

1）转速反馈系数 α 和电流反馈系数 β。

2）当 $U_n^* = 5\text{ V}$、$I_{dL} = 10\text{ A}$ 时，稳定运行时的 n、U_n、U_i^*、U_c 和 U_{d0}。

解：1）转速反馈系数：$\alpha = \dfrac{U_{nm}^*}{n_N} = \dfrac{10\text{ V}}{1000\text{ r/min}} = 0.01\text{ V·min/r}$

电流反馈系数：$\beta = \dfrac{U_{im}^*}{I_{dm}} = \dfrac{U_{im}^*}{\lambda I_N} = \dfrac{10\text{ V}}{2 \times 20\text{ A}} = 0.25\text{ V/A}$

2）因为 $I_{dL} < I_{dm}$，所以稳定运行时系统表现为转速无静差，ASR 不饱和，根据式（2-61）~ 式（2-63）可得

$$U_n = U_n^* = 5\text{ V}$$

$$n = \frac{U_n^*}{\alpha} = \frac{5\ \mathrm{V}}{0.\,01\ \mathrm{V \cdot min/r}} = 500\ \mathrm{r/min}$$

$$U_i^* = \beta I_{dL} = 0.\,25\ \mathrm{V/A} \times 10\ \mathrm{A} = 2.\,5\ \mathrm{V}$$

$$U_{d0} = C_e n + I_{dL} R = (0.\,185 \times 500 + 10 \times 2)\ \mathrm{V} = 112.\,5\ \mathrm{V}$$

$$U_c = \frac{U_{d0}}{K_s} = \frac{112.\,5\ \mathrm{V}}{30} = 3.\,75\ \mathrm{V}$$

长知识——主动式安全带

主动式安全带是在发生事故时可以将人牢牢地"锁在"座位上,从而更加有效地保护人体的一种安全带,是驾驶辅助系统中应用较为成熟的技术。相较于普通的三点式安全带,主动式安全带进一步加强了事故中驾乘人员的存活率。当发生碰撞时,车载计算机检测到前方碰撞高于设定值,电力信号即被传送到动力装置的电子点火器,完成预紧式安全带的起动。在乘客因碰撞向前方移动之前,预紧式安全带能够在瞬间收紧,使乘客能够牢固地坐在座席上,从而进一步提高了安全带的功效。同时安全带收紧量为 50~100 mm,其拉紧的负荷完全不会对车上的驾乘人员造成二次伤害。

主动预紧式安全带装置包括直流电动机、传动系统、卷收器和织带套件。其工作原理可归纳如下:直流电动机与传动系统连接,响应事故预紧装置的控制信号而工作,其输出轴连接传动系统的行星轮系,行星轮系通过中间惰齿轮将动力传递给单向器的外齿轮。单向器设计成棘轮机构,棘轮与卷收器芯轴之间安装有安全联轴套,实现将动力传递给卷收器。卷收器框架的一端装有紧急锁止器,对安全带放置角度及织带拉出加速度敏感,实现主动式安全带的紧急锁止。在碰撞事故发生前完成安全带预紧,消除安全织带的佩带间隙,从而在碰撞事故中增加安全带有效约束乘员性能,显著降低乘员的碰撞损伤。

2.5　转速、电流双闭环控制系统动态结构图与过渡过程分析

2.5.1　动态性能指标

前面已经介绍了两个表征系统稳定运行时的性能指标(静差率 s 和调速范围 D),但系统在实际运行过程中会存在各种扰动,导致电动机转速常处于动态变化的状态。为了衡量系统动态变化过程,引入了动态性能指标的概念,动态性能指标又可分为跟随性能指标和抗扰性能指标两类。

1. 跟随性能指标

跟随性能是指系统输出量在输入信号的作用下所表现出的变化特征。跟随性能一般用零初始条件下系统对阶跃输入信号输出响应过程来表示,将这种输出初始值为零,给定信号阶跃输入下系统的过渡过程称为一个典型的跟随过程,如图 2-28 所示,其中,C_∞ 为输出量 C 的稳态值。主要的跟随性能指标有上升时间 t_r、超调量 σ 和调节时间 t_s。

1) 上升时间 t_r:在跟随过程中,输出量从零开始第一次上升到达 C_∞ 所经历的时间。它表征系统跟踪指令的能力,表示动态响应的快速性。

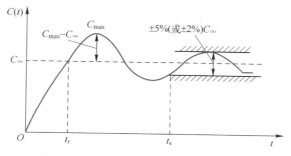

图 2-28　典型的跟随过程及其性能指标

2）超调量 σ：在跟随过程中，输出量超过稳态值的最大偏差与稳态值 C_∞ 之比的百分值，即

$$\sigma = \frac{C_{\max} - C_\infty}{C_\infty} \times 100\% \qquad (2\text{-}67)$$

超调量反映了系统的相对稳定性，超调量越小，相对稳定度越好。

3）调节时间 t_s：调节时间又称过渡过程时间，衡量系统整个动态响应过程的快慢。其定义为：在阶跃响应过程中，输出量最后一次进入稳态值±5%（或者±2%）的误差带范围，并不再超出该误差带所经历的时间。

2. 抗扰性能指标

除了给定指令外，其他能引起输出量发生偏移的因素都称为扰动。一个稳定运行的控制系统在受到某种扰动量作用时，其输出量会偏离稳定状态，经历一段动态过程后，系统会恢复到一个新的稳态，将这一恢复过程称作系统的抗扰过程。抗扰性能指标用来衡量控制系统抵抗扰动的能力，常用的抗扰性能指标有动态降落 $\Delta C_{\max}$ 和恢复时间 t_v。图 2-29 为系统稳定运行时突加一个使输出量降低的扰动以后的动态抗扰过程。

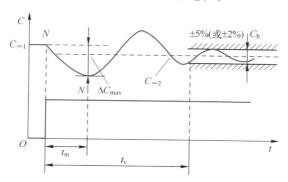

图 2-29　突加扰动的动态抗扰过程

1）动态降落 $\Delta C_{\max}$：系统稳定运行时，突加一个约定的阶跃扰动量，所引起的输出量最大降落值 $\Delta C_{\max}$，从扰动开始到达最大动态降落的时间称作最大降落时间，用 t_m 表示。$\Delta C_{\max}$ 一般用百分数表示，即

$$\Delta C_{\max} = \frac{\Delta C_{\max}}{C_{\infty 1}} \times 100\% \qquad (2\text{-}68)$$

其中，$C_{\infty 1}$ 为扰动前的稳态值。输出量在动态降落后逐步恢复，达到新的稳态值 $C_{\infty 2}$，（$C_{\infty 1}$ $-C_{\infty 2}$）是系统在该扰动作用下的稳态误差，即静差。

2）恢复时间 t_v：从阶跃扰动开始，输出量基本恢复稳态，且输出量与新的稳态值 $C_{\infty 2}$（或某个规定的基准值 C_b）的误差在稳态值（或基准值）的 ±5% 或 ±2% 范围内，并不再超过该范围所经历的时间。C_b 为抗扰性能指标中输出量的基准值，视具体情况而定。

上述动态性能指标都属于时域上的性能指标，它们能够较直观地反映出生产的要求，但是在工程设计时，还需考虑频域上的性能指标。根据自动控制原理可知，系统根据开环频率特性提出的性能指标为相角裕度 γ 和开环特性截止频率 ω_c。根据闭环幅频特性提出的性能指标为闭环幅频特性峰值 M_r 和闭环特性通频带频率 ω_b。相角裕度 γ 和闭环幅频特性峰值 M_r 反映系统的相对稳定性，开环特性截止频率 ω_c 和闭环特性通频带频率 ω_b 反映了系统的快速性。

根据生产机械的要求，实际控制系统对动态性能指标的要求各有不同。如：起制动频繁或者需要连续正反向运行的生产机械，对系统的跟随性能和抗扰性能都有要求；一些对精度要求较高的生产机械，如刻录机、多机架的连轧机等则要求有较高的抗扰性能。而一般生产中用的转速控制系统则主要要求有一定的转速抗扰性能。

2.5.2　转速、电流双闭环控制系统的动态结构图

在转速、电流双闭环控制系统中，转速调节器 ASR 和电流调节器 ACR 常采用 PI 调节器，结合转速单闭环控制系统的动态结构图和双闭环控制系统的稳态结构图，可得如图 2-30 所示的转速、电流双闭环控制系统的动态结构图，其中，$W_{ASR}(s)$ 和 $W_{ACR}(s)$ 分别表示转速调节器和电流调节器的传递函数。

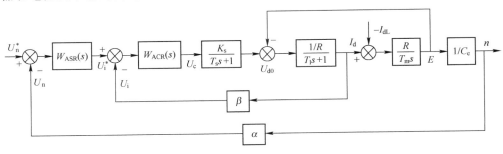

图 2-30　转速、电流双闭环控制系统的动态结构图

2.5.3　转速、电流双闭环控制系统动态过程分析

为了详细了解转速和电流两个调节器的工作原理，下面对其起动、制动和抗扰过程进行分析。

1. 起动过程分析

图 2-25 为直流电动机理想的时间最优起制动过程，双闭环控制能否迅速实现该理想情况，是设置该双闭环控制的重要目标。

图 2-31 为恒定负载条件下，突加给定电压时，直流电动机起动过程转速和电流过渡过程的波形，设稳态时电枢电流为 I_{dL}。现分别观察两条波形，从电流波形可以看出，电枢电

流 I_{d} 从零迅速上升到最大电流 I_{dm} ，经过超调后，降低到接近于 I_{dm} 后维持一段时间不变，之后又降低并经调节后达到稳态值 I_{dL} 。从转速波形可以看出，转速在开始比较短的时间内缓慢上升，然后呈线性增加，最后产生超调后，回到期望转速 n^* 。

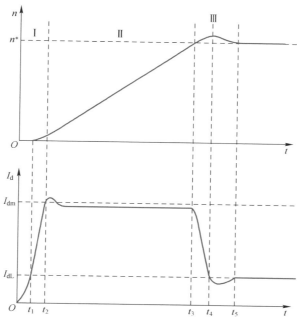

图 2-31　双闭环控制系统起动过程转速和电流波形

　　从转速和电流在起动时所反映的特点，起动过程可分为电流上升、恒流升速和转速调节三个阶段，分别对应于图中的Ⅰ、Ⅱ和Ⅲ。而转速调节器在这个过程中经历了不饱和、饱和、退饱和三个状态，现详细分析这三个阶段中两个调节器的作用。

　　1）第Ⅰ阶段（0~t_2），电流上升阶段。在 $t=0$ 时刻，突加给定电压 U_{n}^* 后，由于机械惯性的存在，转速 n 来不及响应，即 $n=0$ ，因而反馈电压 $U_{\text{n}}=0$ ，给定电压与反馈电压之差 $\Delta U_{\text{n}}=U_{\text{n}}^*$ ，转速调节器 ASR 输入很大，由于 ASR 采用 PI 调节器，因此其输出 U_{i}^* 快速上升到限幅值 U_{im}^* ，使得 ASR 进入饱和状态，并保持输出值为 U_{im}^* 不变。

　　此时电流调节器 ACR 在输入 U_{im}^* 的作用下，电枢电流 I_{d} 快速上升，在 $t=t_2$ 时刻到达与 U_{im}^* 相对应的 I_{dm} 。需注意的是，在 t_1 时刻之前，$I_{\text{d}}<I_{\text{dL}}$ ，导致电磁转矩小于负载转矩，电动机没有转动，t_1 时刻后，$I_{\text{d}}>I_{\text{dL}}$ ，转速才开始增大，直到 t_2 时刻，转速 n 到达最大的加速度（$I_{\text{d}}=I_{\text{dm}}$）。电流上升时间的长短主要取决于电流内环跟随性能的快速性，在这一阶段，ASR 迅速进入并保持饱和。

　　2）第Ⅱ阶段（t_2~t_3），恒流升速阶段。该阶段是起动过程的主要阶段，在此阶段 $\Delta U_{\text{n}}\geq 0$ ，转速调节器 ASR 始终饱和，转速外环相当于开环，系统成为在恒值 U_{im}^* 给定下的电流调节系统，基本上保持接近于 I_{dm} 的恒值电枢电流，因而系统转速具有最大加速度，转速呈线性快速增大。

　　在 t_2 时刻，电枢电流 $I_{\text{d}}=I_{\text{dm}}$ ，由于电磁惯性的存在，电流将继续上升出现超调，使得 $I_{\text{d}}>I_{\text{dm}}$ 、$U_{\text{i}}>U_{\text{i}}^*$ ，电流调节器 ACR 输入 $\Delta U_{\text{i}}<0$ ，U_{c} 降低，U_{d0} 降低，则电动机电枢电流 I_{d} 将迅

速降低至接近 I_{dm}，并保持恒定。

在起动阶段，由于转速 n 线性增长，$E_a = C_e n$，则感应电动势也线性增大，根据电压方程

$$U_{d0} = RI_d + L\frac{dI_d}{dt} + E_a \qquad (2-69)$$

若电流为恒定值，则方程可变为 $U_{d0} = RI_d + E_a$，则电枢电流表达式可写成

$$I_d = \frac{U_{d0} - E_a}{R} \qquad (2-70)$$

由于起动时感应电动势 E_a 线性增大，根据式（2-70）可知，要保持电枢电流 I_d 为恒定值，U_{d0} 也必须线性增大，即 U_c 也需要一直增加。U_c 为 ACR 的输出，而电流调节器 ACR 常采用 PI 调节器，即需要保证其输入大于零，即 $\Delta U_i > 0$，$\Delta U_i = (U^*_{im} - U_i) > 0$，$I_{dm} > I_d$。因此，在起动时电枢电流应稍小于最大电流 I_{dm}。这也进一步验证了，PI 调节器对于阶跃扰动能够实现无静差，但对斜坡扰动（感应电动势 E_a 线性增大）无法实现无静差。

3）第Ⅲ阶段（t_3 以后），转速调节阶段。在 t_3 时刻，转速 n 到达给定转速 n^*，由于机械惯性的作用，转速 n 会继续上升，ASR 的输入信号 $\Delta U_n < 0$，ASR 开始退出饱和状态，U^*_i 快速下降，在 ACR 的调节下，电枢电流 I_d 也快速降低。但是，只要电枢电流 $I_d > I_{dL}$，转速还具有加速度，转速将继续上升，直到 $I_d = I_{dL}$，此时电磁转矩等于负载转矩（即 $T_e = T_L$），$dn/dt = 0$，转速 n 到达峰值（$t = t_4$）。由于电磁惯性的存在，电枢电流将会继续降低，使得 $I_d < I_{dL}$，转速加速度小于零，转速 n 降低。在 ASR 和 ACR 两个调节器的作用下，电枢电流逐渐稳定于负载电流 I_{dL} 上，转速 n 也逐渐稳定在给定转速 n^* 上，系统将进入稳速状态。

在这一阶段中，如果调节器参数整定得不够好，最后转速和电流波形都会有一段时间的振荡。电枢电流下降的速度既与 ASR 退出饱和的速度有关，还与电流内环调节的快速性有关。

2. 制动过程分析

设置双闭环还有一个重要的目的是缩短电动机制动的时间，即完成时间最优的制动过程。根据运动方程式（2-60）可知，转速变化率 dn/dt 与（$T_e - T_L$）成正比，要使转速减速度最大，只要使得电动机产生一个较大的反向电磁转矩，即产生较大的反向电枢电流。

与起动过程类似，可以从转速、电流和控制电压 U_c 的波形来分析制动过程。图 2-32 为双闭环控制系统拖动位能性恒转矩负载正向制动时转速、电流和控制电压 U_c 的波形。

如图 2-32 所示，电动机制动时，电流波形从恒定的负载电流 I_{dL} 迅速降低至零，然后建立反向电枢电流，并反向快速增大至接近 $-I_{dm}$，并保持一段时间，在此期间转速先缓慢降低，后恒减速下降至零。可以把制动过程分为正向电流衰减、电流反向增大、恒流制动和转速调节四个阶段，分别对应图中的Ⅰ、Ⅱ、Ⅲ和Ⅳ。现对这四个阶段进行分析。

1）第Ⅰ阶段（$t_0 \sim t_1$），正向电流衰减阶段。在 t_0 时刻接收到停车指令 $U^*_n = 0$，ASR 的输入 $\Delta U_n = -U_n$，为较大负值，导致其输出电压很快下降并到达反向限幅值 $-U^*_{im}$，ASR 进入反向饱和状态，转速环相当于开环。此时电流调节器 ACR 输入为 $-U^*_{im} - U_i$，控制电压 U_c 迅速下降，电枢电压 U_{d0} 迅速降低，电枢电流迅速下降到零，控制电压 U_c 达到反向最大值，标志着第Ⅰ阶段结束。在这一阶段里，ASR 迅速进入饱和，由于该阶段时间较短，电动机转

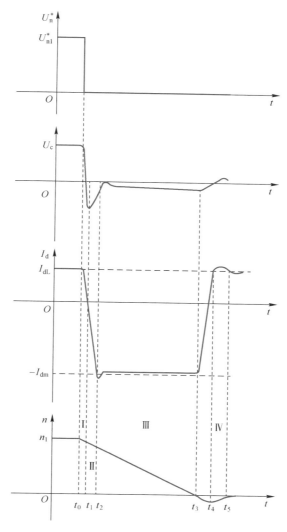

图 2-32　双闭环控制系统制动过程转速、电流和控制电压 U_c 波形

速几乎不变。

2）第 Ⅱ 阶段（$t_1 \sim t_2$），电流反向增大阶段。电枢电流衰减至零后，转速基本不变，$\Delta U_n < 0$，ASR 始终处于反向饱和状态，转速环相当于开环，系统为恒值 $-U_{im}^*$ 给定下的电流单闭环控制，强迫电流在 t_2 时刻达到 $-I_{dm}$，ACR 的输入 ΔU_i 绝对值减小至零。在这一阶段 $U_c < 0$，$U_{d0} < 0$，$n > 0$，ASR 反向饱和，电动机处于反接制动状态，由于所占时间较短，电动机转速变化不明显。

3）第 Ⅲ 阶段（$t_2 \sim t_3$），恒流制动阶段。由于电磁惯性的存在，电枢电流 I_d 将会继续反向增大超过 $-I_{dm}$，电枢电流反向超调，经过电流单闭环控制，电枢电流将反向回落并保持在 $-I_{dm}$ 附近。根据运动方程式可知，此时电动机获得最大的减速度，转速线性降低，反向电流超调标志着恒流制动阶段的开始。

与起动过程类似，随着转速的降低，感应电动势 E_a 也线性降低，为了维持反向电枢电流恒定不变，在恒流制动时电枢电流绝对值要略小于反向最大电流 $-I_{dm}$ 的绝对值。当 $t = t_3$ 时，电动机转速降低至零，恒流制动阶段结束。电动机在恒流制动阶段，将机械能转换成电能储存在直流母线上的电容中，这个阶段也是制动过程的主要阶段。

4）第Ⅳ阶段（t_3 以后），转速调节阶段。在 t_3 时刻，转速降低至零，此时电枢电压 U_{d0} 仍小于零，电动机开始反转，$\Delta U_n > 0$，ASR 反向退饱和，使得其输出 U_i^* 反向快速降低，反向电枢电流 I_d 在 ACR 作用下跟随给定快速降低至零后建立正向电枢电流，U_c 增大，U_{d0} 增大。只要 $I_d < I_{dL}$，转速将会继续反向增大，直到 $I_d = I_{dL}$，$T_e = T_L$，转速 n 在 $t = t_4$ 时到达反向最大值。此后，在 $t_4 \sim t_5$ 时间内，$I_d > I_{dL}$，电动机开始反向减速，直至电动机停转。在这个过程中，由于转速 n 不大，所以感应电动势比较小，电枢电压主要用于改变电枢电流。

在转速调节阶段，ASR 发生了退饱和，起主要调节作用，ACR 则力图使得电枢电流尽快跟随 ASR 的输出值，电动机转速出现小幅度反转，电枢电流方向在 ACR 的作用下由反向转变成正向。与起动过程类似，如果调节器参数整定得不太好，转速和电流波形都会出现一段振荡。需说明的是，由于所带负载为位能性恒转矩负载，在电动机停车时，电枢电流不为零，此时 $I_d = I_{dL}$。可以看出所带负载性质的不同，电动机输入量也将不同。

3. 抗扰过程分析

在自动控制系统中，除了给定输入指令外，其余一切能引起输出量存在稳态差或者动态差的激励作用都统称为扰动。在直流电动机转速控制系统中，有些扰动是控制系统必然存在的，如负载的变化；有些扰动是无法避免的，如电网电压波动。现主要分析双闭环控制系统如何抵抗这两种常见的扰动。

（1）抵抗负载扰动性能　负载发生变化，负载电流 I_{dL} 也将随之变化。由图 2-30 所示的双闭环控制系统的动态结构图可以看出，I_{dL} 在电流环之后，电流环对其无控制作用。但负载扰动被外部转速环所包围，因此，只能像转速单闭环控制系统一样，靠转速调节器 ASR 来抑制，在设计 ASR 时，需考虑其具有较好的抵抗负载扰动性能。

（2）抵抗电网电压扰动性能　由于双闭环是在单闭环的基础上增加了一个电流闭环控制，两者抗电网电压的能力有所不同，现分别分析单闭环和双闭环抵抗电网电压的过程。

为了比较双闭环和单闭环抗电网电压扰动的能力，图 2-33 分别给出了两者的动态结构图，为了能方便看出电网电压扰动在两个动态结构图中的位置，在图中表示出了电网电压扰动 ΔU_d。由图 2-33a 可知，在单闭环控制系统中抵抗电网电压波动的过程如下：电网电压波动将会引起电枢电流 I_d 变化→感应电动势 E 变化→导致转速 n 变化→反馈电压 U_n 变化→ΔU_n 变化→U_c 变化→调整电枢电压的输入值 U_{d0}→转速 n 回到给定值。

对于如图 2-33b 所示的双闭环控制系统，电网电压的扰动在电流环内，其抗扰过程如下：电网电压波动将会引起电枢电流 I_d 变化→反馈电压 U_i 变化→ΔU_i 变化→U_c 变化→调整电枢电压的输入值 U_{d0}→转速电枢电流 I_d 回到给定值。由于电流的变化速度要远快于转速变化的速度，因此双闭环控制中电网电压的波动不必等到转速变化才调节，而是在电枢电流 I_d 变化后即可调节。电流会较快趋向给定值，而不至于引起较大的转速波动。

所以，相对于单闭环控制系统，双闭环控制系统对电网电压的扰动调节较及时，且引起的转速动态降落也小得多。

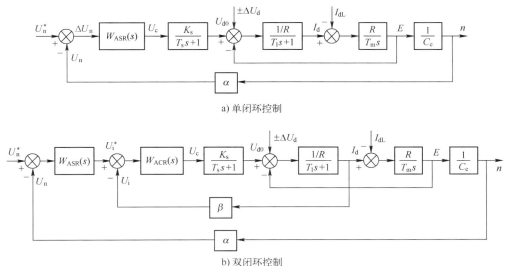

a) 单闭环控制

b) 双闭环控制

图 2-33　直流电动机转速控制系统抵抗电网电压扰动的作用

2.5.4　转速、电流调节器的作用

经过以上的分析，可归纳转速和电流两个调节器在双闭环控制系统中的作用。

（1）转速调节器的作用

1）转速调节器是主导调节器，它能使得转速 n 快速跟随给定值 U_n^*，如果采用 PI 调节器，可实现转速无静差。

2）能够抵抗负载变化的扰动。

3）转速调节器的输出限幅值决定了电动机允许的最大电流。

（2）电流调节器的作用

1）电流调节器为内环调节器，它能使电流紧跟转速外环的变化。

2）及时抑制电网电压的扰动。

3）当电动机发生过载或者堵转时，能够限制电枢电流的最大值，起到快速自动保护的作用。而且，一旦故障消除，系统能自动恢复正常，提高系统的运行可靠性。

长知识——抽水蓄能

抽水蓄能作为最早的大容量储能技术，是目前技术最成熟、经济性最优和最具大规模开发条件的储能方式，从 20 世纪中期开始就被大量运用，逐渐成为全世界应用最为广泛的储能技术。抽水蓄能电站是运行灵活可靠的调峰电源，可承担电网的调峰、调频、调相、稳定电力系统频率和电压等任务，为电网经济高效、安全稳定运行提高保障。在"双碳"战略下，我国抽水蓄能在"十四五"期间迎来了建设高峰，已建和在建规模进一步扩大，截至 2024 年 3 月底，全国抽水蓄能电站装机容量达 5254 万 kW，居世界首位。

抽水蓄能，即利用水作为储能介质，通过电能与水的势能相互转化，实现电能的储存和释放。通常一座抽水蓄能电站由两座海拔高度不同的水库、水轮机、水泵以及配套的输水系统等组成。在抽水蓄能电站运行过程中,当用电处在低谷时,先用电网中富余的电将水抽到上水库储存,这个过程是把电能转化为水的势能;等到用电高峰来的时候,再将上水库的水放出来,水流顺势而下推动水轮机发电,电就"送回去"了。

　　水轮发电机是蓄能电站的核心器件之一。常用的水轮发电机为三相凸极同步发电机,根据结构形式的不同,同步发电机又可分为旋转电枢式、旋转磁极式两大类。旋转电枢式同步发电机的转子上装有电枢绕组,定子上装有主磁极绕组,这种结构适用于小容量同步发动机。旋转磁极式同步发电机的定子上装有电枢绕组,转子上装有主磁极绕组。目前,中、大型同步发电机都使用旋转磁极式结构,因为这种结构更加适用于大容量、高电压等级的同步发电机。

2.6　基于工程设计方法的转速、电流双闭环控制系统设计

2.6.1　工程设计方法的基本思路

　　一个电力传动控制系统的基本要求是①系统必须是稳定的;②系统的动态性能好;③系统稳定精度高。但在设计闭环控制系统时,常常会遇到稳态与动态性能指标相矛盾的情况(如例2-3和例2-4),如何解决这一矛盾?这时必须选择正确的调节器类型和整定控制参数,通过动态校正来改造被控系统,使之满足各项指标的要求。

　　虽然随着计算机和信息技术的发展,一些先进的控制策略如雨后春笋般不断涌现,控制理论与控制技术已经取得令人瞩目的成就。但 PID 调节器控制仍然是迄今为止最基本和常用的控制方法,也是电力传动控制系统中应用最多、最广泛的控制方案,本书将分析 PID 调节器用于直流电动机转速控制系统。

　　PID 调节器中的 P(比例)、I(积分)、D(微分)可以根据实际被控对象的性能和要求灵活组合,如比例(P)调节器、比例积分(PI)调节器和比例积分微分(PID)调节器等。这样,系统设计的基本问题就是选择调节器结构和确定控制参数:比例系数、积分时间常数或微分时间常数。

　　然而,由于 PID 调节器的三个参数存在多种组合可能,各参数之间又相互影响,使得参数整定过程复杂且烦琐,因此需要寻求简洁的 PID 参数整定方法。常见的参数整定方法有:Ziegler 和 Nichols 于 1942 年提出的"Ziegler-Nichols 整定法"、Siemens 公司于 20 世纪60 年代提出的"调节器最佳整定设计法"、陈伯时教授于 20 世纪 80 年代提出的"基于典型系统的工程设计方法"。本书重点介绍基于典型系统的工程设计方法。

　　工程设计方法首先对几种典型系统进行深入研究,把典型系统的开环对数频率特性当作预期特性,弄清它们的参数与系统性能指标的关系,写成简单的公式或制成简明的图表;然后将实际系统校正或简化成典型系统,就可以利用现成的公式和图表来进行参数计算。这样的工程设计方法简化了设计过程,切合实际应用,适合初学者学习。

2.6.2　常见的典型系统

　　在自动控制原理中,控制系统的开环传递函数可表示为

$$W(s) = \frac{K \prod\limits_{i=0}^{m} (\tau_i s + 1)}{s^r \prod\limits_{j=0}^{n} (T_j s + 1)} \tag{2-71}$$

式中，分母中的 s^r 项表示该系统在 $s=0$ 处有 r 重极点，即系统含有 r 个积分环节，该系统也称作 r 型系统。通常按 $r=0$、1、2、3…来区分系统，分别称作 0 型、Ⅰ型、Ⅱ型、Ⅲ型…系统。0 型系统稳态精度低，而Ⅲ型及其以上的系统很难稳定。因此，为了确保稳定性并考虑稳态精度，多采用Ⅰ型、Ⅱ型系统作为系统设计的目标。基于典型系统的工程设计方法是将实际闭环控制系统的开环传递函数校正成Ⅰ型或Ⅱ型系统。

Ⅰ型和Ⅱ型系统结构很多，它们的区别在于除原点以外的零、极点具有不同的个数和位置，因此需在Ⅰ型和Ⅱ型系统中各选取一种简单的结构作为典型系统。

本节内容来自控制理论，所以只介绍重要结论以便本书的使用。

1. 典型Ⅰ型系统

在Ⅰ型系统中，选择只包含一个积分环节和一个惯性环节的二阶系统作为典型Ⅰ型系统，其开环传递函数为

$$W(s) = \frac{K}{s(Ts+1)} \tag{2-72}$$

式中，T 为系统的惯性时间常数（s）；K 为系统的开环放大倍数。

典型Ⅰ型系统的闭环系统结构图和开环对数频率特性如图 2-34 所示，根据自动控制原理可知，闭环系统的动态特性主要由其开环系统的中频段特征决定。由特性可看出 $K=\omega_c$（ω_c 为截止频率），当 $\omega_c<1/T$ 或 $\omega_c T<1$ 时，对数幅频特性的中频段以 -20 dB/dec 的斜率穿越零分贝线，此时相角稳定裕度为 $\gamma=180°-90°-\arctan\omega_c T=90°-\arctan\omega_c T>45°$。可以看出，只要参数的选择保证足够的中频带宽度，系统就一定稳定，且有足够的稳定裕度。同时也可知，典型Ⅰ型系统中开环增益 K 越大，截止频率 ω_c 也就越大，则系统响应越快，但相角稳定裕度 γ 变小，说明快速性与稳定性之间是相互矛盾的。

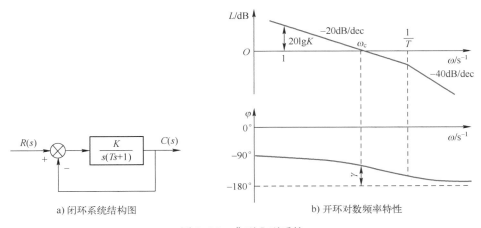

a) 闭环系统结构图   b) 开环对数频率特性

图 2-34 典型Ⅰ型系统

2. 典型Ⅱ型系统

在各种Ⅱ型系统中，选择包含两个积分环节、一个惯性环节和一个比例微分环节的三阶系统作为典型Ⅱ型系统，其开环传递函数为

$$W(s) = \frac{K(\tau s+1)}{s^2(Ts+1)} \tag{2-73}$$

式中，T 为系统的惯性时间常数（s）；K 为系统的开环放大倍数；τ 为系统微分时间常数（s）。

典型Ⅱ型系统的闭环系统结构图和开环对数频率特性如图2-35所示，由特性可知，只要 $1/\tau < \omega_c < 1/T$，或 $\tau > T$，就可以保证中频段以 $-20\,\mathrm{dB/dec}$ 的斜率穿越零分贝线，而此时相角稳定裕度为 $\gamma = 180° - 180° + \arctan\omega_c\tau - \arctan\omega_c T = \arctan\omega_c\tau - \arctan\omega_c T$。可见，只要 τ 比 T 大得越多，系统的稳定裕度也越大。典型Ⅱ型系统结构虽然比典型Ⅰ型系统复杂一些，但属于二阶无静差系统，稳态精度高，抗扰性能好，缺点是阶跃响应的超调量略大。

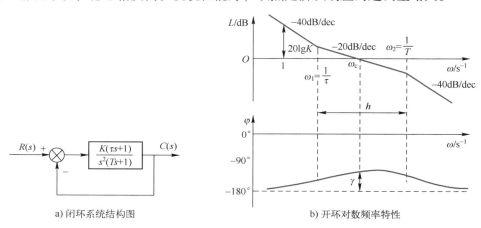

a) 闭环系统结构图　　　　　　b) 开环对数频率特性

图2-35　典型Ⅱ型系统

3. 典型Ⅰ型系统性能指标与参数的关系

（1）稳态性能指标与参数的关系　如图2-34所示的典型Ⅰ型系统的系统误差公式为

$$E(s) = \frac{1}{1+\dfrac{K}{s(Ts+1)}}R(s) = \frac{s(Ts+1)}{Ts^2+s+K}R(s) \tag{2-74}$$

若系统为阶跃输入，即 $R(s) = \dfrac{R_0}{s}$，则系统的稳态误差为

$$E = \lim_{s\to 0} sE(s) = \lim_{s\to 0} s\frac{R_0}{s} \times \frac{s(Ts+1)}{Ts^2+s+K} = 0 \tag{2-75}$$

若系统为斜坡输入，即 $R(s) = \dfrac{v_0}{s^2}$，则系统的稳态误差为

$$E = \lim_{s\to 0} sE(s) = \lim_{s\to 0} s\frac{v_0}{s^2} \times \frac{s(Ts+1)}{Ts^2+s+K} = \frac{v_0}{K} \tag{2-76}$$

若系统为加速度输入，即 $R(s) = \dfrac{a_0}{s^3}$，则系统的稳态误差为

$$E = \lim_{s \to 0} sE(s) = \lim_{s \to 0} s \frac{a_0}{s^3} \frac{s(Ts+1)}{Ts^2+s+K} = \infty \qquad (2\text{-}77)$$

不同典型输入信号作用下Ⅰ型系统的稳态误差总结见表 2-1。在阶跃输入下的Ⅰ型系统稳态时是无静差的，在斜坡输入下具有与 K 值成反比的恒值稳态误差，在加速度输入时稳态误差为无穷大。因此可知，Ⅰ型系统不能用于具有加速度输入的系统。

表 2-1   不同典型输入信号作用下Ⅰ型系统的稳态误差

输入信号	阶跃输入 $R(t) = R_0$	斜坡输入 $R(t) = v_0 t$	加速度输入 $R(t) = \dfrac{a_0 t^2}{2}$
稳态误差	0	v_0/K	∞

（2）动态跟随性能指标与参数的关系   从式（2-72）所示的典型Ⅰ型系统的开环传递函数可知，典型Ⅰ型系统中含有两个参数：开环放大倍数 K 和惯性时间常数 T，时间常数 T 一般是由被控对象本身决定的。因此，只有开环放大倍数 K 是需要按照性能指标来确定的。

根据图 2-34a，写出典型Ⅰ型系统的闭环传递函数为

$$W_{\mathrm{cl}}(s) = \frac{W(s)}{1+W(s)} = \frac{\dfrac{K}{s(Ts+1)}}{1+\dfrac{K}{s(Ts+1)}} = \frac{\dfrac{K}{T}}{s^2+\dfrac{1}{T}s+\dfrac{K}{T}} \qquad (2\text{-}78)$$

在自动控制理论中，闭环传递函数的一般形式为

$$W_{\mathrm{cl}}(s) = \frac{\omega_{\mathrm{n}}^2}{s^2+2\xi\omega_{\mathrm{n}}s+\omega_{\mathrm{n}}^2} \qquad (2\text{-}79)$$

式中，ω_{n} 为无阻尼自然振荡角频率，或称固有角频率（rad/s）；ξ 为阻尼比，或称衰减系数。

对比式（2-78）、式（2-79），可得闭环传递函数标准形式参数与典型Ⅰ型系统参数之间的关系为

$$\omega_{\mathrm{n}} = \sqrt{\frac{K}{T}} \qquad (2\text{-}80)$$

$$\xi = \frac{1}{2}\sqrt{\frac{1}{KT}} \qquad (2\text{-}81)$$

在一般转速控制系统中，为了获得快速的动态响应，常将系统设计成 $0<\xi<1$ 的欠阻尼状态。前面分析可知 $K=\omega_{\mathrm{c}}$，且 $\omega_{\mathrm{c}}T<1$ 时对数幅频特性的中频段以 $-20\,\mathrm{dB/dec}$ 的斜率穿越零分贝线，系统稳定，可得 $KT<1$。将 $KT<1$ 代入式（2-81）得，$\xi>0.5$。因此在典型Ⅰ型系统中应取

$$0.5<\xi<1 \qquad (2\text{-}82)$$

表 2-2 给出了欠阻尼系统在 $0.5<\xi<1$、零初始条件阶跃响应下，典型Ⅰ型系统各项动态跟随性能指标、频域指标与开环参数 KT 的关系[16]。

表 2-2 典型 Ⅰ 型系统各项动态跟随性能指标、频域指标与开环参数 *KT* 的关系

频域指标	开环参数 *KT*	0.25	0.39	0.50	0.69	1.0
	闭环阻尼比 *ξ*	1.0	0.8	0.707	0.6	0.5
	开环截止频率 ω_c	0.243/*T*	0.367/*T*	0.455/*T*	0.596/*T*	0.786/*T*
	开环相角稳定裕度 *γ*	76.3°	69.9°	65.5°	59.2°	51.8°
跟随性能指标	超调量 *σ*（%）	0	1.5	4.3	9.5	16.3
	上升时间 t_r	∞	6.6*T*	4.7*T*	3.3*T*	2.4*T*
	峰值时间 t_p	∞	8.3*T*	6.2*T*	4.7*T*	3.6*T*

由表 2-2 可得如下结论：

1）系统的时间常数 *T* 越小，系统的频带越宽，响应速度也越快。

2）当系统的时间常数 *T* 已知时，随着 *K* 的增大，系统的快速性提高，而稳定性变差。具体表现是上升时间 t_r 减小，但闭环阻尼比 *ξ* 和稳定裕度 *γ* 越小，超调量 *σ* 越大。

3）在具体选择参数时，如果要求动态响应快，即上升时间 t_r 小，可取 *ξ*=0.5~0.6，此时 *KT* 可选大一点；如果要求超调小，即超调量 *σ* 小，可取 *ξ*=0.8~1.0，此时 *KT* 选小一点；如果要求无超调，可选 *ξ*=1.0，*K*=0.25/*T*。

4）相对而言，当 *ξ*=0.707，*K*=0.5/*T* 时，各性能指标取得了比较好的折中，此时略有超调，该状态也是工程界流行的西门子"最佳整定方法"中的"模最佳系统"，或称为"二阶最佳系统"。

5）在工程设计时，可以根据系统的动态指标利用表 2-2 进行参数初选，在此基础上，要掌握参数变化时系统性能的变化趋势，在调试实验时根据实际工况做出必要的调整。需注意的是，系统无论选取怎样的 *K* 值，都会顾此失彼，这说明典型 Ⅰ 型系统不能适用该工程系统，需采取其他控制类型。

（3）动态抗扰性能指标与参数的关系　典型 Ⅰ 型系统已经规定了系统的结构，根据被控对象的要求又确定了参数 *K*，在此基础上就可以分析系统的动态抗扰性能指标。但对系统抗扰性能分析要比对其跟随性能的分析复杂很多，这是因为控制系统的抗扰性能不仅取决于系统本身，还与扰动作用点的位置以及扰动作用形式有关，某种定量的抗扰性能指标只适用于一种特定系统的结构、扰动作用点和扰动函数。

对于典型 Ⅰ 型系统，由于系统结构已经确定，因而在分析其抗扰性能指标时，扰动工作点位置就成为重要的关注点。现以一种具体情况为例进行分析，后续遇到其他情况下的扰动，均可仿照这样的分析方法。简化起见，在分析时通常将扰动函数设为阶跃扰动。

选取如图 2-36a 所示的被控对象，对其动态抗扰性能进行定量分析，其中被控对象为一双惯性环节，假设扰动作用点位于两个惯性环节中间，且两个惯性环节的时间常数 $T_2 > T_1$。若要将该系统校正成典型 Ⅰ 型系统，可在被控对象前串接 PI 调节器，其传递函数为

$$W_{PI}(s) = K_{pi}\frac{\tau s+1}{\tau s} \tag{2-83}$$

要校正成典型 Ⅰ 型系统，具体参数配合方法如下：将 PI 调节器中的微分环节（*τs*+1）与

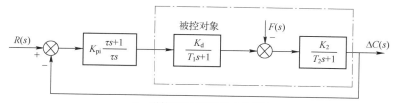

a) 一种扰动作用下的动态结构图

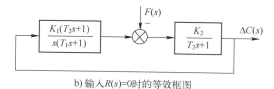

b) 输入 $R(s)=0$ 时的等效框图

图 2-36　校正成典型 I 型系统的被控对象在一种扰动下的动态结构图

扰动作用点之后的较大惯性环节的分母 (T_2s+1) 相抵消，即令 $\tau=T_2$。由于仅讨论系统的抗扰性能，可令输入变量 $R(s)=0$，则图 2-36a 可变换成图 2-36b，图中 $K_1=K_{pi}K_d/\tau$。

此时图 2-36b 中两个传递函数为

$$W_1(s)=\frac{K_1(T_2s+1)}{s(T_1s+1)} \tag{2-84}$$

$$W_2(s)=\frac{K_2}{T_2s+1} \tag{2-85}$$

则系统开环传递函数为典型 I 型系统：

$$W(s)=W_1(s)W_2(s)=\frac{K}{s(Ts+1)} \tag{2-86}$$

式中，$K=K_1K_2$；$T=T_1$。在阶跃扰动 $F(s)=F/s$ 作用下，由图 2-36b 可得

$$\Delta C(s)=\frac{F}{s}\frac{W_2(s)}{1+W_1(s)W_2(s)}=\frac{FK_2(Ts+1)}{(T_2s+1)(Ts^2+s+K)} \tag{2-87}$$

如果调节器参数已经按跟随性能指标选定为 $KT=0.5$，式（2-87）可化简为

$$\Delta C(s)=\frac{2FK_2T(Ts+1)}{(T_2s+1)(2T^2s^2+2Ts+1)} \tag{2-88}$$

对式（2-88）取反拉普拉斯变换，可得阶跃扰动后输出变化量的动态过程函数为

$$\Delta C(t)=\frac{2FK_2m}{2m^2-2m+1}\left[(1-m)\,\mathrm{e}^{-t/T_2}-(1-m)\,\mathrm{e}^{-t/2mT_2}\cos\frac{t}{2mT_2}+m\mathrm{e}^{-t/2mT_2}\sin\frac{t}{2mT_2}\right] \tag{2-89}$$

式中，$m=\dfrac{T_1}{T_2}<1$，为被控对象中小时间常数与大时间常数的比值。

取不同的 m 可得出不同的 $\Delta C(t)$ 动态过程曲线，从而可得到相应的动态抗扰性能指标值——动态降落 ΔC_{max} 及其对应的时间 t_m 和恢复时间 t_v。为了方便起见，输出量的最大动态降落 ΔC_{max} 用基准值 C_b 的百分数表示，两个时间 t_m、t_v 用时间常数 T_2 的倍数表示，其中基准值 C_b 取

$$C_b=FK_2 \tag{2-90}$$

计算结果见表 2-3，需注意的是，该表中的性能指标与参数关系是针对如图 2-36 所示的特定结构，且满足 $KT=0.5$ 这一特定参数的选择的。

表 2-3　典型 I 型系统动态抗扰性能指标与参数的关系（$KT=0.5$）

$m=\dfrac{T_1}{T_2}=\dfrac{T}{T_2}$	$\dfrac{1}{5}$	$\dfrac{1}{10}$	$\dfrac{1}{20}$	$\dfrac{1}{30}$
$\dfrac{\Delta C_{max}}{C_b}\times100\%$	27.8%	16.6%	9.3%	6.5%
t_m/T_2	0.566	0.336	0.19	0.134
t_v/T_2	2.209	1.478	0.741	1.014

由表 2-3 中的数据可以看出，当两个时间常数相差较大时，动态降落减小，但恢复时间的变化不是单调的，在 $m=\dfrac{1}{20}$ 时恢复时间最短。

4. 典型 II 型系统性能指标与参数的关系

（1）稳态性能指标与参数的关系　按照计算典型 I 型系统稳态误差的方法，也可计算出典型 II 型系统在不同典型输入信号作用下的稳态误差，见表 2-4。从表中可看出，在阶跃输入和斜坡输入下的 II 型系统稳态时是无静差的，在加速度输入时具有与 K 值成反比的恒值稳态误差。对比表 2-1 和表 2-4 可知，II 型系统的稳态性能要好于 I 型系统。

表 2-4　II 型系统在不同典型输入信号作用下的稳态误差

输入信号	阶跃输入 $R(t)=R_0$	斜坡输入 $R(t)=v_0t$	加速度输入 $R(t)=\dfrac{a_0t^2}{2}$
稳态误差	0	0	a_0/K

（2）动态跟随性能指标与参数的关系　由式（2-73）所示的典型 II 型系统开环传递函数可知，系统中含有三个参数：开环放大倍数 K、惯性时间常数 T 和微分时间常数 τ。与典型 I 型系统相类似，时间常数 T 也是被控对象固定的，因此，对于典型 II 型系统待定的参数有两个：K 和 τ。为了分析方便，引入一个新的变量 h：

$$h=\frac{\tau}{T}=\frac{\omega_2}{\omega_1} \tag{2-91}$$

h 称作中频宽，由图 2-35 可知，$\omega_1=1/\tau$ 称作第一转折频率，$\omega_2=1/T$ 称作第二转折频率，一般截止频率 ω_c 总是设计在中频段，此时系统的相角稳定裕量会较大。h 是斜率为 $-20\,\mathrm{dB/dec}$ 的中频段宽度（对数坐标），由于中频段的状况对控制系统的动态品质起着决定性的作用，因此 h 的值是一个关键参数。

一般情况下，$\omega=1$ 点是处在 $-40\,\mathrm{dB/dec}$ 特性段的，由图 2-35b 可得

$$20\lg K=40(\lg\omega_1-\lg1)+20(\lg\omega_c-\lg\omega_1)=20\lg\omega_c\omega_1 \tag{2-92}$$

因此有

$$K=\omega_c\omega_1 \tag{2-93}$$

对于典型 II 型系统，工程设计中有两种准则来选择 h 和 ω_c，使得两者具有较好的配合关系，即最小闭环幅频特性峰值 M_{rmin} 准则和最大相角裕度 γ_{max} 准则。

本书采用最小闭环幅频特性峰值 M_{rmin} 准则。这一准则表明，当 h 为确定值时，只存在一个确定的截止频率 ω_c 可以得到最小的闭环幅频特性峰值 M_{rmin}。此时，截止频率 ω_c、ω_1（$\omega_1 = 1/\tau$）和 ω_2（$\omega_2 = 1/T$）之间的关系式为[17]

$$\frac{\omega_2}{\omega_c} = \frac{2h}{h+1} \tag{2-94}$$

$$\frac{\omega_c}{\omega_1} = \frac{h+1}{2} \tag{2-95}$$

式（2-94）和式（2-95）称作 M_{rmin} 准则的"最佳频比"。因而有

$$\omega_1 + \omega_2 = \frac{2\omega_c}{h+1} + \frac{2h\omega_c}{h+1} = 2\omega_c \tag{2-96}$$

可以看出，此时截止频率 ω_c 在 ω_1 与 ω_2 的代数中点处，即

$$\omega_c = \frac{1}{2}(\omega_1 + \omega_2) = \frac{1}{2}\left(\frac{1}{\tau} + \frac{1}{T}\right) \tag{2-97}$$

而此时对应的最小闭环幅频特性峰值为

$$M_{rmin} = \frac{h+1}{h-1} \tag{2-98}$$

表 2-5 列出了不同中频宽 h 值时所计算得到的 M_{rmin} 和最佳频比，可以看出，中频宽 h 增大，M_{rmin} 越小，从而降低超调量。经验表明，M_{rmin} 为 1.2~1.5 时，系统的动态性能较好，有时也允许 M_{rmin} 达到 1.8~2.0，因此 h 可在 3~10 之间选择。h 更大时，降低 M_{rmin} 的效果就不明显了。

表 2-5　不同 h 值时的 M_{rmin} 和最佳频比

h	3	4	5	6	7	8	9	10
M_{rmin}	2	1.67	1.5	1.4	1.33	1.29	1.25	1.22
ω_2/ω_c	1.5	1.6	1.67	1.71	1.75	1.78	1.80	1.82
ω_c/ω_1	2.0	2.5	3.0	3.5	4.0	4.5	5.0	5.5

h 和 ω_c 确定后，就可以很容易计算出参数 K 和 τ。

$$K = \omega_c \omega_1 = \frac{h+1}{2h^2 T^2} \tag{2-99}$$

$$\tau = hT \tag{2-100}$$

式（2-99）和式（2-100）是工程设计法中计算典型 Ⅱ 型系统参数的公式。

表 2-6 为按最小闭环幅频特性峰值 M_{rmin} 准则，采用数字仿真结果计算出单位阶跃输入下，h 取不同数值时典型 Ⅱ 型系统的超调量 σ、上升时间 t_r、调节时间 t_s 和振荡次数 k 的值，其中，t_r 和 t_s 以惯性时间常数 T 为时间准则[18]。

表 2-6　典型 Ⅱ 型系统单位阶跃输入下跟随性能指标（按 M_{rmin} 准则确定参数关系）

h	3	4	5	6	7	8	9	10
超调量 σ	52.6%	43.6%	37.6%	33.2%	29.8%	27.2%	25.0%	23.3%
上升时间 t_r	2.40T	2.65T	2.85T	3.0T	3.1T	3.2T	3.3T	3.35T

（续）

h	3	4	5	6	7	8	9	10
调节时间 t_s	12.15T	11.65T	9.55T	10.45T	11.30T	12.25T	13.25T	14.20T
振荡次数 k	3	2	2	1	1	1	1	1

从表 2-6 可知，由于过渡过程的衰减振荡性质，调节时间 t_s 随 h 变化不是单调的，在 $h=5$ 时调节时间最短。此外，h 越小，上升时间 t_r 越小，即动态响应越快，但超调量 σ 越大。综合各项指标可以看出，$h=5$ 的动态跟随性能比较适中。比较表 2-2 和表 2-6 可知，典型 II 型系统的超调量要比典型 I 型系统大得多，但快速性要优于典型 I 型系统（t_r 更小）。

（3）动态抗扰性能指标与参数的关系　如前所述，系统的抗扰性能与系统结构、扰动作用点的位置及其扰动作用的形式有关，选取如图 2-37 所示的一种扰动 $F(s)$ 作用于典型 II 型系统，调节器选择 PI 调节器，图 2-37b 为输入变量 $R(s)=0$ 时的等效框图，其中，$K_1=K_{pi}K_d/\tau$，$\tau=hT$，有

$$W_1(s)=\frac{K_1(hTs+1)}{s(Ts+1)} \tag{2-101}$$

$$W_2(s)=\frac{K_2}{s} \tag{2-102}$$

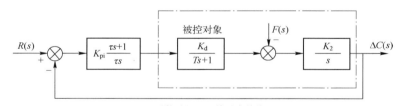

a) 一种扰动作用下的动态结构图

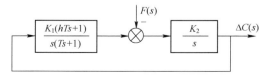

b) 输入 $R(s)=0$ 时的等效框图

图 2-37　校正成典型 II 型系统的被控对象在一种扰动下的动态结构图

则该系统的开环传递函数为典型 II 型系统

$$W(s)=W_1(s)W_2(s)=\frac{K(hTs+1)}{s^2(Ts+1)} \tag{2-103}$$

式中，$K=K_1K_2$。

在阶跃扰动 $F(s)=F/s$ 作用下，由图 2-37b 可得

$$\Delta C(s)=\frac{F}{s}\frac{W_2(s)}{1+W_1(s)W_2(s)}=\frac{FK_2(Ts+1)}{s^2(Ts+1)+K(hTs+1)} \tag{2-104}$$

考虑到式（2-99），有

$$\Delta C(s) = \frac{\dfrac{2h^2}{h+1}FK_2T^2(Ts+1)}{\dfrac{2h^2}{h+1}T^3s^3 + \dfrac{2h^2}{h+1}T^2s^2 + hTs + 1} \tag{2-105}$$

由式（2-105）可以得出对应不同 h 值时的动态抗扰过程曲线，从而计算出各项动态抗扰性能指标（具体数值见表 2-7）。需说明的是，为了使得最大动态降落指标落在 100% 以内，取开环输出在 $2T$ 时间内的累加值作为基准值，即 $C_b = 2FK_2T$。

表 2-7 典型 II 型系统动态抗扰性能指标与参数的关系

h	3	4	5	6	7	8	9	10
$\dfrac{\Delta C_{\max}}{C_b} \times 100\%$	72.2%	77.5%	81.2%	84.0%	86.3%	88.1%	89.6%	90.8%
t_m	2.45T	2.70T	2.85T	3.00T	3.15T	3.25T	3.30T	3.40T
t_v	13.60T	10.45T	8.80T	12.95T	16.85T	19.80T	22.80T	25.85T

由表 2-7 可知，h 越小，$\Delta C_{\max}/C_b$ 也越小，t_m 和 t_v 都短，因而抗扰性能越好。但对比表 2-6 可以看出，h 越小，振荡次数又增加了，综合典型 II 型系统的动态跟随性能指标和抗扰性能指标，$h=5$ 是较好的选择。

比较两个典型系统的分析结果，在稳态性能上，典型 I 型系统不适合加速度输入的系统；在动态性能上，典型 I 型系统的跟随性能超调量要小于典型 II 型系统，但在抗扰性能上，恢复时间略长于典型 II 型系统。

例 2-6 某个控制系统动态结构图如图 2-38 所示，其中，$T_\Sigma = 0.05$ s、$K_s = 30$、$K_1 = 0.5$、$J = 0.15$，采用 PI 调节器按 M_{rmin} 准则将系统设计成典型 II 型系统，计算调节器的参数，并给出此时性能指标中超调量 σ、调节时间 t_s、动态降落 $\dfrac{\Delta C_{\max}}{C_b} \times 100\%$ 和恢复时间 t_v。

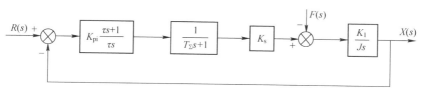

图 2-38 某控制系统动态结构图

解：首先求出该控制系统开环传递函数

$$W_{op}(s) = K_{pi}\frac{\tau s+1}{\tau s}\frac{1}{T_\Sigma s+1}\frac{K_s K_1}{Js} = \frac{K_{pi}K_s K_1}{J\tau}\frac{(\tau s+1)}{s^2(T_\Sigma s+1)} \tag{2-106}$$

按 M_{rmin} 准则选择参数时，$h=5$，则根据式（2-99）和式（2-100）有

$$\tau = hT = 5 \times T_\Sigma = 5 \times 0.05 \text{ s} = 0.25 \text{ s}$$

$$\frac{K_{pi}K_s K_1}{J\tau} = \frac{h+1}{2h^2 T_\Sigma^2}$$

则

$$K_{\mathrm{pi}} = \frac{J\tau}{K_{\mathrm{s}}K_1}\frac{h+1}{2h^2 T_\Sigma^2} = \frac{0.15\times0.25}{30\times0.5}\times\frac{5+1}{2\times5^2\times0.05^2} = 0.12 \tag{2-107}$$

查表 2-6 和表 2-7，在 $h=5$ 时有超调量 $\sigma = 37.6\%$，调节时间 $t_{\mathrm{s}} = 9.55T_\Sigma = 9.55\times0.05\,\mathrm{s} = 0.4775\,\mathrm{s}$，动态降落 $\dfrac{\Delta C_{\max}}{C_{\mathrm{b}}}\times100\% = 81.2\%$，恢复时间 $t_{\mathrm{v}} = 8.80T_\Sigma = 8.80\times0.05\,\mathrm{s} = 0.44\,\mathrm{s}$。

2.6.3　非典型系统的典型化——工程设计中的近似处理

在具体工作中，实际被控对象的结构多种多样，导致有时在串联调节器后不能校正成典型系统，这时候就需要对该被控对象的传递函数做近似处理，现介绍常见的几种实际被控对象的工程近似处理方法。

1. 高频段小惯性环节的近似处理

在实际控制系统的传递函数中，常存在很多小时间常数的惯性环节，它们有的是被控对象固有的，有的是系统设计时为了滤波而人为增加的，这些就造成了高频段有多个小时间常数 T_1、T_2、$T_3\cdots$ 的惯性环节。这些小惯性环节可以用一个时间常数为 T 的惯性环节来代替。即

$$T = T_1 + T_2 + T_3 + \cdots \tag{2-108}$$

下面以一实际系统的开环传递函数为例推导出高频段小惯性环节近似的条件，若有一开环传递函数为

$$W(s) = \frac{K(\tau s+1)}{s^2(T_1 s+1)(T_2 s+1)} \tag{2-109}$$

式中，T_1、T_2 为小时间常数（s）。根据前面提到的近似处理方法，可得

$$W(s) = \frac{K(\tau s+1)}{s^2(T_1 s+1)(T_2 s+1)} \approx \frac{K(\tau s+1)}{s^2(Ts+1)} \tag{2-110}$$

式中，$T = T_1 + T_2$。

式（2-109）和式（2-110）中小惯性的频率特性分别为

$$W_1(\mathrm{j}\omega) = \frac{1}{(\mathrm{j}\omega T_1+1)(\mathrm{j}\omega T_2+1)} = \frac{1}{(1-T_1 T_2\omega^2)+\mathrm{j}\omega(T_1+T_2)} \tag{2-111}$$

$$W_2(\mathrm{j}\omega) = \frac{1}{\mathrm{j}\omega T+1} = \frac{1}{1+\mathrm{j}\omega(T_1+T_2)} \tag{2-112}$$

要使得上两式近似相等，其条件为 $T_1 T_2\omega^2$ 远小于 1。

在工程计算中，一般允许 10% 以内的误差，因此上面的近似条件可写成 $T_1 T_2\omega^2 \leqslant \dfrac{1}{10}$，或者闭环系统允许频带为 $\omega_{\mathrm{b}} \leqslant \sqrt{\dfrac{1}{10T_1 T_2}}$。又因为开环频率特性的截止频率 ω_{c} 与闭环频率特性的带宽 ω_{b} 比较接近，可以用截止频率 ω_{c} 替代闭环系统频带，而 $\sqrt{10}\approx3$，则近似处理的条件为

$$\omega_{\mathrm{c}} \leqslant \frac{1}{3}\sqrt{\frac{1}{T_1 T_2}} \tag{2-113}$$

近似处理前后的开环对数幅频特性如图 2-39 所示，对高频段小惯性环节进行近似处理

后，系统在形式上成为一个典型 Ⅱ 型系统，如图中虚线所示。比较两条特性可以看出，低频段和中频段两者几乎完全一致，只将原系统的高频段做近似处理。

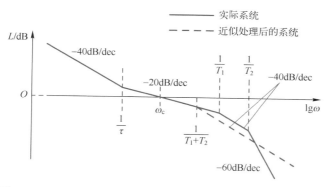

图 2-39 高频段小惯性环节近似处理前后的开环对数幅频特性

如果有三个小惯性环节，其近似处理的表达式为

$$\frac{K}{(T_1 s+1)(T_2 s+1)(T_3 s+1)} \approx \frac{K}{(T_1+T_2+T_3)s+1} \tag{2-114}$$

同理也可求出其近似的条件为

$$\omega_c \leqslant \frac{1}{3}\sqrt{\frac{1}{T_1 T_2 + T_1 T_3 + T_2 T_3}} \tag{2-115}$$

2. 低频段大惯性环节的近似处理

如果实际系统存在一个时间常数特别大的惯性环节，可以近似将之看成一个积分环节，即

$$\frac{1}{Ts+1} \approx \frac{1}{Ts} \tag{2-116}$$

式中，T 为大时间常数（s）。

将式（2-116）两边取其频率特性为

$$\frac{1}{j\omega T+1} \approx \frac{1}{j\omega T} \tag{2-117}$$

式（2-117）要成立，即 $\omega^2 T^2 \gg 1$，按工程惯例，$\omega T \geqslant \sqrt{10}$，与前面一样，将 ω 换成截止频率 ω_c，得大惯性环节近似处理的条件为

$$\omega_c \geqslant \frac{3}{T} \tag{2-118}$$

下面以开环传递函数 $W(s) = \dfrac{K(\tau s+1)}{s(T_1 s+1)(T_2 s+1)}$ 为例说明大惯性环节的近似处理是可行的，此时，T_1 远大于 T_2 和 τ。

1）近似处理前在截止频率 ω_c 处的相位裕度为

$$\gamma(\omega_c) = 90° - \arctan T_1 \omega_c + \arctan \tau \omega_c - \arctan T_2 \omega_c$$

$$= \arctan \frac{1}{T_1 \omega_c} + \arctan \tau \omega_c - \arctan T_2 \omega_c \tag{2-119}$$

由于此时，T_1 远大于 T_2 和 τ，式（2-119）可近似为

$$\gamma(\omega_c) \approx \arctan\tau\omega_c - \arctan T_2\omega_c \qquad (2-120)$$

2）按近似方法处理后系统等效的开环传递函数为

$$W'(s) = \frac{K(\tau s+1)}{T_1 s^2(T_2 s+1)} \qquad (2-121)$$

此时，在截止频率 ω_c 处的相位裕度为

$$\gamma'(\omega_c) = \arctan\tau\omega_c - \arctan T_2\omega_c \qquad (2-122)$$

比较式（2-120）和式（2-122）可看出，近似变换前后两个系统的相位裕度近似相等。

图 2-40 给出了近似处理前后的开环对数幅频特性，图中粗虚线为变换后的特性曲线，两条曲线只在低频段存在差异，近似处理后对系统的动态性能影响不大。

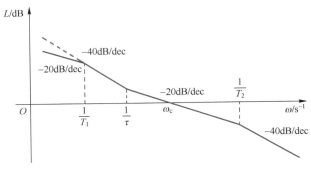

图 2-40　低频大惯性环节近似处理前后开环对数幅频特性

3. 高阶系统的降阶近似处理

当系统传递函数的高次项系数很小时，可以将高阶系统近似成一个低阶系统，前述的小时间常数的近似处理实际上就是高阶系统降阶处理的一种特例。现以三阶系统为例说明其近似的可行性，若有一个三阶系统的传递函数为

$$W(s) = \frac{K}{as^3+bs^2+cs+1} \qquad (2-123)$$

其中，系数 a、b、c 都为正，且 $bc>a$，则系统是稳定的。若忽略高次项，式（2-123）可近似为

$$W(s) \approx \frac{K}{cs+1} \qquad (2-124)$$

现从系统的频率特性来推导其近似条件，式（2-123）的频率特性为

$$W(j\omega) = \frac{K}{a(j\omega)^3+b(j\omega)^2+c(j\omega)+1} = \frac{K}{(1-b\omega^2)+j\omega(c-a\omega^2)} \qquad (2-125)$$

式（2-124）的频率特性为

$$W'(j\omega) = \frac{K}{j\omega c+1} \qquad (2-126)$$

比较式（2-125）和式（2-126）可得近似条件为

$$b\omega^2 \leqslant \frac{1}{10} \qquad (2-127)$$

$$a\omega^2 \leqslant \frac{c}{10} \qquad (2-128)$$

同样将 ω 换成截止频率 ω_c，可得高阶系统降阶近似处理的条件为

$$\omega_c \leqslant \frac{1}{3}\min\left(\sqrt{\frac{1}{b}}, \sqrt{\frac{c}{a}}\right) \qquad (2-129)$$

4. 系统类型和调节器类型的选择

在具体选择调节器时，首先必须根据实际系统的需求，确定要将系统校正成哪一种典型系统。为此，应该掌握两种典型系统的主要特征，如典型 I 型系统的跟随性能要优于典型 II 型系统，而典型 II 型系统的抗扰性能要好于典型 I 型系统。

确定了要采用的典型系统后，调节器类型设计就是将系统的被控对象与调节器的传递函数经过近似处理后配成典型系统，下面通过一个例题来说明。

例 2-7　有一被控对象由两个惯性环节组成，其传递函数为 $W_{obj}(s) = \dfrac{K_1}{(T_1 s+1)(T_2 s+1)}$。

1）若式中 $T_1 > T_2$，K_1 为被控对象的放大系数，将系统校正成典型 I 型系统。

2）若 $T_1 \gg T_2$，将系统校正成典型 II 型系统。

解：1）要将系统校正成典型 I 型系统，调节器应采用 PI 调节器，因为该调节器的积分部分是 I 型系统必需的，比例微分部分则是为了抵消掉被控对象中时间常数较大的惯性环节，以使得校正后系统的响应速度加快，则串联 PI 调节器后系统的开环传递函数为

$$W(s) = W_{PI}(s) W_{obj}(s) = \frac{K_{PI}(\tau s+1)}{\tau s} \frac{K_1}{(T_1 s+1)(T_2 s+1)}$$

令 $\tau = T_1$、$K = \dfrac{K_{PI} K_1}{\tau}$，则校正后的开环传递函数为

$$W(s) = \frac{K}{s(T_2 s+1)}$$

可以看出，在被控对象之前串联 PI 调节器，校正后的系统为典型 I 型系统。

2）若 $T_1 \gg T_2$，且按照典型 II 型系统确定参数关系，则需对大惯性环节按积分环节进行近似处理，这样原被控对象的传递函数近似为

$$W_{obj}(s) \approx \frac{K_1}{T_1 s(T_2 s+1)}$$

调节器仍采用 PI 调节器，并令 $K = K_{PI} K_1 / \tau T_1$，则校正后系统的开环传递函数为

$$W(s) = W_{PI}(s) W_{obj}(s) \approx \frac{K_{PI}(\tau s+1)}{\tau s} \frac{K_1}{T_1 s(T_2 s+1)} = \frac{K(\tau s+1)}{s^2(T_2 s+1)}$$

校正后的系统为典型 II 型系统。

2.6.4　按工程设计法设计转速、电流双闭环控制系统

按工程设计法来设计双闭环控制系统需遵循两个基本原则：①设计顺序是先内环后外环，逐级设计；②系统的带宽从内环到外环逐步减小。设计步骤如下：先从电流环入手，对

电流环进行必要的化简和近似处理；然后根据控制要求确定电流环校正成某个典型系统，按被控对象选择电流调节器，并计算调节器参数；电流环设计结束后，将电流环等效成转速环中的一个环节，再用相同的方法选择转速调节器并计算其参数。

实际双闭环控制系统的动态结构图如图 2-41 所示，比较图 2-41 和图 2-30 可以看出，实际动态结构图中增加了四个滤波环节：电流反馈滤波、转速反馈滤波、电流给定滤波和转速给定滤波。原因是：在实际控制系统中，反馈检测环节常含有谐波和其他扰动，如电流检测信号中常有交流分量、转速反馈信号中存在换向纹波等。为了抑制这些扰动，需添加低通滤波器，滤波器动态传递函数可用一阶惯性环节来表示。但反馈环节滤波器的增加会带来信号延迟，为了使得给定信号与反馈信号同步，在给定信号通道中也增加一个时间常数相同的给定滤波环节，使给定和反馈在时间上得到恰当的配合，其中，电流给定与反馈滤波的时间常数为 T_{oi}，转速给定与反馈滤波的时间常数为 T_{on}。

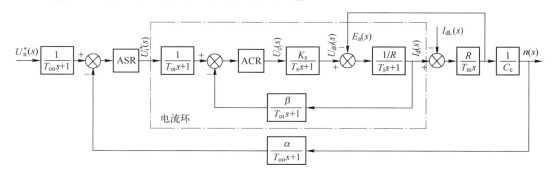

图 2-41　实际双闭环控制系统的动态结构图

1. 电流环的设计

（1）电流环动态结构图的变换与近似处理　图 2-41 中点画线框内是电流反馈控制内环的动态结构图，其中，输入为 U_i^*，输出为电枢电流 I_d。在设计电流环时，暂时不考虑电网电压和电枢电流等因素引起的扰动作用。

在电流环内存在电动势 E_a 与电流反馈的相互交叉，感应电动势 $E_a = C_e n$，与转速成正比。一般情况下，系统的机电时间常数 T_m 要远大于电磁时间常数 T_l，使得转速 n 和感应电动势 E_a 的变化要比电流变化慢得多，相对于快速变化的电流，可以近似认为感应电动势 E_a 基本不变，或者认为 E_a 是电流内环的一个常值扰动。在设计时，可以暂时不考虑感应电动势 E_a 变化的动态影响，也就是说，可以暂时把感应电动势 E_a 的作用去掉，则可得到图 2-42a 所示的结构图，可以证明，忽略反电动势对电流环作用的条件为

$$\omega_{ci} \geqslant 3 \sqrt{\frac{1}{T_m T_l}} \tag{2-130}$$

式中，ω_{ci} 为电流环开环频率特性的截止频率（rad/s）；T_m 为机电时间常数（s）；T_l 为电磁时间常数（s）。

将图 2-42a 中的给定和反馈滤波的传递函数同时等效地移到环内前向通道上，将电流环等效成单位负反馈，如图 2-42b 所示，此时给定信号变为 $U_i^*(s)/\beta$。

在图 2-42b 中，一般认为电磁时间常数 T_l 要远大于电流反馈滤波的时间常数 T_{oi} 和可控直流电源的平均失控时间 T_s，对 T_{oi} 和 T_s 可以按照高频段小惯性环节做近似处理，可得电流

环近似处理后的结构图，如图 2-42c 所示，其中，$T_{\Sigma i} = T_s + T_{oi}$。根据式（2-113）得近似处理的条件为

$$\omega_{ci} \leqslant \frac{1}{3}\sqrt{\frac{1}{T_s T_{oi}}} \tag{2-131}$$

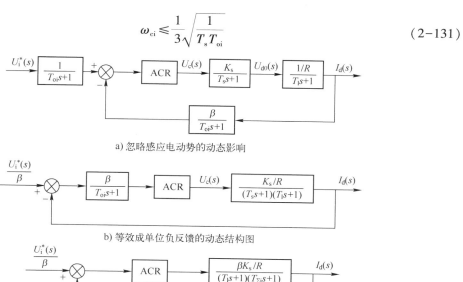

a) 忽略感应电动势的动态影响

b) 等效成单位负反馈的动态结构图

c) 高频段小惯性环节的近似处理

图 2-42　电流环动态结构图

（2）电流调节器 ACR 的选择　　根据 T_l 和 $T_{\Sigma i}$ 的取值不同，对电流环可采取不同的设计方法。一般来说，将电流环设计成典型 I 型系统就可以满足电流调节的要求，此时，电流稳态时能实现无静差，而且电流环应以跟随性能为主，具有超调小、电流环频带宽等优点。

对于图 2-42c，要校正成典型 I 型系统，电流调节器 ACR 应选择 PI 调节器，其传递函数为

$$W_{ACR}(s) = \frac{K_i(\tau_i s + 1)}{\tau_i s} \tag{2-132}$$

式中，K_i 为电流调节器的比例系数；τ_i 为电流调节器的超前时间常数（s）。

则电流环开环传递函数为

$$W_{opi}(s) = \frac{K_i(\tau_i s + 1)}{\tau_i s} \frac{\beta K_s / R}{(T_l s + 1)(T_{\Sigma i} s + 1)} \tag{2-133}$$

为了校正成典型 I 型系统，在式（2-133）中令 $\tau_i = T_l$（消除被控对象中大的时间常数），可得

$$W_{opi}(s) = \frac{K_i \beta K_s / R}{\tau_i s(T_{\Sigma i} s + 1)} = \frac{K_I}{s(T_{\Sigma i} s + 1)} \tag{2-134}$$

式中，K_I 为电流环开环放大倍数，$K_I = \dfrac{K_i K_s \beta}{R \tau_i} = \dfrac{K_i K_s \beta}{R T_l}$。

校正后的电流环动态结构图如图 2-43a 所示，其开环对数幅频特性如图 2-43b 所示。一般情况下，电流超调量 $\sigma_i \leqslant 5\%$，可按工程中最佳整定方法进行选择，取 $K_I T_{\Sigma i} = 0.5$，

则有

$$K_I = \omega_{ci} = \frac{1}{2T_{\Sigma i}} \tag{2-135}$$

$$K_i = \frac{T_1 R}{2K_s \beta T_{\Sigma i}} \tag{2-136}$$

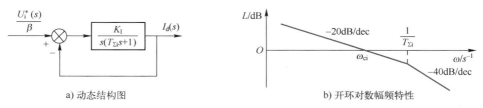

a) 动态结构图　　　　　　　　　　　　b) 开环对数幅频特性

图 2-43　校正成典型 I 型系统的电流环动态结构图及幅频特性

需要说明的是，如果实际系统动态跟随性能指标要求不同，式（2-135）和式（2-136）则根据要求做相应调整。如果对抗扰性能也具体要求，需进一步验证抗扰性能指标是否满足要求。

（3）校验近似条件　在上述的电流环设计中，有些结论是在一些假定条件下得出的，因此具体计算时需要对结果进行校验，现总结校验的条件。

PWM 变换器与控制器传递函数的近似条件：

$$\omega_{ci} \leqslant \frac{1}{3T_s} \tag{2-137}$$

忽略电动机感应电动势影响的近似条件：

$$\omega_{ci} \geqslant 3\sqrt{\frac{1}{T_m T_1}} \tag{2-138}$$

高频段小惯性环节的近似条件：

$$\omega_{ci} \leqslant \frac{1}{3}\sqrt{\frac{1}{T_s T_{oi}}} \tag{2-139}$$

2. 转速环的设计

（1）求出电流环的闭环传递函数　由于电流环被转速环包围，设计转速环时，必须求出电流环的闭环传递函数。根据图 2-43a，可得按典型 I 型系统设计的电流环闭环传递函数为

$$W_{cli}(s) = \frac{I_d(s)}{U_i^*(s)/\beta} = \frac{\dfrac{K_I}{s(T_{\Sigma i}s+1)}}{1+\dfrac{K_I}{s(T_{\Sigma i}s+1)}} = \frac{1}{\dfrac{T_{\Sigma i}}{K_I}s^2+\dfrac{1}{K_I}s+1} \tag{2-140}$$

该闭环传递函数分母为二阶振荡环节，根据 2.6.3 节提到的高阶系统降阶的近似处理方法，式（2-140）可近似为

$$W_{cli}(s) \approx \frac{1}{\dfrac{1}{K_I}s+1} = \frac{1}{2T_{\Sigma i}s+1} \tag{2-141}$$

根据式（2-129）可得此处近似的条件为 $\omega_{\mathrm{cn}} \leqslant \dfrac{1}{3}\sqrt{\dfrac{K_{\mathrm{I}}}{T_{\Sigma \mathrm{i}}}}$，其中，$\omega_{\mathrm{cn}}$ 为转速外环的开环截止频率。

又由于图 2-41 中，电流环实际的输入为 $U_{\mathrm{i}}^{*}(s)$，因此电流环在转速环中实际的输入输出关系为

$$\frac{I_{\mathrm{d}}(s)}{U_{\mathrm{i}}^{*}(s)} = \frac{W_{\mathrm{cli}}(s)}{\beta} \approx \frac{\dfrac{1}{\beta}}{\dfrac{1}{K_{\mathrm{I}}}s+1} = \frac{\dfrac{1}{\beta}}{2T_{\Sigma \mathrm{i}}s+1} \tag{2-142}$$

在对电流环的闭环传递函数求解和化简时，将双惯性环节的电流环被控对象近似等效成一个具有较小时间常数的惯性环节，加快了电流的跟随作用，这正是局部闭环控制的一个重要功能。

（2）转速环动态结构图的变换与近似处理　将电流环的闭环传递函数代替图 2-41 中点画线框内的电流环后，可得转速控制系统的动态结构图，如图 2-44a 所示。与电流环动态结构图处理方式一样，将转速给定与反馈滤波的传递函数同时移到环内前向通道上，控制系统转为单位负反馈，再将时间常数为 T_{on} 和 $2T_{\Sigma \mathrm{i}}$ 的两个小惯性环节合并，近似成时间常数为 $T_{\Sigma \mathrm{n}}$ 的惯性环节，简化后的结构图如图 2-44b 所示，其中

$$T_{\Sigma \mathrm{n}} = T_{\mathrm{on}} + 2T_{\Sigma \mathrm{i}} \tag{2-143}$$

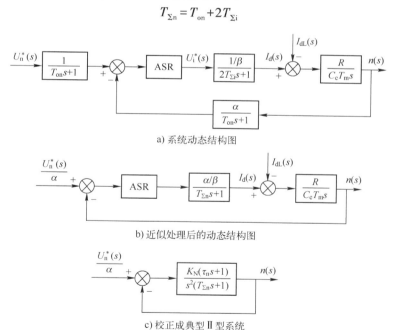

a）系统动态结构图

b）近似处理后的动态结构图

c）校正成典型 Ⅱ 型系统

图 2-44　转速环动态结构图

（3）转速调节器的选择及参数计算　转速控制系统需要实现转速无静差和良好的抗扰性能，因此负载扰动点前必须包含一个积分环节，分析图 2-44b 可知，将转速环设计成典型 Ⅱ 型系统能满足控制要求，同时 ASR 饱和特性会抑制典型 Ⅱ 型系统阶跃响应超调量大的问题。转速调节器 ASR 选用 PI 调节器可把转速环校正成典型 Ⅱ 型系统，此时 ASR 调节器的

传递函数为

$$W_{\mathrm{ASR}}(s) = \frac{K_{\mathrm{n}}(\tau_{\mathrm{n}}s+1)}{\tau_{\mathrm{n}}s} \tag{2-144}$$

式中，K_{n} 为转速调节器 ASR 的比例系数；τ_{n} 为 ASR 超前时间常数（s）。

此时，转速环开环传递函数为

$$W_{\mathrm{opn}}(s) = \frac{K_{\mathrm{n}}(\tau_{\mathrm{n}}s+1)}{\tau_{\mathrm{n}}s} \frac{\alpha R/\beta}{C_{\mathrm{e}}T_{\mathrm{m}}s(T_{\Sigma \mathrm{n}}s+1)} = \frac{K_{\mathrm{n}}\alpha R(\tau_{\mathrm{n}}s+1)}{\tau_{\mathrm{n}}C_{\mathrm{e}}T_{\mathrm{m}}\beta s^2(T_{\Sigma \mathrm{n}}s+1)} = \frac{K_{\mathrm{N}}(\tau_{\mathrm{n}}s+1)}{s^2(T_{\Sigma \mathrm{n}}s+1)} \tag{2-145}$$

式中，K_{N} 为转速环开环放大倍数，$K_{\mathrm{N}} = \dfrac{K_{\mathrm{n}}\alpha R}{\tau_{\mathrm{n}}C_{\mathrm{e}}T_{\mathrm{m}}\beta}$。

不考虑负载扰动时，校正后的转速环动态结构图如图 2-44c 所示。若采用 M_{rmin} 准则设计转速环，按典型 Ⅱ 型系统中参数关系求出 PI 调节器的参数值为

$$\tau_{\mathrm{n}} = hT_{\Sigma \mathrm{n}} \tag{2-146}$$

$$K_{\mathrm{N}} = \frac{h+1}{2h^2 T_{\Sigma \mathrm{n}}^2} \tag{2-147}$$

$$K_{\mathrm{n}} = \frac{(h+1)C_{\mathrm{e}}T_{\mathrm{m}}\beta}{2hT_{\Sigma \mathrm{n}}\alpha R} \tag{2-148}$$

式中，中频宽 h 应根据实际系统的动态性能要求来取值，如无特殊要求，一般 h 取 5。

3. 校验近似条件

与电流环设计一样，转速环在设计时也需对下列条件进行验证。

电流闭环传递函数的降阶条件：

$$\omega_{\mathrm{cn}} \leqslant \frac{1}{3}\sqrt{\frac{K_{\mathrm{I}}}{T_{\Sigma \mathrm{i}}}} \tag{2-149}$$

高频段小惯性环节的近似条件：

$$\omega_{\mathrm{cn}} \leqslant \frac{1}{3}\sqrt{\frac{1}{2T_{\Sigma \mathrm{i}}T_{\mathrm{on}}}} \tag{2-150}$$

例 2-8 某 PWM 可控直流电源供电的转速、电流双闭环直流电动机控制系统，已知 PWM 开环频率 $f = 5\ \mathrm{kHz}$，电动机基本数据 $U_{\mathrm{N}} = 440\ \mathrm{V}$、$I_{\mathrm{N}} = 140\ \mathrm{A}$、$n_{\mathrm{N}} = 1200\ \mathrm{r/min}$、$C_{\mathrm{e}} = 0.245\ \mathrm{V/(r \cdot min^{-1})}$，允许的过载倍数 $\lambda = 1.5$，电枢回路总电阻 $R = 0.25\ \Omega$，总电感 $L = 5\ \mathrm{mH}$，运动部分的飞轮力矩 $GD^2 = 100\ \mathrm{kg \cdot m^2}$，PWM 变换器的放大倍数 $K_{\mathrm{s}} = 80$，转速反馈系数 $\alpha = 0.0083\ \mathrm{V \cdot min/r}(\approx 10\ \mathrm{V}/n_{\mathrm{N}})$，ASR 输出电压限幅值 $U_{\mathrm{im}}^* = 10\ \mathrm{V}$，两个滤波时间常数 $T_{\mathrm{oi}} = 1 \times 10^{-3}\ \mathrm{s}$、$T_{\mathrm{on}} = 2 \times 10^{-3}\ \mathrm{s}$。要求电流、转速无静差电流，电流超调量 $\sigma_{\mathrm{i}} \leqslant 5\%$，分别设计电流调节器和转速调节器。

解： 设计本例时，电流、转速双闭环动态结构图如图 2-41 所示，按照工程设计法的设计顺序，先设计电流环，后设计转速环。

（1）电流环设计

1）求出电流反馈系数。

$$\beta = \frac{U_{\mathrm{im}}^*}{I_{\mathrm{dm}}} = \frac{10\ \mathrm{V}}{\lambda I_{\mathrm{N}}} = \frac{10\ \mathrm{V}}{1.5 \times 140\ \mathrm{A}} = 0.048\ \mathrm{V/A}$$

2）求出电流环中各环节的时间常数。

① PWM 变换器的滞后时间常数：

$$T_s = \frac{1}{f} = \frac{1}{5 \times 10^3}\, s = 0.2 \times 10^{-3}\, s$$

② 电磁时间常数：

$$T_l = \frac{L}{R} = \frac{5 \times 10^{-3}}{0.25}\, s = 20 \times 10^{-3}\, s$$

③ 为了能将电流环设计成典型 I 型系统，需将时间常数为 T_{oi} 和 T_s 的两个小惯性环节合并，合并后的时间常数为

$$T_{\Sigma i} = T_{oi} + T_s = 1 \times 10^{-3}\, s + 0.2 \times 10^{-3}\, s = 1.2 \times 10^{-3}\, s$$

3）选择电流调节器 ACR。根据设计要求，并保证稳态时电流无静差，可按典型 I 型系统设计电流环，此时电流调节器 ACR 选择 PI 调节器，PI 调节器的传递函数为 $W_{ACR}(s) = \dfrac{K_i(\tau_i s + 1)}{\tau_i s}$。

4）确定电流调节器 ACR 的参数。因为电流超调量 $\sigma_i \leqslant 5\%$，此时按工程最佳参数进行选择，取 $K_I T_{\Sigma i} = 0.5$。

① 电流环开环放大倍数：

$$K_I = \omega_{ci} = \frac{1}{2T_{\Sigma i}} = \frac{1}{2 \times 1.2 \times 10^{-3}}\, s^{-1} = 416.67\, s^{-1}$$

② 超前时间常数：

$$\tau_i = T_l = 20 \times 10^{-3}\, s$$

③ 根据式（2-136），可得电流调节器 ACR 的放大倍数为

$$K_i = \frac{T_l R}{2 K_s \beta T_{\Sigma i}} = \frac{20 \times 10^{-3} \times 0.25}{2 \times 80 \times 0.048 \times 1.2 \times 10^{-3}} = 0.543$$

5）验证近似条件。

① PWM 变换器与控制器传递函数的近似条件：

$$\frac{1}{3T_s} = \frac{1}{3 \times 0.2 \times 10^{-3}}\, s^{-1} = 1.67 \times 10^3\, s^{-1} > \omega_{ci}，满足条件。$$

② 忽略电动机感应电动势影响的近似条件：

$$3\sqrt{\frac{1}{T_m T_l}} = 3 \times \sqrt{\frac{1}{0.12 \times 20 \times 10^{-3}}}\, s^{-1} = 61.24\, s^{-1} < \omega_{ci}，满足条件。$$

其中，机电时间常数为 $T_m = \dfrac{GD^2}{375} \dfrac{R}{C_e C_m} = \dfrac{100}{375} \times \dfrac{0.25}{9.55 \times 0.245^2}\, s = 0.12\, s$

③ 高频段小惯性环节的近似条件：

$$\frac{1}{3}\sqrt{\frac{1}{T_s T_{oi}}} = \frac{1}{3}\sqrt{\frac{1}{0.2 \times 10^{-3} \times 1 \times 10^{-3}}}\, s^{-1} = 745.36\, s^{-1} > \omega_{ci}，满足条件。$$

因此，电流调节器的传递函数为

$$W_{ACR}(s) = \frac{0.543(0.02s + 1)}{0.02s} = 27.15\frac{(0.02s + 1)}{s}$$

（2）转速环设计

1）确定转速环中各环节时间常数。如图 2-44 所示，转速环中需要确定的时间常数有

① 电流环等效的时间常数：

$$2T_{\Sigma i}=2\times1.2\times10^{-3}\ \mathrm{s}=2.4\times10^{-3}\ \mathrm{s}$$

② 转速环节按小时间常数近似处理后的小时间常数 $T_{\Sigma n}$：

$$T_{\Sigma n}=2T_{\Sigma i}+T_{on}=2.4\times10^{-3}\ \mathrm{s}+2\times10^{-3}\ \mathrm{s}=4.4\times10^{-3}\ \mathrm{s}$$

2）转速调节器 ASR 的选择。根据设计要求转速无静差，综合考虑将转速环设计成典型 Ⅱ 型系统，此时转速调节器 ASR 应选择 PI 调节器，其传递函数为 $W_{ASR}(s)=\dfrac{K_n(\tau_n s+1)}{\tau_n s}$。

3）转速调节器 ASR 参数的确定。比较典型Ⅱ型系统动态跟随性和抗扰性能指标，取 $h=5$，则 ASR 超前的时间常数为

$$\tau_n=hT_{\Sigma n}=5\times4.4\times10^{-3}\ \mathrm{s}=0.022\ \mathrm{s}$$

转速环的开环放大倍数为

$$K_N=\frac{h+1}{2h^2T_{\Sigma n}^2}=\frac{5+1}{2\times5^2\times(4.4\times10^{-3})^2}=6.20\times10^3$$

根据式（2-148）可得 ASR 的放大倍数为

$$K_n=\frac{(h+1)C_e T_m \beta}{2hT_{\Sigma n}\alpha R}=\frac{(5+1)\times0.245\times0.12\times0.048}{2\times5\times4.4\times10^{-3}\times0.0083\times0.25}=92.74$$

4）验证近似条件。根据式（2-95），得转速环截止频率为

$$\omega_{cn}=\frac{K_N}{\omega_1}=K_N\tau_n=6.20\times10^3\times0.022\ \mathrm{s}^{-1}=136.4\ \mathrm{s}^{-1}$$

其中，$\omega_1=1/\tau_n$。

① 电流闭环传递函数的降阶条件：

$$\frac{1}{3}\sqrt{\frac{K_I}{T_{\Sigma i}}}=\frac{1}{3}\sqrt{\frac{416.67}{1.2\times10^{-3}}}\ \mathrm{s}^{-1}=196.42\ \mathrm{s}^{-1}>\omega_{cn}，满足要求。$$

② 高频段小惯性环节的近似条件：

$$\frac{1}{3}\sqrt{\frac{1}{2T_{\Sigma i}T_{on}}}=\frac{1}{3}\sqrt{\frac{1}{2.4\times10^{-3}\times2\times10^{-3}}}=152.15\ \mathrm{s}^{-1}>\omega_{cn}，满足要求。$$

因此，转速调节器的传递函数为

$$W_{ASR}(s)=\frac{92.74(0.022s+1)}{0.022s}=4215.45\frac{(0.022s+1)}{s}$$

长知识——中国最大龙门吊"宏海号"

随着中国工业水平的提升，国内制造业也在悄然崛起，"中国制造"已经成为我国一张亮眼的名片，国产的龙门吊甚至已经占领了全球近90%的市场。其中由上海振华重工生产的、拥有完全自主知识产权的"宏海号"又一次打破承重纪录，成为全球最大的龙门吊。

龙门吊专业名为门式起重机，整体框架类似门型。"宏海号"龙门吊高148 m，可以吊起2.2万t的物品，意味着这架龙门吊可以同时吊起四百节高铁车厢，可被应用于各类大型船舶、海上钻井平台甚至是万吨级 LNG（液化天然气）运输船分段拼接等。

"宏海号"龙门吊运用了许多新技术，如采用新型轮轨系统，增大龙门吊的承载能力，减小其摩擦阻力；在龙门吊的侧面设计导向轮，能自动寻找相对平整面；采用可以首尾相连的桁架式结构，减轻重量的同时能形成最稳定的三角形结构，保障龙门吊的稳定性，并兼顾其防风性能。

能够支撑起 2.2 万 t 负重的坚固结构对于一座龙门吊来说只是一个基础，它还需要一套足够强大的动力系统，来确保自身可以吊起足够的重量，以及使得龙门吊主体结构在沉重负荷时依旧具备活动的能力。因此"宏海号"采用了动力强大的电动机组和高性能变频 PLC 控制模块，前者能够使得"宏海号"吊起沉重的负荷物资，并在指定的滑台上顺利移动，后者能为电动机组提供电能，并将操作人员发出的信号转换成机器能够识别的信息，使其稳定工作。可以看出，相对于没有高性能钢材就可以通过增加厚度来解决的龙门吊结构强度问题，电动机和控制系统才是一套龙门吊最重要的设备，相当于龙门吊的"大脑"。

2.7 直流 PWM——电动机转速控制系统 MATLAB 仿真

为了验证直流电动机采用工程设计方法设计的双闭环控制系统的正确性，本节利用 MATLAB/Simulink 仿真软件构建例 2-7 中的双闭环控制系统，仿真框图搭建的顺序也是先电流环后转速环。

2.7.1 电流环模型搭建及仿真

利用图 2-41 在 MATLAB 中搭建电流内环的动态仿真模型，如图 2-45 所示。其中，PWM 变换器用一阶惯性环节表示，其滞后时间常数 $T_s = 0.0002 \, s$，放大倍数 $K_s = 80$。电流调节器 ACR 选择 PI 调节器，图中增益 Gain1 选择 0.543，增益 Gain2 选择 27.15，根据题意，ACR 的输出限幅值为-10~10 V，电流环输出限幅模块如图 2-46 所示。

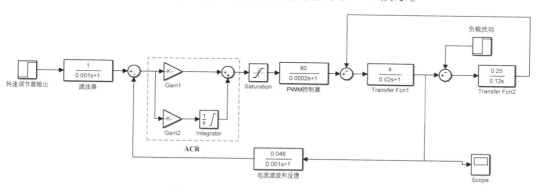

图 2-45　电流内环的动态仿真模型

将电流调节器的输出给定值设置为 4 V，仿真时长为 0.1 s，同时在 $t = 0.05 \, s$ 时增加如图 2-47 所示的负载扰动 10 A，其电枢电流波形如图 2-48 所示。由图可以看出，在给定值为 4 V 时，电枢电流经过超调到达最大值 86.75 A，计算超调量小于 5%，满足设计的要求。同时在 $t = 0.05 \, s$ 时突加负载扰动 10 A，从图 2-48 中可以看出，电流波形在 $t = 0.05 \, s$ 时无变化，符合例 2-7 中电流无静差的要求。

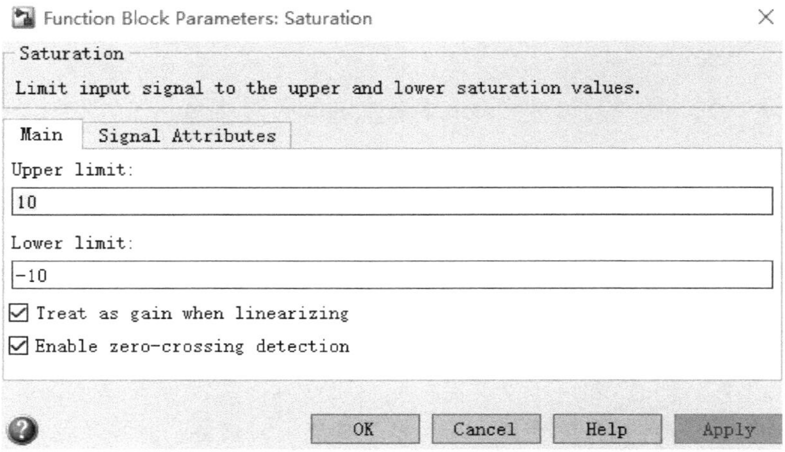

Function Block Parameters: Saturation ✕

Saturation

Limit input signal to the upper and lower saturation values.

| Main | Signal Attributes |

Upper limit:

10

Lower limit:

-10

☑ Treat as gain when linearizing
☑ Enable zero-crossing detection

❓   OK   Cancel   Help   Apply

图 2-46 电流环输出限幅模块

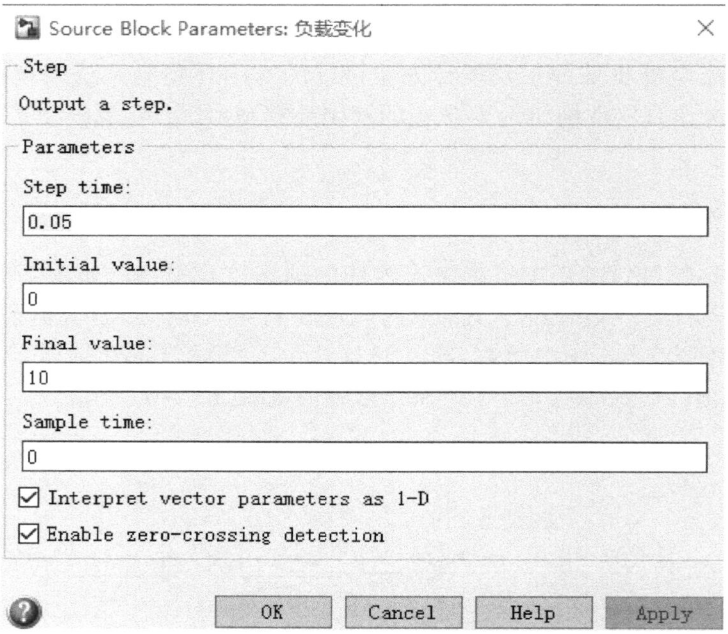

Source Block Parameters: 负载变化 ✕

Step

Output a step.

Parameters

Step time:

0.05

Initial value:

0

Final value:

10

Sample time:

0

☑ Interpret vector parameters as 1-D
☑ Enable zero-crossing detection

❓   OK   Cancel   Help   Apply

图 2-47 负载扰动的设置

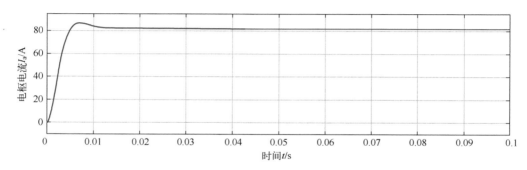

图 2-48 给定为 4 V、负载扰动为 10 A 时电枢电流波形

图 2-49 为给定电压在 $t=0.05\text{s}$ 时从 4 V 跳变为 8 V 时电枢电流变化的波形，从图中可以看出，电枢电流在 0.05 s 时迅速反应，超调后很快稳定在 164.2 A。

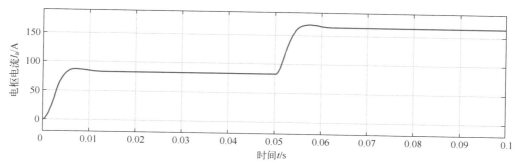

图 2-49 给定从 4 V 变化到 8 V 时，电枢电流波形的变化情况

为了验证 PI 调节器参数对输出量的影响，首先将电流环 ACR 调节器中的 K_i 调整为 1.086（是原来的两倍），即修改图中增益 Gain1 为 1.086，此时电枢电流波形如图 2-50 所示。对比图 2-48 和图 2-50 可知，增大 PI 调节器中比例放大倍数时，上升时间减小，即缩短过渡过程时间，但超调量增大。

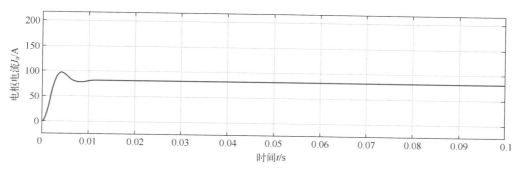

图 2-50 增大比例系数时电枢电流波形

2.7.2 转速环模型搭建及仿真

根据例 2-7 中的参数，在图 2-41 的基础上搭建了转速、电流双闭环控制系统动态仿真模型，如图 2-51 所示。此时 ASR 的参数设置如下：增益 Gain3（比例放大系数）选择 92.74，增益 Gain4（积分系数）选择 4215.45，ASR 输出限幅值设定为 $-10\sim10\text{V}$，ASR 给定和反馈需考虑滤波环节，滤波环节的滞后时间为 0.002 s。图 2-52 为理想空载起动时转速和电流波形，其中转速给定为 10 V，电流迅速上升至最大值并保持在略低于 210A 的恒定值，此时转速匀速上升，经过超调后回到额定转速，可以看出例 2-7 中设计的 ASR 调节器参数符合要求。

图 2-53 为在转速给定为 10 V、$t=1\text{s}$ 时负载从 0 跳变至 20 A 时转速和电流波形，负载变化设置如图 2-54 所示。由图 2-53 可以看出，控制系统迅速响应，同时转速基本无波动，实现了稳态时无静差控制的目的，电枢电流从 0 经系统调节后稳定于负载电流。

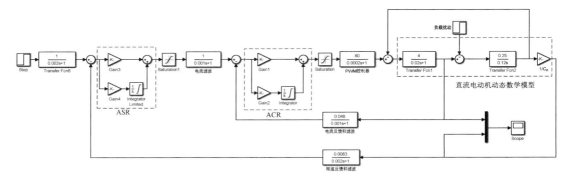

图 2-51　转速、电流双闭环控制系统动态仿真模型

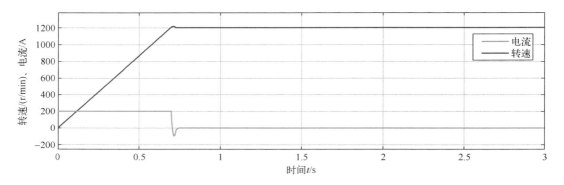

图 2-52　空载起动时转速、电流波形

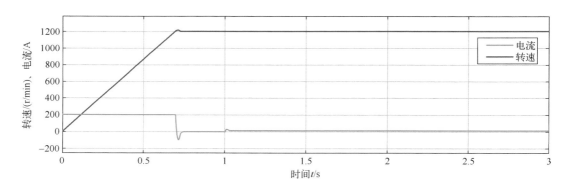

图 2-53　突加扰动后转速、电流波形

　　为了验证积分对控制系统的影响，将转速调节器 ASR 中的参数进行调整，其中比例部分参数不变，仅改变积分系数 K_i/τ_i，图 2-55 为不同积分系数时输出转速波形。对比图 2-55 中曲线可知，积分作用的强弱取决于积分系数（或者积分时间常数，积分时间常数与积分系数成反比），当积分系数越大（积分时间常数越小）时，积分作用越强，能迅速进入稳定状态，但存在振荡；反之，当积分系数越小（积分时间常数越大）时，积分作用越弱，进入稳定状态时越慢。

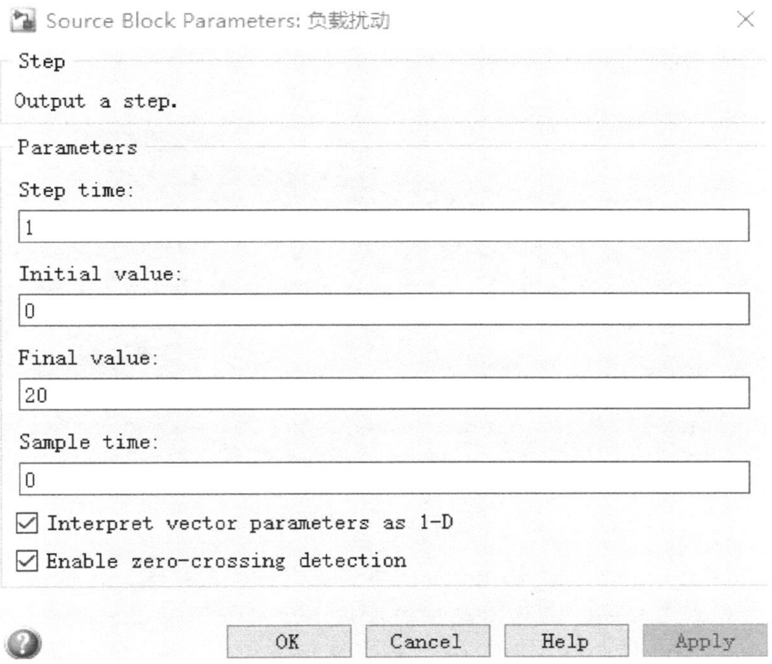

Source Block Parameters: 负载扰动
Step
Output a step.
Parameters
Step time:
1
Initial value:
0
Final value:
20
Sample time:
0
Interpret vector parameters as 1-D
Enable zero-crossing detection
OK
Cancel
Help
Apply

图 2-54　双闭环控制时负载扰动设置

1300
1200
1100
1000
900
800
700
600
转速/(r/min)
0.1
0.2
0.3
0.4
0.5
0.6
0.7
0.8
时间t/s
减小积分系数
增大积分系数

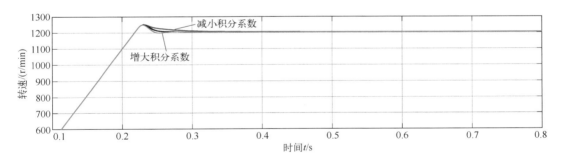

图 2-55　不同积分系数时输出转速波形

长知识——电力传动与控制的应用　电磁弹射

电磁弹射技术是一种新兴的直线推进技术，应用于短行程发射大载荷，在军事、民用和工业等领域具有广泛的应用前景。电磁弹射系统的技术原理是采用电能转化为磁能进而转化为载荷所需动能来推动物体快速达到一定速度。航母电磁弹射装置如图 2-56 所示，其由直线电动机、储能系统、控制系统和弹射导轨系统等组成，其中直线电动机是电磁弹射的动力装置，储能系统负责从航母配电系统中获取、储存和释放大量能量，电力电子系统负责控制脉冲放电，控制系统负责综合处理各种信息。

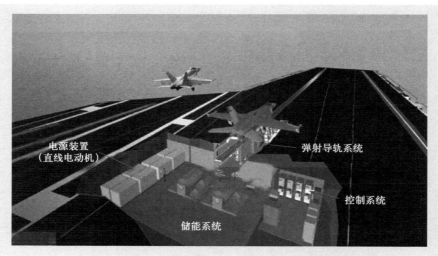

图 2-56　电磁弹射装置示意图

美国历经 20 多年、耗资数十亿美元才基本完成电磁弹射技术,但一直对我国进行技术封锁。中国电磁弹射之父——马伟明院士瞄准该"卡脖子"难题,带领科研创新团队在"舰船能源与动力""电磁发射技术"和"新能源接入技术"等领域开展了一系列应用基础理论研究、关键技术攻关和重大装备研制,取得了一批具有革命性意义的原创性成果,引领了舰船综合电力和电磁发射两大颠覆性技术的发展,推进了军民通用新能源技术领域的进步,为国防装备现代化建设和高层次人才培养做出了突出贡献。马院士认为"一个国家的科技竞争力决定了其在国际竞争中的地位和前途",谁抢占了自主创新的先机,谁就能在激烈的竞争中胜出。

思考题与习题

2-1　直流电动机有哪几种调速方法?试从调节过程、调速特点和调速性能方面对这几种调速方法进行分析。

2-2　简述可逆和不可逆 PWM 变换器在结构和工作原理上各自具有的特点。双极式和单极式可逆 PWM 变换器在结构、工作原理上又有什么相同之处和不同之处?

2-3　在直流脉宽调速系统中,当电动机停止不动时,电枢两端是否还有电压?电路中是否还有电流?为什么?

2-4　在 PWM-M 系统中,直流电源等效为一阶惯性环节的时间常数是如何确定的?电枢电流是否还可能断续?试进行简单讨论。

2-5　调速范围 D、静差率 s 和额定速降 Δn_N 三者之间存在什么内在关系?

2-6　直流电动机的开环控制存在哪些问题?如何解决?

2-7　转速单闭环控制系统有哪些特点?改变给定电压能否改变电动机的转速?为什么?如果给定电压不变,调节测速反馈电压的分压比是否能够改变转速?为什么?如果测速发电机的励磁发生了变化,系统有无克服这种干扰的能力?

2-8　在转速负反馈调速系统中,当电网电压、负载转矩、电动机励磁电流、电枢电阻和测速发电机励磁各量发生变化时，都会引起转速的变化，问系统对上述各量有无调节能力？为什么？

2-9 在 PWM-M 系统中，当直流电动机再生制动时，其储存的机械能是如何处理的，应注意什么问题？如果要求将这些机械能馈回电网，可采取哪些措施？

2-10 什么叫典型 I 型系统、典型 II 型系统，它们有哪些基本特征？

2-11 采用理想起动的目的是什么？

2-12 在转速、电流双闭环控制系统中，调节什么参数可以改变系统的转速？

2-13 在转速、电流双闭环控制系统中，转速调节器有哪些作用？其输出限幅值应该按照什么要求整定？电流调节器又有哪些作用？其输出限幅值应该如何整定？

2-14 在转速、电流双闭环控制系统中，如遇到下列情况会出现什么现象？

（1）电流反馈极性接反。

（2）转速反馈极性接反。

（3）起动时 ASR 未能达到饱和。

（4）额定负载正常运行时，电流反馈突然断开。

2-15 图 2-57 为常见的液位控制系统原理图，其工作目的是在任意时刻保持液面高度不变，试说明系统工作原理并画出系统控制框图。

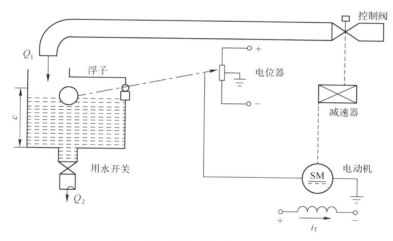

图 2-57 液位控制系统原理图

2-16 有一 PWM-M 转速控制系统：电动机参数 $P_N = 2.2\,\text{kW}$，$U_N = 220\,\text{V}$，$I_N = 12.5\,\text{A}$，$n_N = 1500\,\text{r/min}$，电枢电阻 $R_a = 0.5\,\Omega$，整流装置内阻 $R = 1.5\,\Omega$，整流环节的放大倍数 $K_s = 35$。要求系统满足调速范围 $D = 20$，静差率 $s \leqslant 10\%$。

（1）计算开环系统的速降 Δn_{op} 和调速要求所允许的闭环时的速降 Δn_{cl}。

（2）试画出采用转速负反馈闭环系统稳态结构图。

（3）当 $U_n^* = 15\,\text{V}$ 时，$I_d = I_N$、$n = n_N$ 时，转速反馈系数 α 应是多少？

（4）计算放大器所需的放大倍数。

（5）若开关频率为 8kHz，主电路电感 $L = 10\,\text{mH}$，系统运动部分的飞轮力矩 $GD^2 = 1.2\,\text{N} \cdot \text{m}^2$，试判断该转速负反馈系统能否稳定运行？如要保证系统稳定运行，允许的最大开环放大系数 K 是多少？

2-17 转速、电流双闭环直流电动机控制系统，转速和电流调节器均采用 PI 调节器。已知 $\alpha = 0.01\,\text{V}\cdot\text{min/r}$，$\beta = 0.04\,\text{V/A}$，$C_e = 0.416\,\text{V}\cdot\text{min/r}$，$R = 0.25\,\Omega$，负载电流 $I_{dL} = 140\text{A}$，$U_n^* = 9\,\text{V}$。试计算出稳态时 U_n、U_i、U_i^*、ΔU_n、ΔU_i、U_d、E_a、I_d、n 各为多少。

2-18 采用串联校正的方法将（1）和（2）单位负反馈系统校正成阻尼系数 $\xi = 0.707$ 的典型 I 型系统，将（2）和（3）单位负反馈系统校正成 $h = 5$ 的典型 II 型系统，写出各自串联校正的传递函数。若需要进行近似处理，校验近似处理条件是否满足要求。

（1） $\dfrac{150}{0.6s+1}$

（2） $\dfrac{10}{(0.01s+1)(0.03s+1)(1.5s+1)}$

（3） $\dfrac{26}{s(0.01s+1)(0.03s+1)(0.06s+1)(2.5s+1)}$

2-19 有一个可逆直流调速系统参数如下：额定功率 $P_N = 110\,\text{kW}$，额定电压 $U_N = 400\,\text{V}$，额定电流 $I_N = 306\text{A}$，额定转速 $n_N = 1200\,\text{r/min}$，电枢回路电阻 $R_a = 0.08\,\Omega$，电枢回路总电感 $L = 1.8\,\text{mH}$，电动机飞轮力矩 $GD^2 = 200\,\text{N}\cdot\text{m}^2$，$C_e = 0.245\,\text{V}\cdot\text{min/r}$，电流过载倍数 $\lambda = 2.0$。

（1）求出该系统的电磁时间常数 T_l 和机电时间常数 T_m。

（2）将该系统设计为转速、电流双闭环控制系统，转速调节器给定电压为 $U_{nm}^* = 10\,\text{V}$，转速调节器输出限幅值 $U_{im}^* = 10\,\text{V}$，电流调节器输出限幅值 $U_{cm} = 10\,\text{V}$，对应于直流电源输出最大电压 $U_{dm} = 440\,\text{V}$。试求转速反馈系数 α、电流反馈系数 β，以及直流电源放大倍数 K_s。

（3）已知电流反馈环节的滤波时间常数 $T_{oi} = 2\,\text{ms}$，转速反馈环节的滤波时间常数 $T_{on} = 4\,\text{ms}$，试选择合适的电流调节器和转速调节器，并计算两个调节器的参数。

（4）试计算电流环和转速环的开环对数截止频率分别为多少。

2-20 已将某反馈控制系统校正成典型 I 型系统，此时 $T = 0.1\,\text{s}$，要求 $\sigma \le 10\%$，求此时系统的开环增益 K、调节时间 t_s。

通过前面章节的学习可知，直流电动机转速控制是一个单输入单输出的系统，具有控制性能好、动态响应快和控制方式简单等优点。但直流电动机价格高、电刷和换向器容易损坏、转动惯量大、结构复杂、可靠性低、保养维护费用高，同时换向能力也限制了直流电动机的容量和速度（极限容量与转速之积约为 10^6 kW·r/min），这些缺点限制了直流电动机在诸多领域中的应用。

交流电动机具有结构简单、制造方便、维护容易和环境适应性强等优势，但也存在内部磁路复杂、难以像直流电动机那样实现稳定控制等问题，限制了其快速发展。但随着电力电子器件和控制理论的发展，交流电动机控制性能已经能与直流电动机相媲美，具体优点总结如下：

1）交流电动机常用于拖动大功率负载，如电力机车、卷扬机和厚板轧钢机等，其控制性能价格比最优。

2）交流电动机转动惯量小，常用于拖动高速运行的设备，如高速离心机、高速电钻和高速磨头等。

3）交流电动机无电刷火花和环火限制，适用于易燃、易爆和多尘等恶劣环境，且无须过多维护。

4）随着电力电子器件技术的不断发展，交流电动机控制系统的成本已经大幅度降低。按工作原理不同，交流电动机可分为同步电动机和异步电动机两大类。异步电动机主要包括笼型异步电动机和绕线转子异步电动机；同步电动机主要包括直流励磁同步电动机、永磁同步电动机、步进电动机和磁阻式同步电动机。本书将着重就笼型异步电动机和永磁同步电动机的传动控制系统展开论述。

3.1　异步电动机转速控制方法及稳态机械特性

3.1.1　异步电动机工作原理及结构

异步电动机是由气隙旋转磁场与转子绕组感应电流相互作用以产生电磁转矩，从而实现机电能量转换的一种机械装置，其典型结构如图 3-1 所示。由图 3-1 可知，异步电动机组成主要包括定子、转子和辅助部分。定子包括定子绕组、定子铁心和机座；转子包括转子铁心、转子绕组和转轴等；辅助部分包括轴承、端盖、接线盒、风扇和风扇罩等。

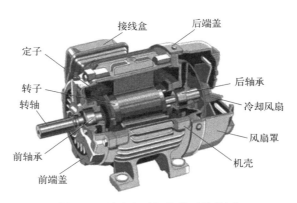

图 3-1　异步电动机的典型结构图

异步电动机工作原理可简述如下：异步电动机定子绕组通入三相交流电后，在定、转子气隙中将会产生圆形的旋转磁场，并在闭合的转子绕组中感应出感应电动势 e_r 和感应电流 i_r。转子感应电流 i_r 在旋转磁场的作用下产生电磁转矩 T_e，该电磁转矩 T_e 将带动转子沿定子旋转磁场的方向旋转。只要转子的转速 n 低于旋转磁场的转速 n_1（n_1 为同步转速），转子绕组与旋转磁场之间就会有相对运动，也就能持续产生感应电动势 e_r、感应电流 i_r 和电磁转矩 T_e，从而使转子连续旋转。

3.1.2　异步电动机转速控制方法

异步电动机的转速表达式为

$$n = n_1(1-s) = \frac{60f_1}{n_p}(1-s) \tag{3-1}$$

式中，n_1 为同步转速（r/min）；f_1 为供电电源频率（Hz）；n_p 为电动机极对数；s 为转差率，$s = (n_1 - n)/n_1$。

根据式（3-1）可知，要实现异步电动机转速调节，有如下三种方法：

1）改变供电电源的频率 f_1，即变频控制。该控制方式能够实现在较宽范围内连续、平滑和高效率的调速，后续章节中的变压变频（VVVF）控制，即属于该控制方法。

2）改变定子极对数 n_p，即变极对数调速。该控制方法可以在两种或三种速度之间切换，调速不平滑，但效率较高。

3）改变转差率 s。该种控制方式技术简单，但效率差。变压恒频调速、绕线转子异步电动机转子串电阻调速、串级调速和绕线转子异步电动机双馈调速都属于该控制方式。

此外，还有不属于上述基本调速方法的，如电磁调速电动机等。

3.1.3　异步电动机机械特性

根据电机学原理[19-20]，对于三相异步电动机，考虑以下四个条件：①忽略空间和时间谐波；②忽略磁饱和；③忽略铁损；④不考虑频率和温度变化对绕组电阻的影响。同时由于电动机的三相绕组对称，可得任意一相电路的稳态等效电路，如图 3-2 所示。

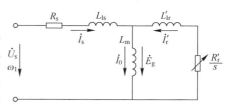

图 3-2　异步电动机稳态等效电路

图 3-2 中，$\dot{U}_s$ 和 $\dot{I}_s$ 分别为定子相电压和相电流；R_s 和 L_{ls} 为定子绕组的电阻和漏感；s 为转差率；R_r'/s、L_{lr}'、$\dot{I}_r'$ 分别为转子侧折算到定子侧的等效转子电阻、转子漏感和相电流；L_m 为定子每相绕组产生气隙主磁通的等效电感，即励磁电感；$\dot{I}_0$ 为励磁电流；ω_1 为供电电源角频率，$\omega_1 = 2\pi f_1$，图中的箭头为规定的正方向。

由图 3-2 可推导出转子侧折算到定子侧的相电流幅值为

$$I_r' = \frac{U_s}{\sqrt{\left(R_s + C_1 \dfrac{R_r'}{s}\right)^2 + \omega_1^2 (L_{ls} + C_1 L_{lr}')^2}} \tag{3-2}$$

式中，$C_1 = 1 + \dfrac{R_s + j\omega_1 L_{ls}}{j\omega_1 L_m} \approx 1 + \dfrac{L_{ls}}{L_m}$。

一般情况下，$L_m \gg L_{ls}$，即 $C_1 \approx 1$，可忽略励磁电流 $\dot{I}_0$，则图 3-2 可简化为图 3-3 所示的简化等效电路，此时电流幅值公式 [式 (3-2)] 可写成

$$I_s \approx I_r' = \frac{U_s}{\sqrt{\left(R_s + \dfrac{R_r'}{s}\right)^2 + \omega_1^2 (L_{ls} + L_{lr}')^2}} \tag{3-3}$$

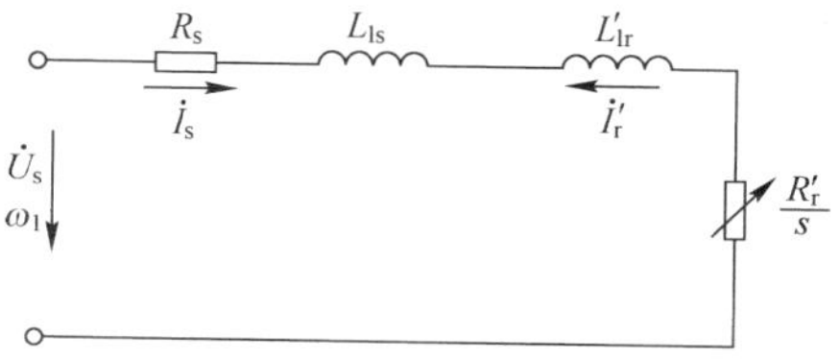

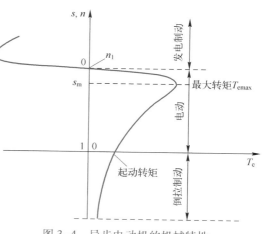

图 3-3　异步电动机简化等效电路

异步电动机传递的电磁功率为

$$P_{em} = 3 I_r'^2 \frac{R_r'}{s} \tag{3-4}$$

机械同步角速度与同步角速度之间的关系为

$$\omega_{m1} = \frac{\omega_1}{n_p} \tag{3-5}$$

结合式 (3-3)~式 (3-5)，可得异步电动机电磁转矩为

$$T_e = \frac{P_{em}}{\omega_{m1}} = \frac{3 n_p}{\omega_1} I_r'^2 \frac{R_r'}{s} = \frac{3 n_p U_s^2 R_r' / s}{\omega_1 \left[\left(R_s + \dfrac{R_r'}{s}\right)^2 + \omega_1^2 (L_{ls} + L_{lr}')^2\right]} \tag{3-6}$$

式 (3-6) 为异步电动机机械特性方程。

由运动学方程可知，在负载转矩一定的条件下，电磁转矩发生变化，转速也会相应发生改变。从式 (3-6) 可知，使得电磁转矩变化的参量有很多：极对数 n_p、电源电压 U_s、角频率 ω_1、定子绕组电阻 R_s 和漏感 L_{ls}、转子绕组电阻 R_r 和电感 L_{lr}。

在式 (3-6) 中，保持电源电压 U_s、角频率 ω_1 及阻抗参数不变，机械特性方程 $T_e = f(s)$ 是一个二次方程式，根据式 (3-1) 和式 (3-6) 可绘制出如图 3-4 所示的异步电动机转速（转差率）-转矩曲线。由图可知，

图 3-4　异步电动机的机械特性

s 在 0~1 范围内，异步电动机处于电动状态；$s>1$，电动机处于倒拉制动状态；$s<0$，电动机转速超过同步转速 n_1，处于发电制动状态。

由图 3-4 可见，异步电动机机械特性曲线有最大转矩 T_{emax}，对应的转差率称为临界转差率 s_m，这两个值可以用函数求极值的方法确定。对式（3-6）求导数，并令 $dT_e/ds=0$，可得临界转差率：

$$s_m = \frac{R_r'}{\sqrt{R_s^2 + \omega_1^2(L_{ls}+L_{lr}')^2}} \tag{3-7}$$

最大电磁转矩（或称临界转矩）：

$$T_{em} = \frac{3n_p U_s^2}{2\omega_1 \left[R_s + \sqrt{R_s^2 + \omega_1^2(L_{ls}+L_{lr}')^2} \right]} \tag{3-8}$$

长知识——气候问题、碳达峰、碳中和

气候问题是当今国际政治领域的焦点问题之一，自 20 世纪 80 年代以来，各国围绕减排目标，在"共同但有区别"的原则之下，展开一轮又一轮的政治经济外交博弈，继 1992 年的《联合国气候变化框架公约》和 1997 年的《京都议定书》之后，2015 年达成的《巴黎协定》明确了发达国家在国际气候治理中的主要责任，保持了发达国家和发展中国家责任和义务的区分，提出根据各国国情决定减排意愿和目标的"国家自主贡献"，为 2020 年后全球应对气候变化行动做出了安排。

作为目前最大的发展中国家和碳排放国家，中国积极参与全球气候谈判，开展国际气候合作，并在国内切实采取行动，2020 年中国国家主席习近平在第 75 届联合国大会上向全世界宣布中国力争于 2030 年前实现碳达峰，努力争取 2060 年前实现碳中和，2021 年 3 月 15 日，碳达峰、碳中和纳入生态文明建设整体布局。

那么什么是碳达峰、碳中和？碳达峰指二氧化碳的排放量达到峰值后不再增长，这个时间点并非是一个特定的时间点，而是一个平台期，其间碳排放总量依然会有波动，但总体趋势平缓，之后碳排放总量会逐渐稳步回落。碳中和一词最初起源于英国一家公司的商业策划，是指企业、团体或个人测算在一定时间内直接或间接产生的温室气体排放总量，通过二氧化碳去除手段，如植树造林、节能减排和产业调整等形式抵消这部分的碳排放量，达到"净零排放"的目标。

可以看出，实现碳达峰和碳中和目标是一项极其复杂的系统工程，离不开各行各业的努力。对于电力传动控制系统领域来说，也要以碳达峰和碳中和目标为契机，实现绿色、低碳、循环和可持续发展。

3.2　异步电动机 PWM 变压恒频（VVCF）控制系统

保持电源频率 f_1 不变，仅改变定子输入电压 U_s 的控制方式称为变压恒频控制，也称异步电动机调压调速。由于受到电动机绝缘和磁饱和的限制，定子电压 U_s 是从额定电压 U_{sN} 往下调，而不能往上调。

变压恒频控制的基本特征是同步转速保持为额定值不变，即

$$n_1 = n_{1N} = \frac{60 f_{1N}}{n_p} \tag{3-9}$$

3.2.1 异步电动机 PWM 变压恒频控制的主电路

异步电动机调压的方式很多，主要分为相控式和斩控式两大类。传统的相控式半控型晶闸管电路结构简单，可以采用电源换相方式，即使采用半控型器件也无须附加换相电路，但存在输出电压谐波含量大、网侧功率因数低等缺点。而斩控式电路则没有上述缺点，因此，相控式 SCR 电路正逐渐被 PWM–IGBT 电路所取代。

异步电动机三相 PWM–IGBT 交流调压电路如图 3-5a 所示，该电路由四个全控型开关器

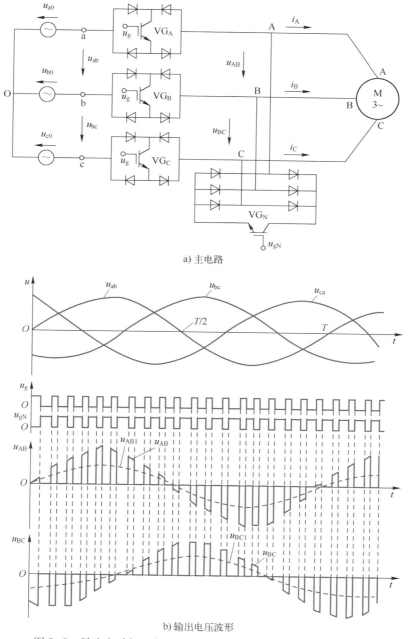

a) 主电路

b) 输出电压波形

图 3-5 异步电动机三相 PWM–IGBT 交流调压电路及输出波形

件 VG_A、VG_B、VG_C 和 VG_N 共同控制，VG_A、VG_B、VG_C 共用一个控制信号 u_g，控制信号 u_g 与续流开关 VG_N 的控制信号 u_{gN} 方向相反。即当 VG_A、VG_B、VG_C 导通时，VG_N 关断，此时电动机的输入电压为电源电压；反之，VG_N 导通时，VG_A、VG_B、VG_C 均关断，电动机沿着 VG_N 续流，电动机三相未接电源电压。PWM 控制下，异步电动机输出线电压 u_{AB} 和 u_{BC} 的波形如图 3-5b 所示，需注意的是，为避免输出电压和电流中含有偶次谐波，且保持三相输出电压对称，频率比 K 必须选 6 的倍数。

3.2.2　异步电动机变压恒频的机械特性

在变压恒频控制时，仅调节定子输入电压 U_s，此时同步转速 n_1 不变。由式（3-6）知，电磁转矩 T_e 与定子电压 U_s 的二次方成正比，即当 U_s 降低后，电磁转矩成二次方地降低。由式（3-7）和式（3-8）可知，在变压恒频控制时，临界转差率 s_m 不变，最大电磁转矩 T_{em} 与定子电压 U_s 的二次方成正比。

根据式（3-6）可绘制出如图 3-6 所示的变压恒频机械特性曲线。图中画出了两条负载特性曲线，一条为恒转矩负载特性曲线，另一条为风机、泵类负载特性曲线（负载与转速的二次方成正比）。从图中可看出，对于带恒转矩负载工作时，异步电动机稳定工作范围为 $0<s<s_m$，稳定工作时的调速范围有限，即为图中 A 点~C 点；若带风机、泵类负载特性，由电动机稳定运行的判别条件可知，负载特性与机械特性的交点为 D、E、F 点，为稳定工作点，则其调速范围在 D 点~F 点之间。对比带两种负载的调速范围可以看出，变压恒频控制更利于拖动风机、泵类负载。

若想要增加带恒转矩负载时的调速范围，根据异步电动机临界转差率公式［式（3-7）］可知，可以增大转子电阻值来增大临界转差率 s_m，此时机械特性曲线及调速范围如图 3-7 所示，将这种转子电阻较大的电动机称为高转子电阻电动机或交流力矩电动机。采用高转子电阻电动机能够增加调速范围，但是机械特性明显变软。

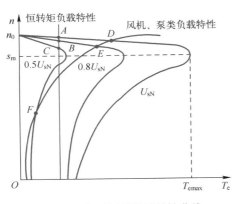

图 3-6　变压恒频机械特性曲线

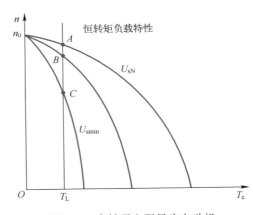

图 3-7　高转子电阻异步电动机
变压恒频机械特性曲线

3.2.3　异步电动机变压恒频的功率损耗

采用变压恒频控制的异步电动机带恒转矩负载 T_L 时，定子侧输入的电磁功率为

$$P_m = \omega_{m1} T_L = \frac{\omega_1 T_L}{n_p} \tag{3-10}$$

式中，ω_{m1}、ω_1 分别为同步机械角速度（rad/s）和电角速度（rad/s）。

由于变压恒频控制时，ω_1、n_p、T_L 均不变，故定子侧输入的电磁功率不变，且与电动机转速无关。

此时，异步电动机的输出功率为

$$P_{mech} = \omega_m T_L = (1-s) \frac{\omega_1 T_L}{n_p} \tag{3-11}$$

式中，ω_m 为电动机的机械角速度（rad/s）；$s = (n_1 - n)/n_1$。

由于在电动机中转差功率为

$$P_s = P_m - P_{mech} = s \frac{\omega_1 T_L}{n_p} \tag{3-12}$$

根据式（3-10）~式（3-12）可知，随着转速 n 的降低，输入的电磁功率 P_m 不变，转差率 s 增大，异步电动机输出功率 P_{mech} 减小，转差功率 P_s 增大。可知：带恒转矩负载的变压恒频控制是靠增大转差功率、减小输出功率来换取转速的降低，增加的转差功率全部都消耗在转子电阻上，因此变压恒频控制也属于转差消耗型控制。变压恒频控制的效率低、调速范围小，但是其成本低和技术简单，使其存在一定的应用市场，如：①对效率不敏感但对成本有严格要求的场合，如家用电风扇和洗衣机；②对调速范围需求不大的场合，如风机、泵类负载；③需要软机械特性的场合，如卷绕和拉拔类负载。

长知识——你需要了解的"新型工业化"

2002 年召开的党的十六大报告首次提出了"走新型工业化道路"，强调要"坚持以信息化带动工业化，以工业化促进信息化，走出一条科技含量高、经济效益好、资源消耗低、环境污染少、人力资源优势得到充分发挥的新型工业化路子"的战略部署，自此新型工业化这一概念在党和政府的文件中多次被提及和强调，成为我国重要的战略发展方向之一。

2022 年召开的党的二十大报告中又一次提出到 2035 年"建成现代化经济体系，形成新发展格局，基本实现新型工业化、信息化、城镇化、农业现代化"的重要目标，并且把"推进新型工业化，加快建设制造强国、质量强国、航天强国、交通强国、网络强国、数字中国"作为建设现代化产业体系的首要任务。

那么什么是新型工业化？

新型工业化是根据中国经济发展的实际提出的中国特色发展理论，是知识经济时代下的工业化，其增长的方式主要基于知识运营，其本质特征包括知识化、信息化、全球化和生态化。

考虑到当前全球新一轮科技革命和产业变革，我国新型工业化发展虽然会面临诸多挑战，但同时也带来了新的发展机遇。如：①技术创新，新型工业化强调技术创新和科技进步，在美国技术封锁下，倒逼我国相关技术进行技术攻关和产业发展，有利于持续提升我国产业安全和竞争力；②产业升级，新型工业化要求优化产业结构，推动产业向高端化、智能化、绿色化方向发展，提升整个产业链的竞争力；③绿色发展，要求企业在生产的过程中注重环保和可持续发展，推动绿色产业和循环经济的发展，实现经济效益和社会效益的双赢。

电力传动与控制技术通过电力电子器件实现对电动机或其他执行机构的精确控制，实现了动力传递、物料运输、定位等功能，同时，电力传动与控制技术还能通过对机械传动部件的模型化、仿真和可编程控制等技术手段，实现数字化生产和智能化管理等。

综上所述，电力传动与控制技术作为先进制造技术的重要组成部分，能够满足新型工业化对高精度、高效率、高可靠性和高智能化的要求，是新型工业化不可或缺的技术支撑。

3.3　异步电动机变压变频（VVVF）控制系统

3.3.1　变压变频控制的基本思想

由式（3-1）知，如果均匀改变异步电动机供电频率 f_1，就能够平滑调节异步电动机转速 n。但是，在实际的应用中，不仅要求调节转速，还要求具有良好的调速性能。

在调速时，一个重要的考虑是保持电动机每极气隙磁通量 Φ_m 为额定值 Φ_{mN} 不变。如果磁通量太小，异步电动机电磁转矩将会减小，导致其带载能力差；如果过分增大磁通，又会使得电动机铁心过饱和、定子电流增大、铁心过度发热和磁通波形畸变、电动机绕组绝缘能力降低，严重时有烧毁电动机的危险。可见，在调速过程中，不仅要改变电源频率，同时要保持磁通恒定。在异步电动机中，气隙磁通是由定、转子磁通合成的，如何能保持该气隙磁通恒定？

根据电机学知识，三相异步电动机定子每相电动势有效值与定子频率和每相气隙磁通量的积成正比，即有

$$E_g = 4.44 f_1 N_s k_{Ns} \Phi_m \tag{3-13}$$

式中，E_g 为气隙磁通在定子每相绕组中感应电动势的有效值（V）；f_1 为电源电压频率（Hz）；N_s 为定子每相绕组串联的匝数；k_{Ns} 为定子基波绕组系数；Φ_m 为每极气隙磁通量（Wb）。

在式（3-13）中，N_s 和 k_{Ns} 是常数，只要使得 $E_g/f_1 =$ 常数，便可达到控制气隙磁通 Φ_m 为恒定值的目的。然而，感应电动势 E_g 是难以直接检测与控制的，从图 3-2 所示的异步电动机稳态等效电路看出，气隙感应电动势 $\dot{E}_g$ 与定子输入电压 $\dot{U}_s$ 的关系为

$$\dot{U}_s = (R_s + j\omega_1 L_{ls})\dot{I}_s + \dot{E}_g \tag{3-14}$$

气隙感应电动势 $\dot{E}_g$ 与输入电压 $\dot{U}_s$ 相差定子绕组上的漏磁阻抗压降 $(R_s + j\omega_1 L_{ls})\dot{I}_s$。当电动势值较高时，可忽略定子绕组阻抗的压降，认为 $\dot{U}_s \approx \dot{E}_g$，即可通过同时调节 U_s 和 f_1 来达到控制磁通的目的。但将频率 f_1 从基频 f_{1N} 向上调时，电动机受到绝缘耐电压和磁路饱和的限制，定子电压幅值 U_s 无法随之升高，所以在分析变压变频控制时应该分两种情况：基频以下控制和基频以上控制。

3.3.2　基频以下转速控制

由前面所述可知，只有在气隙感应电动势值较高时，可用定子输入电压 U_s 近似代替

E_g。其他时候定子绕组漏磁阻抗压降无法忽略，此时需要人为抬高定子输入电压 U_s，来补偿定子阻抗的压降，以达到气隙磁通恒定。电动机中除了气隙磁通 Φ_m 还有定子磁通 Φ_{ms}、转子磁通 Φ_{mr}，通过对定子输入电压进行补偿控制这一思想，同样也能保证定子磁通 Φ_{ms}、转子磁通 Φ_{mr} 恒定。重新给出异步电动机稳态等效电路如图 3-8 所示，为了使得参考极性与电动状态的实际极性相吻合，感应电动势采用电压降的表示方式，由高电位指向低电位。

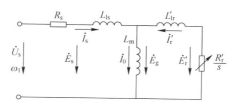

图 3-8　异步电动机稳态等效电路与感应电动势

如图 3-8 所示，图中共有三个感应电动势：定子磁通 Φ_{ms} 在定子每相绕组中感应电动势 $\dot{E}_s$、气隙磁通 Φ_m 在定子每相绕组中感应电动势 $\dot{E}_g$、转子磁通 Φ_{mr} 在转子每相绕组中感应电动势 $\dot{E}_r'$，三种磁通与感应电动势幅值之间的关系为

$$E_s = 4.44 f_1 N_s k_{Ns} \Phi_{ms} \tag{3-15}$$

$$E_g = 4.44 f_1 N_s k_{Ns} \Phi_m \tag{3-16}$$

$$E_r' = 4.44 f_1 N_s k_{Ns} \Phi_{mr} \tag{3-17}$$

式中，E_r' 为折算到定子侧的感应电动势（V）。

根据定子电压补偿量和补偿目的的不同，在基频以下共有四种控制模式，下面将分别介绍。

1. 恒压频比控制（恒 U_s/ω_1）

当异步电动机的电动势值较高时，可忽略定子绕组的漏磁阻抗压降，即认为定子相电压幅值 $U_s \approx E_g$，为了达到控制磁通 Φ_m 恒定的目的，只要使得 $U_s/f_1 =$ 常数，这种控制方法简便、易行。

式（3-6）已经给出了异步电动机在恒压恒频正弦波供电时的机械特性方程，为了方便讨论，进一步改写成如下形式：

$$T_e = 3 n_p \left(\frac{U_s}{\omega_1} \right)^2 \frac{s \omega_1 R_r'}{(s R_s + R_r')^2 + s^2 \omega_1^2 (L_{ls} + L_{lr}')^2} \tag{3-18}$$

当 s 很小时，忽略式（3-18）中分母含 s 各项，则

$$T_e \approx 3 n_p \left(\frac{U_s}{\omega_1} \right)^2 \frac{s \omega_1}{R_r'} \tag{3-19}$$

或

$$s \omega_1 \approx \frac{R_r' T_e}{3 n_p \left(\dfrac{U_s}{\omega_1} \right)^2} \tag{3-20}$$

带负载时的速降 Δn 为

$$\Delta n = s n_1 = \frac{60}{2\pi n_p} s \omega_1 \approx \frac{10 R'_r T_e}{\pi n_p^2}\left(\frac{\omega_1}{U_s}\right)^2 \tag{3-21}$$

异步电动机最大（临界）电磁转矩方程也可改写成如下形式：

$$T_{em} = \frac{3 n_p}{2}\left(\frac{U_s}{\omega_1}\right)^2 \frac{1}{\dfrac{R_s}{\omega_1} + \sqrt{\left(\dfrac{R_s}{\omega_1}\right)^2 + (L_{ls}+L'_{lr})^2}} \tag{3-22}$$

此时临界转差率为

$$s_m = \frac{R'_r}{\sqrt{R_s^2 + \omega_1^2(L_{ls}+L'_{lr})^2}} \tag{3-23}$$

由式（3-21）可知，当 U_s/f_1 为恒值时，ω_1/U_s 为恒值，对于同一转矩 T_e，Δn 基本不变。这就是说，在恒压频比的条件下把频率 f_1 向下调节时，机械特性基本上是平行下移的。同样由式（3-22）可知，最大电磁转矩 T_{em} 随着电源角频率 ω_1 的降低而减小。

图 3-9 绘制了恒 U_s/ω_1 控制时的一组机械特性曲线，从图中可以看出，随着频率的降低，同步转速 n_1 也相应减小。当电源频率很低时，T_{em} 较小，电动机的带载能力将减弱。此时可采用定子电压补偿，适当提高输入电压幅值，可以提高低频时的最大电磁转矩，从而改善低速时的带载能力，图中虚线即为定子电压补偿后的机械特性。

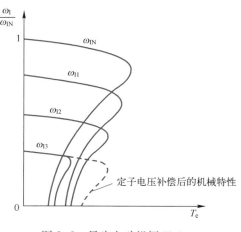

图 3-9 异步电动机恒 U_s/ω_1 控制时的机械特性曲线

在基频以下恒压频比控制时，转差功率为

$$P_s = s P_m = s \omega_1 T_e \approx \frac{R'_r T_e^2}{3 n_p \left(\dfrac{U_s}{\omega_1}\right)^2} \tag{3-24}$$

可以看出，转差功率与转速无关，故称恒压频比控制为转差功率不变型控制方法。

2. 恒定子磁通 Φ_{ms} 控制（恒 E_s/ω_1）

由式（3-15）可知，要使得 Φ_{ms} 恒定，需要保证 E_s/f_1 为恒定值。但是定子感应电动势 E_s 不好控制，能够直接控制的只有定子输入电压 U_s，U_s 与 E_s 之间的关系为

$$\dot{U}_s = R_s \dot{I}_s + \dot{E}_s \tag{3-25}$$

两者之间相差定子电阻压降 $R_s \dot{I}_s$，只要恰当地提高定子输入电压 U_s 幅值，使得定子电压实际输入值为 $(U_s + R_s I_s)$，以抵消定子电阻的压降，就能保证 E_s/ω_1 恒定。

忽略图 3-8 中励磁电流 $\dot{I}_0$，可得转子电流幅值为

$$I'_r = \frac{E_s}{\sqrt{\left(\dfrac{R'_r}{s}\right)^2 + \omega_1^2(L_{ls}+L'_{lr})^2}} \tag{3-26}$$

代入电磁转矩关系式（3-6）得

$$T_{e} = \frac{3n_{p}}{\omega_{1}} \frac{E_{s}^{2}}{\left(\dfrac{R_{r}'}{s}\right)^{2} + \omega_{1}^{2}(L_{1s}+L_{1r}')^{2}} \frac{R_{r}'}{s} = 3n_{p}\left(\frac{E_{s}}{\omega_{1}}\right)^{2} \frac{s\omega_{1}R_{r}'}{R_{r}'^{2}+s^{2}\omega_{1}^{2}(L_{1s}+L_{1r}')^{2}} \tag{3-27}$$

对比式（3-18）和式（3-27）可知，恒定子磁通 Φ_{ms} 控制时转矩表达式［式（3-27）］的分母要小于恒 U_{s}/f_{1} 表达式［式（3-18）］的分母，因此在相同转差率 s 的情况下，采用恒定子磁通 Φ_{ms} 控制方式下的电磁转矩要大于恒 U_{s}/ω_{1} 控制下的电磁转矩。或者说，在负载转矩相同时，恒定子磁通 Φ_{ms} 控制方式的速降要小于恒 U_{s}/ω_{1} 控制下的速降。

对式（3-27）中 s 进行求导，并令 $\mathrm{d}T_{e}/\mathrm{d}s=0$，可求出此时的临界转差率 s_{m} 和最大电磁转矩 T_{em} 为

$$s_{m} = \frac{R_{r}'}{\omega_{1}(L_{1s}+L_{1r}')} \tag{3-28}$$

$$T_{em} = \frac{3n_{p}}{2}\left(\frac{E_{s}}{\omega_{1}}\right)^{2} \frac{1}{(L_{1s}+L_{1r}')} \tag{3-29}$$

图 3-10 绘制了恒定子磁通 Φ_{ms} 控制时的一组机械特性曲线，从图中可以看出，机械特性基本是平行下移的；随着 ω_{1} 的降低，s_{m} 增大，但是最大电磁转矩恒定，无须进行低频电压补偿，低速带载能力要好于恒 U_{s}/ω_{1} 控制。

对比式（3-22）、式（3-23）、式（3-28）、式（3-29）可以看出，在磁通恒定的条件下，恒定子磁通 Φ_{ms} 控制的临界转差率 s_{m} 和最大电磁转矩 T_{em} 都要大于恒 U_{s}/ω_{1} 控制。

3. 恒气隙磁通 Φ_{m} 控制（恒 E_{g}/ω_{1}）

与恒定子磁通 Φ_{ms} 控制原理一样，要使得 Φ_{m} 恒定，根据式（3-16），只要使得 $E_{g}/f_{1}=$ 常数即可。同样也是对定子输入电压 U_{s} 进行电压补偿，根据图 3-8

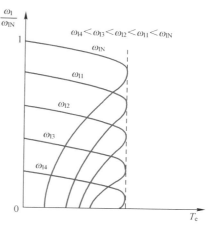

图 3-10　恒定子磁通 Φ_{ms}
控制时的机械特性曲线

可知，补偿的电压包括了定子电阻压降和定子漏抗压降。此时转子电流幅值为

$$I_{r}' = \frac{E_{g}}{\sqrt{\left(\dfrac{R_{r}'}{s}\right)^{2}+\omega_{1}^{2}L_{1r}'^{2}}} \tag{3-30}$$

同样代入电磁转矩关系式（3-6）得

$$T_{e} = \frac{3n_{p}}{\omega_{1}} \frac{E_{g}^{2}}{\left(\dfrac{R_{r}'}{s}\right)^{2}+\omega_{1}^{2}L_{1r}'^{2}} \frac{R_{r}'}{s} = 3n_{p}\left(\frac{E_{g}}{\omega_{1}}\right)^{2} \frac{s\omega_{1}R_{r}'}{R_{r}'^{2}+s^{2}\omega_{1}^{2}L_{1r}'^{2}} \tag{3-31}$$

对式（3-31）中 s 求导，并令 $\mathrm{d}T_{e}/\mathrm{d}s=0$，可得临界转差率和最大电磁转矩为

$$s_{m} = \frac{R_{r}'}{\omega_{1}L_{1r}'} \tag{3-32}$$

$$T_{em} = \frac{3n_p}{2} \left(\frac{E_s}{\omega_1} \right)^2 \frac{1}{L'_{lr}} \tag{3-33}$$

根据式（3-31）可绘制出恒气隙磁通 Φ_m 控制时的机械特性曲线，其机械特性曲线与恒定子磁通 Φ_{ms} 控制类似。但对比式（3-28）、式（3-29）、式（3-32）和式（3-33）可看出，在磁通恒定的条件下，恒气隙磁通 Φ_m 控制时的临界转差率 s_m、最大电磁转矩 T_{em} 都要大于恒定子磁通 Φ_{ms} 控制。

4. 恒转子磁通 Φ_{mr} 控制（恒 E_r/ω_1）

如果把定子电压 U_s 再进一步提高，把转子漏抗上的电压降也抵消，即可得到恒 E_r/ω_1 控制，此时转子电流幅值为

$$I'_r = \frac{E'_r}{R'_r/s} \tag{3-34}$$

代入电磁转矩关系式（3-6）得

$$T_e = \frac{3n_p}{\omega_1} \frac{E'^2_r}{\left(\frac{R'_r}{s} \right)^2} \frac{R'_r}{s} = 3n_p \left(\frac{E'_r}{\omega_1} \right)^2 \frac{s\omega_1}{R'_r} \tag{3-35}$$

可以看出，不必做任何近似，这时机械特性 $T_e = f(s)$ 完全是一条直线。将四种电压-频率协调控制的机械特性曲线绘制在一起（图3-11），可以看出定子电压补偿得越多，临界转差率 s_m 越大，最大电磁转矩 T_{em} 也越大。

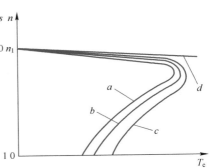

图3-11　异步电动机在不同
控制方式下的机械特性曲线

a—恒 U_s/ω_1 控制　b—恒定子磁通 Φ_{ms} 控制
c—恒气隙磁通 Φ_m 控制
d—恒转子磁通 Φ_{mr} 控制

对比四种电压-频率协调控制可得如下结论：

恒压频比（恒 U_s/ω_1）控制最容易实现，它的变频机械特性基本上是平行移动的，硬度较好，能满足一般的调速要求，但低速带载能力差，需要在低频时对定子电压进行补偿。

恒定子磁通 Φ_{ms} 控制（恒 E_s/ω_1）、恒气隙磁通 Φ_m 控制（恒 E_g/ω_1）和恒转子磁通 Φ_{mr} 控制（恒 E_r/ω_1）都需要以一定的补偿标准对定子电压 U_s 进行补偿，前两者虽然能够改善低速性能，但机械特性还是非线性的，仍然受到临界转矩的限制。恒转子磁通 Φ_{mr} 控制可以得到和直流电动机一样的线性机械特性，控制性能最佳。

3.3.3　基频以上转速控制

1. 基频以上转速控制特点

3.3.2节分别介绍了不同电压补偿时基频以下的电压-频率协调控制，在基频以上控制时，定子的供电频率 f_1 大于基频 f_{1N}，由于受到电动机绝缘耐压和磁路饱和的限制，定子电压最多只能保持在额定电压 U_{sN} 不变，这将导致磁通随着频率 f_1 的升高而降低，使得异步电动机工作在弱磁状态。将基频以下和基频以上两种情况结合起来，得到如图3-12所示的异步电动机变压变频调速的控制特性。由图3-12可知，基频以下磁通不变，电压与频率呈线性关系，图中虚线为不加低频电压补偿时电压与频率的关系曲线。基频以上控制时，电压为额定电压 U_{sN} 不变。

　　一般认为，异步电动机在允许温升下、不同转速下长期运行的电流为额定电流。根据运动学方程可知，额定电流不变时，电动机允许输出的电磁转矩将随磁通变化。在基频以下，由于磁通恒定，允许输出电磁转矩也恒定，属于"恒转矩调速"方式；在基频以上，转速升高时磁通减小，允许输出转矩也随之降低，输出功率基本不变，属于近似的"恒功率调速"方式。

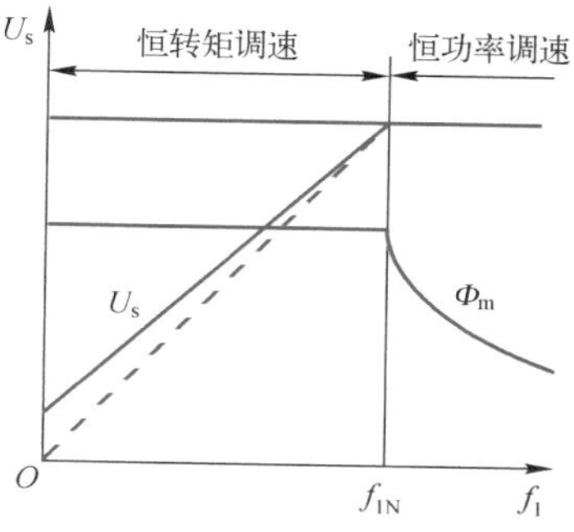

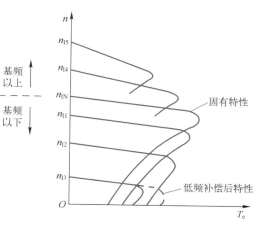

图 3-12　异步电动机变压
变频调速的控制特性

2. 基频以上转速控制机械特性

在基频 f_{1N} 以上时，由于电压保持额定值 U_{sN} 不变，机械特性方程式可改写成

$$T_e = 3n_p U_{sN}^2 \frac{sR_r'}{\omega_1 \left[(sR_s + R_r')^2 + s^2\omega_1^2(L_{ls} + L_{lr}')^2 \right]} \quad (3-36)$$

最大（临界）电磁转矩表达式同样也改写成

$$T_{em} = \frac{3}{2} n_p U_{sN}^2 \frac{1}{\omega_1 \left[R_s + \sqrt{R_s^2 + \omega_1^2(L_{ls} + L_{lr}')^2} \right]} \quad (3-37)$$

临界转差率与式（3-23）相同，即

$$s_m = \frac{R_r'}{\sqrt{R_s^2 + \omega_1^2(L_{ls} + L_{lr}')^2}} \quad (3-38)$$

当 s 较小时，忽略式（3-36）中分母含 s 的项，可得

$$T_e \approx 3n_p \frac{U_{sN}^2}{\omega_1} \frac{s}{R_r'} \quad (3-39)$$

或

$$s\omega_1 \approx \frac{R_r' T_e \omega_1^2}{3n_p U_{sN}^2} \quad (3-40)$$

则带负载时的速降 Δn 为

$$\Delta n = sn_1 = \frac{60}{2\pi n_p} s\omega_1 \approx \frac{10R_r' T_e}{\pi n_p^2} \frac{\omega_1^2}{U_{sN}^2} \quad (3-41)$$

　　由此可见，当角频率 ω_1 提高而电压不变时，同步转速 n_1 随之提高，临界转矩 T_{em} 减小，气隙磁通 Φ_m 也势必减弱，由于输出转矩减小而转速升高，允许输出功率基本不变，所以基频以上的变频转速控制属于弱磁恒功率控制。式（3-41）表明，对于相同的电磁转矩 T_e，ω_1 越大，速降 Δn 越大，机械特性越软，与直流电动机弱磁调速相似。图 3-13 绘制了基频以上和基频以下转速控制时异步电动机变压变频转速控制的机械特性曲线。图中，n_{1N} 以上的曲线为基频以上控制特性，从图中可看出，在基频以上，频率越高，最大电磁转矩减小，速降也越大。

图 3-13　异步电动机变压变频
转速控制的机械特性曲线

在基频以上变频控制时，转差功率为

$$P_s = sP_m = \frac{s\omega_1 T_e}{n_p} \approx \frac{R'_r T_e^2 \omega_1^2}{3 n_p U_{sN}^2} \tag{3-42}$$

在带功率负载稳定运行时，$T_e^2 \omega_1^2 \approx$ 常数，所以转差功率也基本不变。

长知识——中国电机之父　钟兆琳

钟兆琳（1901—1990 年），字琅书，是中国近代电机工业的拓荒者，主持研制了中国第一台电机，被称为"中国电机之父"。钟兆琳先生1901 年8 月23 日生于浙江省德清县新市镇，1923 年毕业于交通大学上海学校（时称交通部南洋大学），1924 年赴美国康奈尔大学电机工程系留学。在美留学期间，钟兆琳先生十分专注于工程技术的学习和研究，并应聘到美国西屋电气制造公司当工程师。1927 年钟先生应邀回国，执教于其母校交通大学电机科，成为学校第一批接替外国人讲授专业课的中国人之一，主讲"电机工程"课程，并主持电机实验室工作。钱学森、江泽民等校友都听过他的课并将他列为最受尊敬、印象深刻的老师之一，私底下学生都称他为"天才教授"。钟兆琳先生注重培养学生的实践能力，目的是为民族电机工业培养具有真才实学的人才。1933 年，钟兆琳先生与其学生褚应璜一起设计制造了中国第一台交流发电机，与新中动力机器厂制造的柴油机配套，组成了中国第一个发电系统，中国民族电机工业从此开始发展起来。

3.4　异步电动机变压变频（VVVF）的实现方式

早期的变压变频（VVVF）控制系统中所使用的逆变器多为半控型的晶闸管，其劣势十分明显，包括开关频率较低、关断的不可控性以及低阶次谐波含量较高等。20 世纪80 年代，全控型开关器件与脉宽调制（Pulse Width Modulation，PWM）技术的出现大幅提升了交流电动机变压变频调速系统的性能。本节主要介绍三种常用的 PWM 技术，包括正弦 PWM（SPWM）技术、电流滞环跟踪 PWM（CHBPWM）技术以及空间矢量 PWM（SVPWM）技术。PWM 的基本实现方式是通过控制逆变器中功率器件的导通与关断，输出电压为幅值相等、宽度按照一定规律变化的脉冲序列，用这样的高频脉冲序列代替期望输出电压。

3.4.1　正弦 PWM 调制技术

以频率与期望输出电压波形相同的正弦波作为调制波（Modulation Wave），以频率比期望波高得多的等腰三角波作为载波（Carrier Wave），当调制波与载波相交时，由它们的交点确定逆变器开关器件的通断时刻，从而获得幅值相等、宽度按正弦规律变化的脉冲序列，这种调制方法被称为正弦脉宽调制（Sinusoidal Pulse Width Modulation，SPWM）[21-22]。

SPWM 控制方式分为单极性和双极性。如果在正弦调制波的半个周期内，三角载波只在正或负的一种极性范围内变化，则所得到的 SPWM 波也只处于一个极性的范围内，这叫作单极性控制方式。如果在正弦调制波的半个周期内，三角载波在正或负极性范围内连续变化，则所得到的 SPWM 波也在正或负之间变化，这叫作双极性控制方式。

三相 PWM 逆变器单极性 SPWM 仿真波形如图 3-14a 所示。调制信号 u_r 为正弦波，载波 u_c 在 u_r 的正半周为正极性的三角波，在 u_r 的负半周为负极性的三角波。在 u_r 和 u_c 的交点时刻控制开关器件的通断。在 u_r 的正半周，逆变器开关管 V_1 保持通态，V_2 保持断态，当 $u_r > u_c$ 时使得 V_4 导通，V_3 关断，$u_o = U_d$；当 $u_r < u_c$ 时使得 V_4 关断，V_3 导通，$u_o = 0$。在 u_r 的负半周，V_1 保持断态，V_2 保持通态，当 $u_r > u_c$ 时使得 V_4 导通，V_3 关断，$u_o = 0$；当 $u_r < u_c$ 时使得 V_4 关断，V_3 导通，$u_o = -U_d$。这样就得到了对应的 SPWM 波形 u_o。图中 u_{of} 表示 u_o 中的基波分量。像这种在 u_r 的半个周期内三角波载波只在正极性或负极性一种极性范围内变化，所得到的 PWM 波形也只在单个极性范围内变化的控制方式称为单极性 PWM 控制方式。

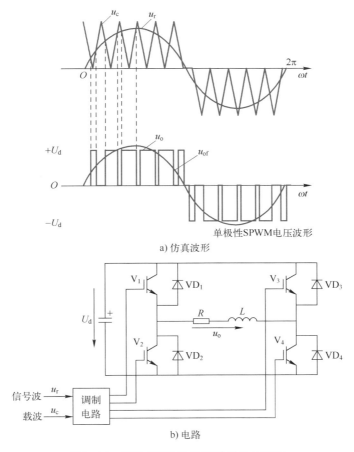

a) 仿真波形

b) 电路

图 3-14　三相 PWM 逆变器单极性 SPWM

双极性控制的 PWM 方式中，其三相输出电压共有八种状态，S_A、S_B、S_C 分别表示三相的开关状态，"1"表示上桥臂导通，"0"表示下桥臂导通。u_A、u_B、u_C 为以直流电源中性点 O' 为参考点的三相输出电压，u_{AO}、u_{BO}、u_{CO} 为电动机三相电压，以电动机中性点 O 为参考点。电动机中性点 O 相对于电源中性点 O' 的电压为

$$u_O = \frac{u_A + u_B + u_C}{3} \tag{3-43}$$

由于 $u_A + u_B + u_C \neq 0$，故 O 和 O' 点的电位不等。

图 3-15 为三相 PWM 逆变器双极性 SPWM 仿真波形，其中 u_{ra}、u_{rb}、u_{rc} 为三相的正弦调制波；u_t 为双极性三角载波；u_A、u_B、u_C 为三相输出与电源中性点 O′ 之间的相电压波形；u_{AB} 为输出线电压波形，其脉冲幅值为 $+U_d$ 或 $-U_d$；u_{AO} 为电动机相电压波形，其脉冲幅值为 $\pm\frac{2}{3}U_d$、$\pm\frac{1}{3}U_d$ 和 0 五种电平。

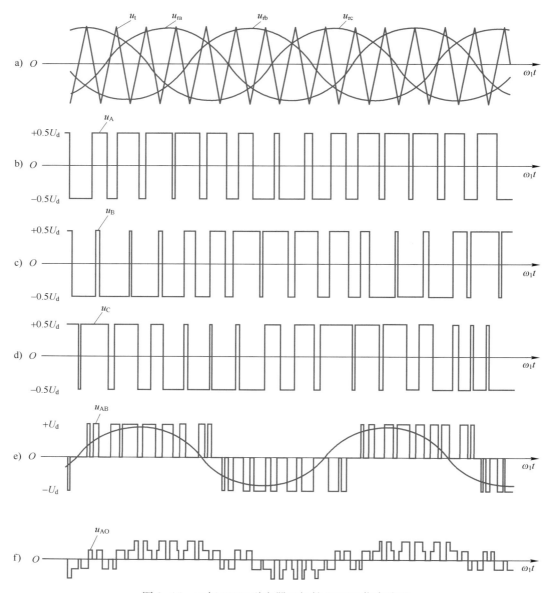

图 3-15 三相 PWM 逆变器双极性 SPWM 仿真波形

图 3-16 为 SPWM 的变压变频主电路。从图中可以看出，整个逆变器由三相不可控整流器供电，所提供的直流恒值电压为 U_d。为了方便分析，认为异步电动机的定子绕组为星形联结，其中，中性点 O 与整流器输出端滤波电容器的中性点 O′ 相连，因而当逆变器任意一相导通时，电动机绕组上所获得的相电压为 $U_d/2$。滤波电容器起着平波和中间储

能的作用，提供感性负载所需的无功功率。$VT_1 \sim VT_6$ 是逆变器的 6 个全控型功率开关器件，它们各有一个续流二极管反向并联。$VT_1 \sim VT_6$ 工作于开关状态，其开关模式取决于供给基极的 PWM 控制信号，输出交流电压的幅值与频率通过控制开关脉宽和切换点时间来调节。$VD_1 \sim VD_6$ 用来提供续流回路。以 A 相负载为例，当 VT_1 突然关断时，A 相负载电流靠 VD_4 续流，而当 VT_4 突然关断时，A 相负载电流又靠 VD_1 续流，B、C 两相续流原理同上。由于整流电源是二极管整流器，能量不能向电网回馈，因此当电动机突然停车时，电动机轴上的机械能将转化为电能通过 $VD_1 \sim VD_6$ 的整流向电容充电，储存在滤波电容 C_d 中，造成直流电压 U_d 的升高。

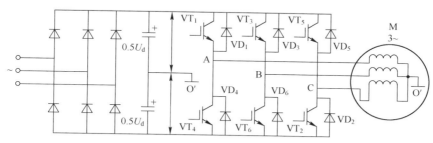

图 3-16　SPWM 的变压变频主电路

3.4.2　电流滞环跟踪 PWM 调制技术

与 SPWM 不同，电流滞环跟踪 PWM 调制技术是把希望输入的电流或电压波形作为给定信号，把实际电流或电压波形作为反馈信号，通过两者的瞬时值比较来决定逆变电路各功率开关器件的通断，使实际的输出跟踪指令信号变化。因此，这种控制方法被称为跟踪控制法。

最常用的一种跟踪型 PWM 控制方法是电流滞环跟踪 PWM（Current Hysteresis Band PWM，CHBPWM）控制，采用 CHBPWM 控制的变压变频逆变器如图 3-17 所示。以 A 相为例，A 相电流控制器是带滞环的比较器，环宽为 $2h$。将给定电流 i_A^* 与输出电流 i_A 进行比较，电流偏差 Δi_A 超过 $\pm h$ 时，经滞环控制器 HBC 控制逆变器 A 相上（或下）桥臂的功率器件动作。B、C 两相的功率器件动作原理与 A 相相同。

采用电流滞环跟踪控制时，变频器的三相电流波形与相电压 PWM 波形如图 3-18 所示。在 t_0 时刻，$i_A^* > i_A$，且 $\Delta i_A = i_A^* - i_A \geqslant h$，滞环控制器 HBC 输出正电平，此时上桥臂功率器件 VT_1 导通，输出电压为正，使 i_A 增大。当 i_A 增长到与 i_A^* 相等时，虽然 $\Delta i_A = 0$，但 HBC 仍保持正电平输出，VT_1 保持导通，使 i_A 继续增大。直到 $t = t_1$ 时刻，达到 $i_A = i_A^* + h$，$\Delta i_A = -h$，使滞环翻转，HBC 输出负电平，关断 VT_1，并经延时后驱动 VT_4。但此时 VT_4 未必能够导通，由于电动机绕组的电感作用，电流 i_A 不会反向，而是通过二极管 VD_4 续流，使 VT_4 受到反向钳位而不能导通，输出电压为负。此后，i_A 逐渐减小，直到 $t = t_2$ 时，$i_A = i_A^* - h$，到达滞环偏差的下限值，使 HBC 再翻转，又重复使 VT_1 导通。这样，VT_1 与 VD_4 交替工作，使输出电流 i_A 快速跟随给定值 i_A^*，两者的偏差始终保持在 $\pm h$ 范围内。稳态时 i_A^* 为正弦波，i_A 在 i_A^* 上做锯齿状变化，输出电流 i_A 接近正弦波。以上分析了给定正弦波电流 i_A^* 正半波的工作原理和输出电流 i_A、相电压波形，负半波的工作原理与正半波相同，只是 VT_4 与 VD_1 交替工作。

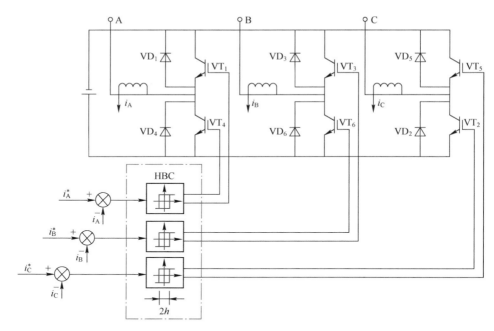

图 3-17   三相 CHBPWM 变压变频逆变器

电流控制的精度与滞环的宽度有关，同时还受到功率开关器件允许开关频率的制约。当环宽 $2h$ 选得较大时，开关频率低，但电流波形失真较多，谐波分量高；如果环宽小，电流跟踪性能好，但开关频率却增大了。实际使用中，应在器件开关频率允许的前提下，尽可能选择小的环宽。

电流滞环跟踪控制的方法精度高、响应快，且易于实现，但功率开关器件的开关频率不定。为了克服这个缺点，可以采用具有恒定开关频率的电流控制器，或者在局部范围内限制开关频率，但这样对电流波形都会产生影响。

将 CHBPWM 型变频器用于调速系统时，只需改变电流给定信号的频率即可实现变频调速，无须再人为地调节逆变器电压。此时，电流控制环是系统的内环，外边应有转速外环，这样才能视不同负载的需要自动控制给定电流的幅值。

3.4.3 电压空间矢量脉宽调制（SVPWM）控制技术（磁链跟踪控制技术）

SVPWM 是近年发展的一种比较新颖的调制技术，是由三相功率逆变器的六个功率开关元件组成的特定开关模式产生的脉宽调制波，与传统的 SPWM 不同，它着眼于如何使电动机获得理想圆形磁链轨迹。因此，SVPWM 技术与 SPWM 相比较，绕组电流波形的谐波成分小，使得电动机转矩脉动降低，直流母线电压的利用率高，更易于实现数字化。

1. 空间矢量的定义

如图 3-19 所示为三相电动机定子坐标系，A、B、C 分别对应电动机三相绕组的轴线，由于在空间上相差 $2\pi/3$，三相对称正弦电压的瞬时值可以表示为

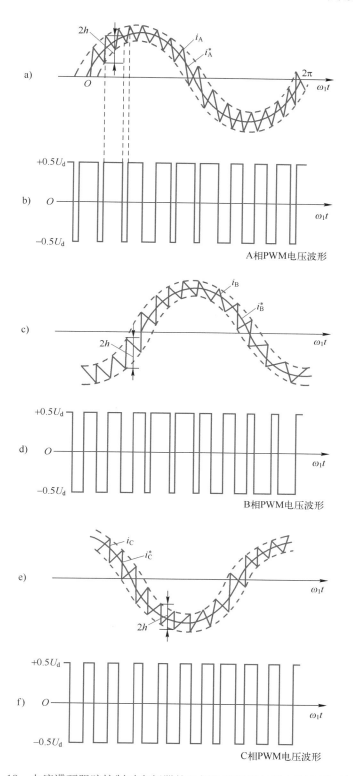

图 3-18　电流滞环跟踪控制时变频器的三相电流波形与相电压 PWM 波形

$$\begin{cases} U_A(t) = U_m\cos\theta \\ U_B(t) = U_m\cos\left(\theta - \dfrac{2\pi}{3}\right) \\ U_C(t) = U_m\cos\left(\theta + \dfrac{2\pi}{3}\right) \end{cases} \tag{3-44}$$

式中，$U_A(t)$、$U_B(t)$、$U_C(t)$为三相相电压；U_m为相电压的幅值（V）；$\theta = \omega t$，θ为电角度（°），ω为电角频率（rad/s）。三相相电压$U_A(t)$、$U_B(t)$、$U_C(t)$对应的空间电压矢量为

$$\boldsymbol{U} = U_A(t) + U_B(t)\mathrm{e}^{\mathrm{j}\frac{2}{3}\pi} + U_C(t)\mathrm{e}^{-\mathrm{j}\frac{2}{3}\pi} \tag{3-45}$$

将式（3-45）展开可得

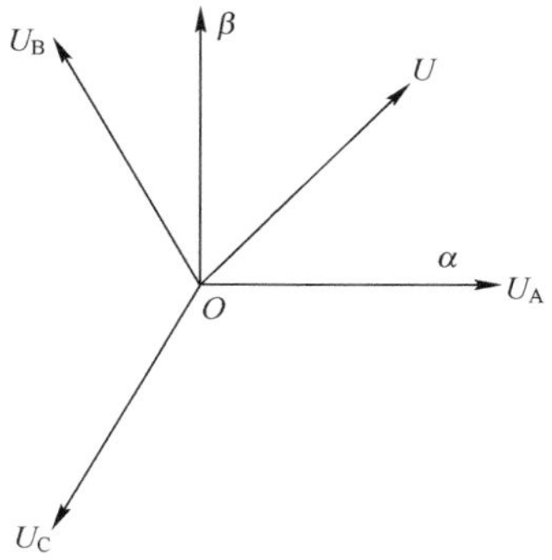

图 3-19　三相
电动机定子坐标系

$$\begin{aligned} \boldsymbol{U} &= U_m\left[\cos\theta\times\mathrm{e}^{\mathrm{j}0} + \cos\left(\theta - \frac{2\pi}{3}\right)\mathrm{e}^{\mathrm{j}\frac{2}{3}\pi} + \cos\left(\theta + \frac{2\pi}{3}\right)\mathrm{e}^{\mathrm{j}\frac{4}{3}\pi}\right] \\ &= U_m\left[\cos\theta(\cos0° + \mathrm{j}\sin0°) + \cos\left(\theta - \frac{2\pi}{3}\right)(\cos120° + \mathrm{j}\sin120°) + \right. \\ &\quad \left. \cos\left(\theta + \frac{2\pi}{3}\right)(\cos240° + \mathrm{j}\sin240°)\right] \\ &= U_m\left[\cos\theta + \cos\left(\theta - \frac{2\pi}{3}\right)\left(-\frac{1}{2} + \mathrm{j}\frac{\sqrt{3}}{2}\right) + \right. \\ &\quad \left. \cos\left(\theta + \frac{2\pi}{3}\right)\left(-\frac{1}{2} - \mathrm{j}\frac{\sqrt{3}}{2}\right)\right] \\ &= U_m\left[\cos\theta - \frac{1}{2}\cos\left(\theta - \frac{2\pi}{3}\right) + \mathrm{j}\frac{\sqrt{3}}{2}\cos\left(\theta - \frac{2\pi}{3}\right) - \right. \\ &\quad \left. \frac{1}{2}\cos\left(\theta + \frac{2\pi}{3}\right) - \mathrm{j}\frac{\sqrt{3}}{2}\cos\left(\theta + \frac{2\pi}{3}\right)\right] \end{aligned} \tag{3-46}$$

将式（3-46）写为实部和虚部，分别为

$$\begin{aligned} \mathrm{Re}\boldsymbol{U} &= \cos\theta - \frac{1}{2}\cos\left(\theta - \frac{2\pi}{3}\right) - \frac{1}{2}\cos\left(\theta + \frac{2\pi}{3}\right) \\ &= \cos\theta - \frac{1}{2}\left(\cos\theta\cos\frac{2\pi}{3} + \sin\theta\sin\frac{2\pi}{3}\right) - \frac{1}{2}\left(\cos\theta\cos\frac{2\pi}{3} - \sin\theta\sin\frac{2\pi}{3}\right) \\ &= \cos\theta - \frac{1}{2}\left[\cos\theta\left(-\frac{1}{2}\right) + \sin\theta\left(\frac{\sqrt{3}}{2}\right)\right] - \frac{1}{2}\left[\cos\theta\left(-\frac{1}{2}\right) - \sin\theta\left(\frac{\sqrt{3}}{2}\right)\right] \\ &= \cos\theta + \frac{1}{4}\cos\theta - \frac{\sqrt{3}}{4}\sin\theta + \frac{1}{4}\cos\theta + \frac{\sqrt{3}}{4}\sin\theta \\ &= \frac{3}{2}\cos\theta \end{aligned}$$

$$\text{Im}\boldsymbol{U} = j\frac{\sqrt{3}}{2}\cos\left(\theta-\frac{2\pi}{3}\right) - j\frac{\sqrt{3}}{2}\cos\left(\theta+\frac{2\pi}{3}\right)$$

$$= j\frac{\sqrt{3}}{2}\left(\cos\theta\cos\frac{2\pi}{3}+\sin\theta\sin\frac{2\pi}{3}\right) - j\frac{\sqrt{3}}{2}\left(\cos\theta\cos\frac{2\pi}{3}-\sin\theta\sin\frac{2\pi}{3}\right)$$

$$= j\frac{\sqrt{3}}{2}\left[\cos\theta\left(-\frac{1}{2}\right)+\sin\theta\left(\frac{\sqrt{3}}{2}\right)\right] - j\frac{\sqrt{3}}{2}\left[\cos\theta\left(-\frac{1}{2}\right)-\sin\theta\left(\frac{\sqrt{3}}{2}\right)\right] \qquad (3\text{-}47)$$

$$= -j\frac{\sqrt{3}}{4}\cos\theta+j\frac{3}{4}\sin\theta+j\frac{\sqrt{3}}{4}\cos\theta+j\frac{3}{4}\sin\theta$$

$$= j\frac{3}{2}\sin\theta$$

电压空间矢量可以表示为

$$\boldsymbol{U} = \text{Re}\boldsymbol{U}+\text{Im}\boldsymbol{U} = U_{\mathrm{m}}\left(\frac{3}{2}\cos\theta+j\frac{3}{2}\sin\theta\right) = \frac{3}{2}U_{\mathrm{m}}(\cos\theta+j\sin\theta) = \frac{3}{2}U_{\mathrm{m}}\mathrm{e}^{j\theta} \qquad (3\text{-}48)$$

可见 $\boldsymbol{U}$ 是一个幅值为相电压 1.5 倍的旋转电压矢量，因此三相对称正弦电压对应的空间矢量运动轨迹如图 3-20 所示。

从图 3-20 中可以看出，电压空间矢量顶点的运动轨迹为一个圆，且以角速度 ω 逆时针旋转。根据空间矢量变换的可逆性，若电压空间矢量顶点的运动轨迹为一个圆，则三相电动机相电压就趋近于三相对称正弦波，从而电动机在空间做恒速旋转。

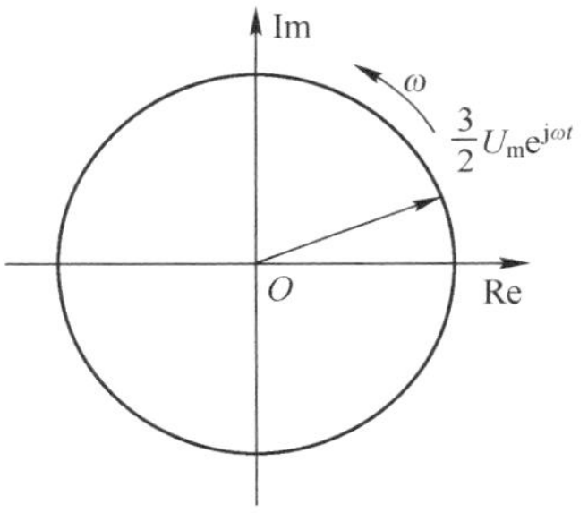

2. 电压与磁链空间矢量的关系

当三相对称定子绕组由三相电压供电时，由每一相电压平衡方程式的矢量和，可合成空间矢量表示的定子电压方程式为

图 3-20　电压空间
矢量运动轨迹

$$\boldsymbol{u}_{\mathrm{s}} = R_{\mathrm{s}}i_{\mathrm{s}}+\frac{\mathrm{d}\boldsymbol{\varPsi}_{\mathrm{s}}}{\mathrm{d}t} \qquad (3\text{-}49)$$

当电动机转速不是很低时，定子电阻压降所占的成分很小，可忽略不计，则定子合成电压与合成磁链空间矢量的近似关系为

$$\boldsymbol{u}_{\mathrm{s}} \approx \frac{\mathrm{d}\boldsymbol{\varPsi}_{\mathrm{s}}}{\mathrm{d}t} \qquad (3\text{-}50)$$

结合式（3-48）和式（3-50），磁链空间矢量可以通过积分表示为

$$\boldsymbol{\varPsi}_{\mathrm{s}} = \int\boldsymbol{u}_{\mathrm{s}}\mathrm{d}t = \int\frac{3}{2}U_{\mathrm{m}}\mathrm{e}^{j\omega t}\mathrm{d}t = \frac{3}{2}U_{\mathrm{m}}\frac{1}{j\omega}\mathrm{e}^{j\omega t} = \frac{3}{2}U_{\mathrm{m}}\frac{1}{\omega}\mathrm{e}^{j\left(\omega t-\frac{\pi}{2}\right)} \qquad (3\text{-}51)$$

由式（3-48）和式（3-51）可得，电压矢量的方向与磁链矢量正交，即为磁链圆的切线方向，旋转磁场与电压空间的矢量轨迹如图 3-21 所示。当电动机由三相平衡正弦电压供电时，定子磁链幅值恒定，磁链矢量顶点的运动轨迹将呈圆形。当磁链矢量在空间旋转一周时，电压矢量也连续地按磁链圆的切线方向运动 2π 弧度，若将电压矢量的参考点放在一起，则电压矢量的轨迹也是一个圆，如图 3-22 所示。因此，电动机圆形旋转磁场的轨迹问题就可转化为电压空间矢量的运动轨迹问题。

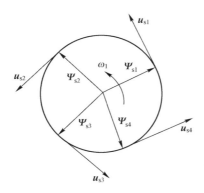
图 3-21　旋转磁场与电压空间的矢量轨迹

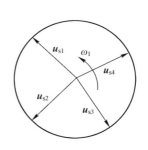
图 3-22　电压矢量圆轨迹

3. PWM 逆变器基本电压矢量

对于典型的两电平三相电压源逆变器电路，其拓扑结构如图 3-23 所示。

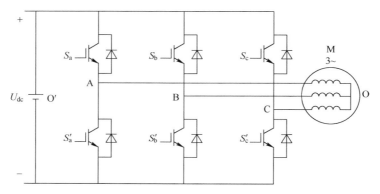
图 3-23　逆变器电路的拓扑结构

由于逆变器三相桥臂共有 6 个开关管，为了研究各相上下桥臂不同开关组合时逆变器输出的电压空间矢量，特定义开关函数 $S_x(x=a,b,c)$ 为

$$S_x = \begin{cases} 1 & \text{上桥臂导通} \\ 0 & \text{下桥臂导通} \end{cases} \tag{3-52}$$

$(S_a、S_b、S_c)$ 的全部可能组合共有 8 个，包括 6 个非零矢量 $U_1(001)$、$U_2(010)$、$U_3(011)$、$U_4(100)$、$U_5(101)$、$U_6(110)$ 和 2 个零矢量 $U_0(000)$、$U_7(111)$。下面以其中一种开关组合为例分析，假设 S_x $(x=a,b,c)$ = (100)，此时等效电路如图 3-24 所示。

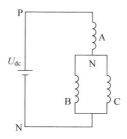
图 3-24　开关状态（100）的等效电路

相电压 U_{AN}、U_{BN}、U_{CN} 可以表示为

$$U_{\mathrm{AO}} = U_{\mathrm{AO'}} - U_{\mathrm{OO'}} = \frac{2}{3} U_{\mathrm{dc}}$$

$$U_{\mathrm{BO}} = U_{\mathrm{BO'}} - U_{\mathrm{OO'}} = -\frac{1}{3} U_{\mathrm{dc}} \tag{3-53}$$

$$U_{\mathrm{CO}} = U_{\mathrm{CO'}} - U_{\mathrm{OO'}} = -\frac{1}{3} U_{\mathrm{dc}}$$

式中，U_{AO}、U_{BO}、U_{CO} 是每一相相对于电动机中性点 O 的电压（V）；$U_{\mathrm{AO'}}$、$U_{\mathrm{BO'}}$、$U_{\mathrm{CO'}}$ 是每一相相对于直流电源中性点 O' 的电压（V）。将式（3-53）相电压相加，再根据电动机中性点电流之和为零的原则，可得到电动机中性点 O 与直流电源中性点 O' 之间的电压 $U_{\mathrm{OO'}} = (U_{\mathrm{AO'}} + U_{\mathrm{BO'}} + U_{\mathrm{CO'}})/3$。同理可得剩余开关状态对应的三相相电压，而线电压是两相之间的电压差，如 $U_{\mathrm{ab}} = U_{\mathrm{a}} - U_{\mathrm{b}}$。

输出的电压空间矢量 $\boldsymbol{U}_{\mathrm{out}}$ 可以根据式（3-45）表示为

$$\boldsymbol{U}_{\mathrm{out}} = k\boldsymbol{U} = k \left[U_{\mathrm{A}}(t) + U_{\mathrm{B}}(t) \mathrm{e}^{\mathrm{j}\frac{2}{3}\pi} + U_{\mathrm{C}}(t) \mathrm{e}^{-\mathrm{j}\frac{2}{3}\pi} \right] \tag{3-54}$$

式中，k 为常数，根据不同需求的选择可以取不同的值。不同的需求如：要求功率不变、要求电压电流幅值不变等。这里为了满足功率不变，取 k 为 $\sqrt{\dfrac{2}{3}}$，电压空间矢量的幅值变为原相电压 $U_{\mathrm{A}}(t)$、$U_{\mathrm{B}}(t)$、$U_{\mathrm{C}}(t)$ 的 $\sqrt{\dfrac{3}{2}}$ 倍。在三相电动机和逆变器驱动的系统中，相电压 $U_{\mathrm{A}}(t)$、$U_{\mathrm{B}}(t)$、$U_{\mathrm{C}}(t)$ 应取每相相对于电动机中性点 N 的电压 U_{AN}、U_{BN}、U_{CN}。

由此，式（3-54）可以进一步调整为

$$\begin{aligned}
\boldsymbol{U}_{\mathrm{out}} &= \sqrt{\frac{2}{3}} \boldsymbol{U} = \sqrt{\frac{2}{3}} \left(U_{\mathrm{AN}} + U_{\mathrm{BN}} \mathrm{e}^{\mathrm{j}\frac{2}{3}\pi} + U_{\mathrm{CN}} \mathrm{e}^{-\mathrm{j}\frac{2}{3}\pi} \right) \\
&= \sqrt{\frac{2}{3}} \left[(U_{\mathrm{AN'}} - U_{\mathrm{NN'}}) + (U_{\mathrm{BN'}} - U_{\mathrm{NN'}}) \mathrm{e}^{\mathrm{j}\frac{2}{3}\pi} + (U_{\mathrm{CN'}} - U_{\mathrm{NN'}}) \mathrm{e}^{-\mathrm{j}\frac{2}{3}\pi} \right] \\
&= \sqrt{\frac{2}{3}} \left(U_{\mathrm{AN'}} + U_{\mathrm{BN'}} \mathrm{e}^{\mathrm{j}\frac{2}{3}\pi} + U_{\mathrm{CN'}} \mathrm{e}^{-\mathrm{j}\frac{2}{3}\pi} \right)
\end{aligned} \tag{3-55}$$

可见，虽然直流电源中性点和电动机中性点的电位不等，但合成电压矢量的表达式相等。因此，三相合成电压空间矢量与参考点无关。当开关 $S_{\mathrm{a}} = 1$ 时，$U_{\mathrm{AN'}} = U_{\mathrm{dc}}/2$；当开关 $S_{\mathrm{a}} = 0$ 时，$U_{\mathrm{AN'}} = -U_{\mathrm{dc}}/2$。同理可得 $U_{\mathrm{BN'}}$、$U_{\mathrm{CN'}}$，式（3-55）可以变形为

$$\begin{aligned}
\boldsymbol{U}_{\mathrm{out}} &= \sqrt{\frac{2}{3}} \left(\frac{2S_{\mathrm{a}} - 1}{2} U_{\mathrm{dc}} + \frac{2S_{\mathrm{b}} - 1}{2} U_{\mathrm{dc}} \mathrm{e}^{\mathrm{j}\frac{2}{3}\pi} + \frac{2S_{\mathrm{c}} - 1}{2} U_{\mathrm{dc}} \mathrm{e}^{-\mathrm{j}\frac{2}{3}\pi} \right) \\
&= \sqrt{\frac{2}{3}} U_{\mathrm{dc}} (S_{\mathrm{a}} + S_{\mathrm{b}} \mathrm{e}^{\mathrm{j}\frac{2}{3}\pi} + S_{\mathrm{c}} \mathrm{e}^{-\mathrm{j}\frac{2}{3}\pi})
\end{aligned} \tag{3-56}$$

将 8 种开关状态函数组合代入式（3-56）即可得到输出的电压矢量 $\boldsymbol{U}_{\mathrm{out}}$。相电压 U_{AN}、U_{BN}、U_{CN} 和线电压 U_{ab}、U_{bc}、U_{ca} 以及输出的电压矢量 $\boldsymbol{U}_{\mathrm{out}}$ 见表 3-1 所列。

表 3-1　开关状态与电压的对应关系

U_x	S_a	S_b	S_c	U_{AN}	U_{BN}	U_{CN}	U_{ab}	U_{bc}	U_{ca}	U_{out}
U_0	0	0	0	0	0	0	0	0	0	0
U_4	1	0	0	$\frac{2}{3}U_{dc}$	$-\frac{1}{3}U_{dc}$	$-\frac{1}{3}U_{dc}$	U_{dc}	0	$-U_{dc}$	$\sqrt{\frac{2}{3}}U_{dc}$
U_2	0	1	0	$-\frac{1}{3}U_{dc}$	$\frac{2}{3}U_{dc}$	$-\frac{1}{3}U_{dc}$	$-U_{dc}$	U_{dc}	0	$\sqrt{\frac{2}{3}}U_{dc}\,e^{j\frac{2\pi}{3}}$
U_6	1	1	0	$\frac{1}{3}U_{dc}$	$\frac{1}{3}U_{dc}$	$-\frac{2}{3}U_{dc}$	0	U_{dc}	$-U_{dc}$	$\sqrt{\frac{2}{3}}U_{dc}\,e^{j\frac{\pi}{3}}$
U_1	0	0	1	$-\frac{1}{3}U_{dc}$	$-\frac{1}{3}U_{dc}$	$\frac{2}{3}U_{dc}$	0	$-U_{dc}$	U_{dc}	$\sqrt{\frac{2}{3}}U_{dc}\,e^{j\frac{4\pi}{3}}$
U_5	1	0	1	$\frac{1}{3}U_{dc}$	$-\frac{2}{3}U_{dc}$	$\frac{1}{3}U_{dc}$	U_{dc}	$-U_{dc}$	0	$\sqrt{\frac{2}{3}}U_{dc}\,e^{j\frac{5\pi}{3}}$
U_3	0	1	1	$-\frac{2}{3}U_{dc}$	$\frac{1}{3}U_{dc}$	$\frac{1}{3}U_{dc}$	$-U_{dc}$	0	U_{dc}	$\sqrt{\frac{2}{3}}U_{dc}\,e^{j\pi}$
U_7	1	1	1	0	0	0	0	0	0	0

将上述 8 个基本的电压空间矢量映射至如图 3-25 所示的平面中，即可得到该图所示的电压空间矢量图，6 个非零电压矢量幅值相同，相邻的矢量间隔 60°，将平面分成了 6 个区，称为扇区，两个零矢量幅值为 0，位于中心。

4. 参考电压矢量扇区判断

要想实现 SVPWM 算法，首先需要知道参考电压矢量 U_{ref} 所在的扇区。扇区判断的原理是根据参考电压矢量 U_{ref} 的角位置（见表 3-2）确定矢量在哪个区间，其中，U_α、U_β 为电压矢量 U_{ref} 在 α、β 轴上的分量。

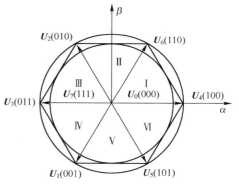

图 3-25　电压空间矢量图

表 3-2　矢量角与扇区的关系

扇　区	矢　量　角	
I	$0<\arctan\left(\dfrac{U_\beta}{U_\alpha}\right)<60°$	$0<\dfrac{U_\beta}{U_\alpha}<\sqrt{3}$
II	$60°<\arctan\left(\dfrac{U_\beta}{U_\alpha}\right)<120°$	$\left|\dfrac{U_\beta}{U_\alpha}\right|<\sqrt{3}$
III	$120°<\arctan\left(\dfrac{U_\beta}{U_\alpha}\right)<180°$	$-\sqrt{3}<\dfrac{U_\beta}{U_\alpha}<0$
IV	$180°<\arctan\left(\dfrac{U_\beta}{U_\alpha}\right)<240°$	$0<\dfrac{U_\beta}{U_\alpha}<\sqrt{3}$

（续）

扇　区	矢　量　角	
V	$240° < \arctan\left(\dfrac{U_\beta}{U_\alpha}\right) < 300°$	$\left\lvert\dfrac{U_\beta}{U_\alpha}\right\rvert > \sqrt{3}$
VI	$300° < \arctan\left(\dfrac{U_\beta}{U_\alpha}\right) < 360°$	$-\sqrt{3} < \dfrac{U_\beta}{U_\alpha} < 0$

根据以上计算，可初步得到表 3-3 所列结论。

表 3-3　U_α、U_β 与扇区的关系

扇　区	U_α、U_β			
I	$U_\beta > 0$	$U_\alpha > 0$	$\dfrac{U_\beta}{U_\alpha} < \sqrt{3}$	$\dfrac{\sqrt{3}}{2}U_\alpha - \dfrac{1}{2}U_\beta > 0$
II	$U_\beta > 0$		$\dfrac{U_\beta}{\lvert U_\alpha\rvert} > \sqrt{3}$	$\dfrac{\sqrt{3}}{2}U_\alpha - \dfrac{1}{2}U_\beta < 0$
III	$U_\beta > 0$	$U_\alpha < 0$	$\dfrac{U_\beta}{-U_\alpha} < \sqrt{3}$	$-\dfrac{\sqrt{3}}{2}U_\alpha - \dfrac{1}{2}U_\beta > 0$
IV	$U_\beta < 0$	$U_\alpha < 0$	$\dfrac{U_\beta}{U_\alpha} < \sqrt{3}$	$\dfrac{\sqrt{3}}{2}U_\alpha - \dfrac{1}{2}U_\beta > 0$
V	$U_\beta < 0$		$\dfrac{U_\beta}{\lvert U_\alpha\rvert} > \sqrt{3}$	$\dfrac{\sqrt{3}}{2}U_\alpha - \dfrac{1}{2}U_\beta < 0$
VI	$U_\beta < 0$	$U_\alpha > 0$	$\dfrac{-U_\beta}{U_\alpha} < \sqrt{3}$	$-\dfrac{\sqrt{3}}{2}U_\alpha - \dfrac{1}{2}U_\beta > 0$

根据以上结论，定义 l、m、n 三个变量来判断扇区：

$$\begin{cases} l = U_\beta \\ m = \dfrac{\sqrt{3}}{2}U_\alpha - \dfrac{1}{2}U_\beta \\ n = -\dfrac{\sqrt{3}}{2}U_\alpha - \dfrac{1}{2}U_\beta \end{cases} \tag{3-57}$$

再定义三个变量 A、B、C，通过分析可以得出：当 $l > 0$，则 $A = 1$，否则 $A = 0$；当 $m > 0$，则 $B = 1$，否则 $B = 0$；当 $n > 0$，则 $C = 1$，否则 $C = 0$。

令 $N = 4C + 2B + A$，则可得到表 3-4 所列 N、A、B、C 与扇区的关系，通过表 3-4 即可得出参考电压矢量 $\boldsymbol{U}_{\mathrm{ref}}$ 所在的扇区。

表 3-4　N、A、B、C 与扇区的关系

序号	A	B	C	N
I	1	1	0	3
II	1	0	0	1
III	1	0	1	5

（续）

序号	A	B	C	N
Ⅳ	0	0	1	4
Ⅴ	0	1	1	6
Ⅵ	0	1	0	2

5. SVPWM 矢量合成原理

SVPWM 算法的理论基础是平均值等效原理，即在一个开关周期 T_s 内通过对基本电压矢量加以组合，使其平均值与给定电压矢量相等。在如图 3-25 所示的电压空间矢量分布图中，参考电压矢量 U_{ref} 旋转到某个区域中，可由组成该区域的两个相邻的非零矢量和零矢量在时间上的不同组合得到。以扇区 I 为例，电压空间矢量合成如图 3-26 所示。

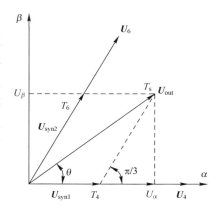

图 3-26　电压空间矢量合成示意图

在扇区 I 内可利用两个非零矢量 U_4、U_6 以及零矢量参与矢量合成，其中，U_{syn1} 和 U_{syn2} 分别为合成参考电压矢量 U_{ref} 的两个分量，满足 $T_s U_{ref} = T_s U_{syn1} + T_s U_{syn2}$。根据平衡等效原则，$U_{syn1}$ 和 U_{syn2} 可由 U_4、U_6 表示为

$$\begin{cases} U_{syn1} = \dfrac{T_4}{T_s} U_4 \\[2mm] U_{syn2} = \dfrac{T_6}{T_s} U_6 \end{cases} \tag{3-58}$$

式中，T_4、T_6 为矢量 U_4、U_6 的作用时间（s）；零矢量（U_0 或 U_7）的作用时间可用 T_0 表示。在一个开关周期 T_s 内，作用时间满足：

$$T_4 + T_6 + T_0 = T_s \tag{3-59}$$

进一步，参考电压矢量 U_{ref} 与扇区 I 内矢量的关系可以表示为

$$T_s U_{ref} = T_4 U_4 + T_6 U_6 + T_0 (U_0 \text{ 或 } U_7) \tag{3-60}$$

而作用时间 T_4、T_6 的计算由正弦定理可得

$$\frac{|U_{ref}|}{\sin \dfrac{2}{3}\pi} = \frac{|U_{syn2}|}{\sin\theta} = \frac{|U_{syn1}|}{\sin\left(\dfrac{\pi}{3}-\theta\right)} \tag{3-61}$$

式中，θ 为合成矢量 U_{ref} 和 U_4 的夹角（°）。将式（3-58）及 $|U_4| = |U_6| = \sqrt{\dfrac{2}{3}} U_{dc}$ 代入可得

$$\begin{cases} T_4 = \dfrac{\sqrt{2}\,|U_{ref}|}{U_{dc}} T_s \sin\left(\dfrac{\pi}{3}-\theta\right) \\[3mm] T_6 = \dfrac{\sqrt{2}\,|U_{ref}|}{U_{dc}} T_s \sin\theta \end{cases} \tag{3-62}$$

其余时间可用零矢量来填补，零矢量的作用时间为

$$T_0 = T_s - T_4 - T_6 \tag{3-63}$$

两个基本矢量作用时间之和应满足：

$$\frac{T_4 + T_6}{T_s} = \frac{\sqrt{2}\,|\boldsymbol{U}_{\text{ref}}|}{U_{\text{dc}}}\left[\sin\left(\frac{\pi}{3}-\theta\right)+\sin\theta\right] = \frac{\sqrt{2}\,|\boldsymbol{U}_{\text{ref}}|}{U_{\text{dc}}}\cos\left(\frac{\pi}{6}-\theta\right) \leqslant 1 \tag{3-64}$$

当 $\theta = \pi/6$ 时，$T_4 + T_6 = T_s$ 最大，输出电压矢量最大幅值为

$$U_{\text{outmax}} = \frac{U_{\text{dc}}}{\sqrt{2}} \tag{3-65}$$

由式（3-55）可知，三相合成矢量幅值是相电压 $U_A(t)$、$U_B(t)$、$U_C(t)$ 幅值的 $\sqrt{\dfrac{2}{3}}$，可以表示为

$$U_{\text{out}} = \sqrt{\frac{3}{2}}\,U_m \tag{3-66}$$

故相电压最大幅值可达

$$U_{\text{mmax}} = \sqrt{\frac{2}{3}}\,U_{\text{outmax}} = \frac{U_{\text{dc}}}{\sqrt{3}} \tag{3-67}$$

基波线电压最大幅值为

$$U_{\text{lmmax}} = \sqrt{3}\,U_{\text{mmax}} = U_{\text{dc}} \tag{3-68}$$

而 SPWM 的基波线电压最大幅值为 $U'_{\text{lmmax}} = \dfrac{\sqrt{3}}{2}U_{\text{dc}}$，可见 SVPWM 逆变器输出电压相比 SPWM 逆变器输出电压得到了提高，从而母线电压利用率提高了 15% 左右。

6. SVPWM 波形产生

得到矢量 $\boldsymbol{U}_4$、$\boldsymbol{U}_6$、$\boldsymbol{U}_7$ 及 $\boldsymbol{U}_0$ 的作用时间后，接下来就是如何产生实际的脉宽调制波形。在 SVPWM 调制方案中，零矢量的选择是最具灵活性的，适当选择零矢量，可最大限度地减少开关次数，尽可能避免在负载电流较大时刻开关动作，最大限度地减少开关损耗。因此，以减少开关次数为目标，将基本矢量作用顺序的分配原则选定为：在每次开关状态转换时，只改变其中一相的开关状态。并且对零矢量在时间上进行了平均分配，以使产生的 PWM 对称，从而有效地降低 PWM 的谐波分量。可以发现当 $\boldsymbol{U}_4(100)$ 切换至 $\boldsymbol{U}_0(000)$ 时，只需改变 A 相上下一对切换开关，若由 $\boldsymbol{U}_4(100)$ 切换至 $\boldsymbol{U}_7(111)$ 则需改变 B、C 相上下两对切换开关，增加了一倍的切换损失。因此要改变电压矢量 $\boldsymbol{U}_4(100)$、$\boldsymbol{U}_2(010)$、$\boldsymbol{U}_1(001)$ 的大小，需配合零电压矢量 $\boldsymbol{U}_0(000)$，而要改变 $\boldsymbol{U}_6(110)$、$\boldsymbol{U}_3(011)$、$\boldsymbol{U}_5(101)$，需配合零电压矢量 $\boldsymbol{U}_7(111)$。这样通过在不同区间内安排不同的开关切换顺序，就可以获得对称的输出波形，各扇区的开关切换顺序见表 3-5。

表 3-5　U_{ref} 所在位置和开关切换顺序关系

$\boldsymbol{U}_{\text{ref}}$ 所在的位置	开关切换顺序
Ⅰ区（$0° \leqslant \theta \leqslant 60°$）	…0-4-6-7-7-6-4-0…
Ⅱ区（$60° \leqslant \theta \leqslant 120°$）	…0-2-6-7-7-6-2-0…
Ⅲ区（$120° \leqslant \theta \leqslant 180°$）	…0-2-3-7-7-3-2-0…

（续）

U_{ref}所在的位置	开关切换顺序
Ⅳ区（$180° \leqslant \theta \leqslant 240°$）	…0—1—3—7—7—3—1—0…
Ⅴ区（$240° \leqslant \theta \leqslant 300°$）	…0—1—5—7—7—5—1—0…
Ⅵ区（$300° \leqslant \theta \leqslant 360°$）	…0—4—5—7—7—5—4—0…

以扇区 Ⅰ 为例，其所产生的三相调制 PWM 波在一个载波周期时间 T_s 内如图 3-27a 所示，图中电压矢量出现的先后顺序为 U_0、U_4、U_6、U_7、U_7、U_6、U_4、U_0，各电压矢量的三相波形则与表 3-5 中的开关顺序相对应。在下一个载波周期 T_s 内，U_{ref} 的角度增加 $60°$，重新计算新的作用时间，得到新的三相调制 PWM 波。这样在每一个载波周期 T_s 内就会合成一个新的矢量，随着 θ 的逐渐增大，U_{ref} 将依序进入扇区 Ⅰ~Ⅵ，6 个扇区对应的三相调制 PWM 波如图 3-27 所示。在电压矢量旋转 $360°$ 后，就会产生很多个合成矢量，逆变器就能输出一个周期的正弦波电压。

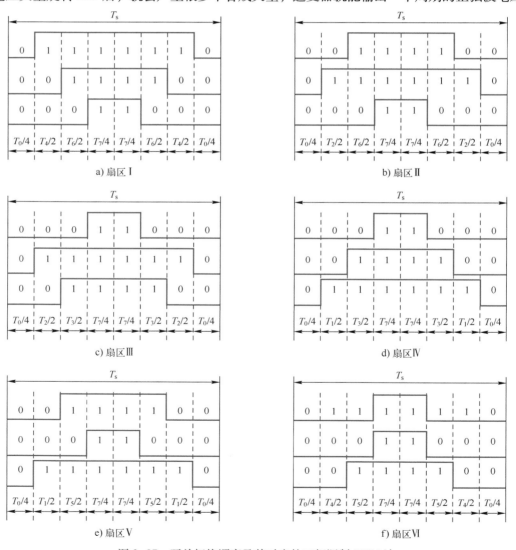

图 3-27　开关切换顺序及其对应的三相调制 PWM 波

将占据 $\dfrac{\pi}{3}$ 的定子磁链矢量轨迹等分为 M 个小区间，每个小区间所占的时间为 $T_0 = \dfrac{\pi}{3\omega_1 M}$，则定子磁链矢量轨迹为正 $6M$ 边形，与正六边形的磁链矢量轨迹相比较，正 $6M$ 边形轨迹更接近于圆，谐波分量小，能有效减小转矩脉动。图 3-28 是 $M=4$ 时期望的定子磁链矢量轨迹，在每个小区间内，定子磁链矢量的增量为 $\Delta\boldsymbol{\Psi}_s(k) = \boldsymbol{U}_s(k)T_0$，由于 $\boldsymbol{U}_s(k)$ 非基本电压矢量，必须用两个基本矢量合成。

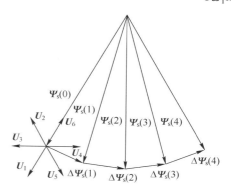

图 3-28　$M=4$ 时期望的
定子磁链矢量轨迹

图 3-28 中在定子磁链矢量 $\boldsymbol{\Psi}_s(0)$ 顶端绘出 6 个工作电压空间矢量，可以看出，施加不同的电压矢量将产生不同的磁链增量，由于 6 个电压矢量的方向不同，不同的电压作用后产生的磁链变化也不一样。

由图 3-28 可以看出，当 $k=0$ 时，为了产生 $\Delta\boldsymbol{\Psi}_s(0)$，$\boldsymbol{U}_s(0)$ 可用 $\boldsymbol{U}_5$ 和 $\boldsymbol{U}_4$ 合成：

$$\boldsymbol{U}_s(0) = \frac{t_1}{T_0}\boldsymbol{U}_5 + \frac{t_2}{T_0}\boldsymbol{U}_4 = \frac{t_1}{T_0}\sqrt{\frac{2}{3}}\,U_d\mathrm{e}^{\mathrm{j}\frac{5\pi}{3}} + \frac{t_2}{T_0}\sqrt{\frac{2}{3}}\,U_d \tag{3-69}$$

则定子磁链矢量的增量为

$$\Delta\boldsymbol{\Psi}_s(0) = \boldsymbol{U}_s(0)T_0 = t_1\boldsymbol{U}_5 + t_2\boldsymbol{U}_4 = t_1\sqrt{\frac{2}{3}}\,U_d\mathrm{e}^{\mathrm{j}\frac{5\pi}{3}} + t_2\sqrt{\frac{2}{3}}\,U_d \tag{3-70}$$

采用零矢量分布的实现方法，按开关损耗较小的原则，各基本矢量作用的顺序和时间为 $\boldsymbol{U}_0\left(\dfrac{t_0}{4}\right)$、$\boldsymbol{U}_4\left(\dfrac{t_2}{2}\right)$、$\boldsymbol{U}_5\left(\dfrac{t_1}{2}\right)$、$\boldsymbol{U}_7\left(\dfrac{t_0}{2}\right)$、$\boldsymbol{U}_5\left(\dfrac{t_1}{2}\right)$、$\boldsymbol{U}_4\left(\dfrac{t_2}{2}\right)$、$\boldsymbol{U}_0\left(\dfrac{t_0}{4}\right)$。因此，在 T_0 时间内，定子磁链矢量的运动轨迹分 7 步完成：

$$\Delta\boldsymbol{\Psi}_s(0,*) = \begin{cases} 1. \ \Delta\boldsymbol{\Psi}_s(0,1) = 0 \\[4pt] 2. \ \Delta\boldsymbol{\Psi}_s(0,2) = \dfrac{t_2}{2}\boldsymbol{U}_4 \\[4pt] 3. \ \Delta\boldsymbol{\Psi}_s(0,3) = \dfrac{t_1}{2}\boldsymbol{U}_5 \\[4pt] 4. \ \Delta\boldsymbol{\Psi}_s(0,4) = 0 \\[4pt] 5. \ \Delta\boldsymbol{\Psi}_s(0,5) = \dfrac{t_1}{2}\boldsymbol{U}_5 \\[4pt] 6. \ \Delta\boldsymbol{\Psi}_s(0,6) = \dfrac{t_2}{2}\boldsymbol{U}_4 \\[4pt] 7. \ \Delta\boldsymbol{\Psi}_s(0,7) = 0 \end{cases} \tag{3-71}$$

由式（3-71）可知，当 $\Delta\boldsymbol{\Psi}_s(0,*) = 0$ 时，定子磁链矢量停留在原地；$\Delta\boldsymbol{\Psi}_s(0,*) \neq 0$ 时，定子磁链矢量沿着电压矢量的方向运动，如图 3-29 所示。

对于 $\Delta\boldsymbol{\Psi}_s(1)$ 的分析方法与 $\Delta\boldsymbol{\Psi}_s(0)$ 相同，对于 $\Delta\boldsymbol{\Psi}_s(2)$ 和 $\Delta\boldsymbol{\Psi}_s(3)$，需用 $\boldsymbol{U}_4$ 和 $\boldsymbol{U}_6$ 合成，

图 3-30 是在 $M=4$ 时实际的定子磁链矢量轨迹。

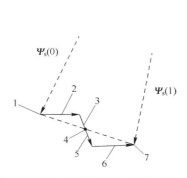

图 3-29　定子磁链矢量运动的 7 步轨迹

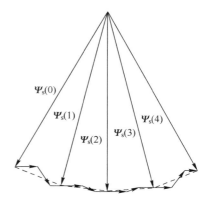

图 3-30　$M=4$ 时实际的定子磁链矢量轨迹

当磁链矢量位于其他的 $\frac{\pi}{3}$ 区域内时，可用不同的基本电压矢量合成期望的电压矢量。

图 3-31 是定子磁链矢量在 $0\sim2\pi$ 的轨迹，实际的定子磁链矢量轨迹在期望的磁链圆周围波动。M 越大，T_0 越小，磁链轨迹越接近于圆，但开关频率随之增大。由于 M 是有限的，所以磁链轨迹只能接近于圆，而不可能等于圆。

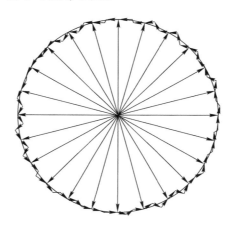

图 3-31　定子磁链矢量轨迹

归纳起来，SVPWM 控制模式有以下特点：

1）逆变器共有 8 个基本输出矢量，有 6 个有效工作矢量和 2 个零矢量，在一个旋转周期内，每个有效工作矢量只作用一次的方式只能生成正六边形的旋转磁链，谐波分量大，将导致转矩脉动。

2）用相邻的两个有效工作矢量，可合成任意的期望输出电压矢量，使磁链轨迹接近于圆。开关周期 T_0 越小，旋转磁场越接近于圆，但功率器件的开关频率越高。

3）利用电压空间矢量直接生成三相 PWM 波，计算简便。

4）与一般的 SPWM 相比较，SVPWM 控制方式的输出电压最多提高 15%。

长知识——半导体技术的发展历程

半导体是导电性介于导体和绝缘体中间的一类物质。1947 年 12 月，美国贝尔实验室成功演示了第一个基于锗半导体、具有放大功能的点接触式晶体管，标志着现代半导体产业的诞生和信息时代的开启。严格意义上讲，晶体管泛指一切以半导体材料为基础的单一元件，包括各种半导体材料制成的二极管、晶体管、场效应晶体管和晶闸管等。可以这样认为：由半导体材料制造出了晶体管，由晶体管组成了芯片。从 20 世纪 50 年代起，晶体管开始逐渐替代真空电子管，并最终实现了集成电路和微处理器的大批量生产。

晶体管发明的时候，中国还处于解放战争时期。新中国成立以后，许多半导体科技专家相继回国，开始了中国半导体科技的征程。以黄昆、谢希德、林兰英、王守武、汤定元、洪朝生、高鼎三和成众志为代表的老一辈科学家们为我国半导体事业的人才培养和产业发展做出了巨大的贡献。

半导体在过去主要经历了三代变化，但就目前来说这三代半导体是共存的，第一代半导体始于 20 世纪 50 年代，以硅（Si）和锗（Ge）元素为主要材料，应用于集成电路、电子信息网络工程、计算机、手机和硅光伏产业等，第一代半导体的出现促进了以集成电路为核心的微电子技术的迅速发展。第二代半导体以砷化镓（GaAs）、锑化铟（InSb）等化合物材料为代表，兴起于 20 世纪 90 年代，广泛应用于卫星通信、移动通信、光通信和电子导航等领域。21 世纪以来，以氮化镓（GaN）、碳化硅（SiC）、氧化锌（ZnO）和金刚石为四大代表的第三代半导体材料开始崭露头角，第三代半导体材料具有更宽的禁带宽度、更高的导热率和抗辐射能力、更大的电子饱和漂移速率等特点，使其更适合于制作高温、高频、抗辐射及大功率电子器件。

随着全球数字化的快速发展，半导体推动了通信、计算、医疗保健、交通、清洁能源和无数其他应用的进步，同时半导体也催生了有望使社会变得更好的新技术，包括类脑计算、虚拟现实、物联网、节能传感和人工智能等。可见随着半导体应用场景越来越丰富，半导体与越来越多的产业联系在一起，这也就是半导体能够带动万亿市场的根本原因。

我国一直是半导体进口大国，面临着半导体材料国产化率较低，在国际分工中多处于中低端领域等一系列问题，同时受《瓦森纳协定》的制约，中国难以进口尖端的技术和设备。随着第三代半导体纳入"十四五"计划，中国芯片企业纷纷投入重金打造"国有芯"，芯片热潮席卷整个中国，自主造芯运动也进行得如火如荼。我们相信中国芯片终将突破美国长臂管辖和瓦森纳体系的"卡脖子"，探索出一条国产半导体芯片技术发展的新路线。

3.5　转速开环/闭环变压变频控制系统

转速开环变频调速系统可以实现满足平滑调速的要求，但静、动态性能不够理想。采用转速闭环控制可以提高静、动态性能，实现稳态无静差，但需要增加转速传感器、相应的检测电路和测速软件等。转速闭环转差频率控制的变压变频调速是基于异步电动机稳态模型的转速闭环控制系统。

3.5.1 转速开环变压变频调速系统的结构

转速开环变压变频调速系统的基本原理在前文已经做了详细的论述，图 3-32 为调速系统的结构图，PWM 控制可采用 SPWM。

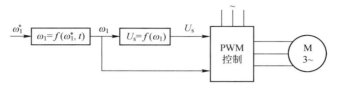

图 3-32　转速开环变压变频调速系统

由于该系统本身没有自动限制起制动电流的作用，因此，频率设定必须通过给定积分算法产生平缓的升速或降速信号。

$$\omega_1(t) = \begin{cases} \omega_1^* & \omega_1 = \omega_1^* \\ \omega_1(t_0) + \int_{t_0}^{t} \dfrac{\omega_{1N}}{\tau_{up}} dt & \omega_1 < \omega_1^* \\ \omega_1(t_0) - \int_{t_0}^{t} \dfrac{\omega_{1N}}{\tau_{down}} dt & \omega_1 > \omega_1^* \end{cases} \tag{3-72}$$

式中，τ_{up} 为从 0 上升到额定频率 ω_{1N} 的时间（s），τ_{down} 为从额定频率 ω_{1N} 下降到 0 的时间（s），可根据负载需要分别进行选择。

电压-频率特性为

$$U_s = f(\omega_1) = \begin{cases} U_N & \omega_1 \geqslant \omega_{1N} \\ f'(\omega_1) & \omega_1 < \omega_{1N} \end{cases} \tag{3-73}$$

当实际频率 ω_1 大于或等于额定频率 ω_{1N} 时，只能保持额定电压 U_N 不变。而当实际频率 ω_1 小于额定频率 ω_{1N} 时，$U_s = f'(\omega_1)$ 一般是带低频补偿的恒压频比控制。

调速系统的机械特性如图 3-9 所示，在负载扰动下，转速开环变压变频调速系统存在速降，属于有静差调速系统，故调速范围有限，只能用于调速性能要求不高的场合。

3.5.2 转差频率控制的基本概念及特点

电力传动系统的根本问题是转矩控制，前文已给出异步电动机恒气隙磁通的电磁转矩公式，可改写为

$$T_e = \frac{3n_p}{\omega_1} \frac{E_g^2}{\left(\dfrac{R_r'}{s}\right)^2 + \omega_1^2 L_{lr}'^2} \frac{R_r'}{s} = 3n_p \left(\frac{E_g}{\omega_1}\right)^2 \frac{s\omega_1 R_r'}{R_r'^2 + s^2 \omega_1^2 L_{lr}'^2}$$

将 $E_g = 4.44 f_1 N_s k_{Ns} \Phi_m = 4.44 \dfrac{\omega_1}{2\pi} N_s k_{Ns} \Phi_m = \dfrac{1}{\sqrt{2}} \omega_1 N_s k_{Ns} \Phi_m$ 代入上式，得

$$T_e = \frac{3}{2} n_p N_s^2 k_{Ns}^2 \Phi_m^2 \frac{s\omega_1 R_r'}{R_r'^2 + s^2 \omega_1^2 L_{lr}'^2} \tag{3-74}$$

式中，$\dfrac{3}{2}n_p N_s^2 k_{Ns}^2 = K_m$，是电动机的结构常数。定义转差角频率 $\omega_s = s\omega_1$，则

$$T_e = K_m \Phi_m^2 \frac{\omega_s R_r'}{R_r'^2 + (\omega_s L_{lr}')^2} \tag{3-75}$$

当电动机稳态运行时，转差率 s 较小，因而 ω_s 也较小，可以认为 $\omega_s L_{lr}' \ll R_r'$，则转矩可近似表示为

$$T_e \approx K_m \Phi_m^2 \frac{\omega_s}{R_r'} \tag{3-76}$$

由此可知，若能够保持气隙磁通不变，且在 s 较小的稳态运行范围内，异步电动机的转矩就近似与转差角频率成正比。也就是说，在保持气隙磁通不变的前提下，可以通过控制转差角频率来控制转矩，这就是转差频率控制的基本思想。

式（3-76）的转矩表达式是在 ω_s 较小的条件下得到的，当 ω_s 较大时，就得采用式（3-75）的转矩公式。图 3-33 为按恒 Φ_m 值控制的 $T_e = f(\omega_s)$ 特性（即机械特性），由图可见，在 ω_s 较小的稳定运行段，转矩基本上与 ω_s 成正比。当转矩达到其最大值 T_{em} 时，ω_s 达到临界值 ω_{sm}，当 ω_s 继续增大时，转矩反而减小，此段特性对于恒转矩负载为不稳定工作区域。

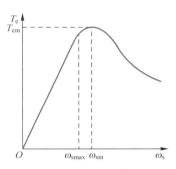

图 3-33　按恒 Φ_m 值控制的 $T_e = f(\omega_s)$ 特性

对于式（3-76），取 $\dfrac{dT_e}{d\omega_s} = 0$ 可得临界转差角频率：

$$\omega_{sm} = \frac{R_r'}{L_{lr}'} = \frac{R_r}{L_{lr}} \tag{3-77}$$

对应的最大转矩（临界转矩）为

$$T_{em} = \frac{K_m \Phi_m^2}{2L_{lr}'} \tag{3-78}$$

要保证系统稳定运行，必须使 $\omega_s < \omega_{sm}$。因此，在转差频率控制系统中，必须对 ω_s 加以限制，使系统允许的最大转差频率小于临界转差频率：

$$\omega_{smax} < \omega_{sm} = \frac{R}{L_{lr}} \tag{3-79}$$

这样就可以保持 T_e 与 ω_s 的正比关系，也就可以用转差频率来控制转矩。这是转差频率控制的基本规律之一。

上述规律是在保持 Φ_m 恒定的前提下才成立的，那么如何保持 Φ_m 恒定，是转差频率控制系统要解决的第二个问题。按恒 E_g/ω_1 控制时可保持 Φ_m 恒定，由异步电动机等效电路可得定子电压为

$$\dot{U}_s = \dot{I}_s(R_s + j\omega_1 L_{ls}) + \dot{E}_g = \dot{I}_s(R_s + j\omega_1 L_{ls}) + \left(\frac{\dot{E}_g}{\omega_1}\right)\omega_1 \tag{3-80}$$

由此可见，要实现恒 E_g/ω_1 控制，必须采用定子电压补偿控制，以抵消定子电阻和漏抗的压降。理论上说，定子电压补偿应该是幅值和相位的补偿，但这无疑使控制系统复杂，若忽略电流相量相位变化的影响，仅采用幅值补偿，则电压-频率特性为

$$U_s = f(\omega_1, I_s) = \sqrt{R_s^2 + (\omega_1 L_{1s})^2} I_s + E_g = Z_{1s}(\omega_1) I_s + \left(\frac{E_{gN}}{\omega_{1N}}\right)\omega_1 = Z_{1s}(\omega_1) I_s + C_g\omega_1 \quad (3\text{--}81)$$

式中，$C_g = \dfrac{E_{gN}}{\omega_{1N}}$＝常数；$\omega_{1N}$ 为额定角频率（rad/s）；E_{gN} 为额定气隙磁通 $\varPhi_m$ 在额定角频率下定子每相绕组中的感应电动势（V）。

采用定子电压补偿恒 E_g/ω_1 控制的电压-频率特性 $U_s = f(\omega_1, I_s)$ 如图 3-34 所示，高频时，定子漏抗压降占主导地位，可忽略定子电阻，式（3-81）可简化为

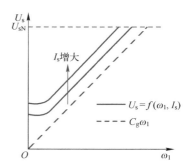

$$U_s = f(\omega_1, I_s) \approx \omega_1 L_{1s} I_s + E_g = \omega_1 L_{1s} I_s + C_g\omega_1 \quad (3\text{--}82)$$

电压-频率特性近似呈线性。低频时，R_s 的影响不可忽略，曲线呈现非线性性质。因此，转差频率控制的规律可总结如下：

1）在 $\omega_s \leqslant \omega_{sm}$ 的范围内，转矩 T_e 基本上与 ω_s 成正比，条件是气隙磁通不变。

图 3-34　定子电压补偿恒 E_g/ω_1
控制的电压-频率特性

2）在不同的定子电流值时，按图 3-34 的 $U_s = f(\omega_1, I_s)$ 函数关系控制定子电压和频率，就能保持气隙磁通 $\varPhi_m$ 恒定。

3.5.3　转速闭环变压变频调速系统

1. 系统结构

转速闭环转差频率控制的变压变频调速系统结构原理图如图 3-35 所示，系统共有两个转速反馈控制，以下分析两个转速反馈的控制作用。

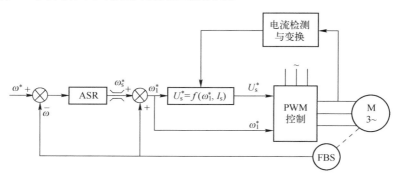

图 3-35　转速闭环转差频率控制的变压变频调速系统结构原理图

转速外环为负反馈，ASR 为转速调节器，一般选用 PI 调节器，转速调节器 ASR 的输出转差频率给定 ω_s^* 相当于电磁转矩给定 T_e^*。转速负反馈外环的作用与直流调速系统相当，不再重述。

内环为正反馈，将转速调节器 ASR 的输出信号转差频率给定 ω_s^* 与实际转速 ω 相加，得到定子频率给定信号 ω_1^*：

$$\omega_1^* = \omega_s^* + \omega \quad (3\text{--}83)$$

实际转速 ω 由速度传感器 FBS 测得。然后，根据式（3-81）所给出的 $U_s = f(\omega_1, I_s)$ 函数，由给定频率 ω_1^* 和当前定子电流 I_s 求得定子电压给定信号 $U_s = f(\omega_1, I_s)$，用 U_s^* 和 ω_1^* 控制 PWM 变频器，即得异步电动机调速所需的定子电压和频率。由于正反馈是不稳定结构，必须设置转速负反馈外环，才能使系统稳定运行。

2. 起动过程

在 $t=0$ 时，突加给定，假定转速调节器 ASR 的比例系数足够大，则 ASR 很快进入饱和，输出为限幅值 ω_{smax}，由于转速和电流尚未建立，即 $\omega=0$、$I_s=0$，给定子频率 $\omega_t^* = \omega_{smax}$，定子电压为

$$U_s = C_g \omega_{smax} \tag{3-84}$$

电流与转矩快速上升，则

$$I_r' = \frac{E_g}{\sqrt{\left(\dfrac{R_r'}{s}\right)^2 + \omega_1^2 L_{lr}'^2}} = \frac{E_g}{\omega_1 \sqrt{\left(\dfrac{R_r'}{s\omega_1}\right)^2 + L_{lr}'^2}} \tag{3-85}$$

$$= \frac{\dfrac{E_g}{\omega_1}}{\sqrt{\left(\dfrac{R_r'}{\omega_s}\right)^2 + L_{lr}'^2}} = \frac{C_g}{\sqrt{\left(\dfrac{R_r'}{\omega_s}\right)^2 + L_{lr}'^2}}$$

当 $t=t_1$ 时，电流达到最大值，起动电流等于最大的允许电流：

$$I_{smax} = I_{sQ} \approx I_{rQ}' = \frac{\dfrac{E_g}{\omega_1}}{\sqrt{\left(\dfrac{R_r'}{\omega_{smax}}\right)^2 + \omega_1^2 L_{lr}'^2}} = \frac{C_g}{\sqrt{\left(\dfrac{R_r'}{\omega_{smax}}\right)^2 + L_{lr}'^2}} \tag{3-86}$$

起动转矩等于系统最大的允许输出转矩：

$$T_{emax} = T_{eQ} \approx 3n_p \left(\frac{E_g}{\omega_1}\right)^2 \frac{\omega_{smax}}{R_r'} = 3n_p C_g^2 \frac{\omega_{smax}}{R_r'} \tag{3-87}$$

随着电流 I_s 的建立和转速 ω 的上升，定子电压 U_s 和频率 ω_1 上升，但由于 $\omega_s = \omega_{smax}$ 不变，起动电流 I_{sQ} 和起动转矩 T_{eQ} 也不变，电动机在允许的最大输出转矩下加速运行。式（3-87）表明，ω_{smax} 与 I_{smax} 有唯一的对应关系，因此，转差频率控制变压变频调速系统通过最大转差频率间接限制了最大的允许电流。

当 $t=t_2$ 时，转速 ω 达到给定值 ω^*，ASR 开始退饱和，转速 ω 略有超调后，到达稳态 $\omega = \omega^*$，定子电压频率 $\omega_1 = \omega + \omega_s$，转差频率 ω_s 与负载有关。

与直流调速系统相似，起动过程可分为转矩上升、恒转矩升速与转速调节三个阶段：在恒转矩升速阶段内，转速调节器 ASR 不参与调节，相当于转速开环，在正反馈内环的作用下，保持加速度恒定；转速超调后，ASR 退出饱和，进入转速调节阶段，最后达到稳态。

3. 加载过程

假定系统已进入稳定运行，转速等于给定值，电磁转矩等于负载转矩，即 $\omega = \omega^*$、$T_e =$

T_L，定子电压频率 $\omega_1 = \omega + \omega_s$。在 $t = t_1$ 时，负载转矩由 T_L 增大为 T'_L，在负载转矩的作用下转速 ω 下降，正反馈内环的作用使 ω_1 下降，但在外环的作用下，给定转差频率 ω_s^* 上升，定子电压频率 ω_1 上升，电磁转矩 T_e 增大，转速 ω 回升，到达稳态时，转速 ω 仍等于给定值 ω^*，电磁转矩 T_e 等于负载转矩 T'_L。由式（3-75）可知，当 $T'_L > T_L$ 时，$\omega'_s > \omega_s$，定子电压频率 $\omega'_1 = \omega + \omega'_s > \omega_1 = \omega + \omega_s$。与直流调速系统相似，在转速负反馈外环的控制作用下，转速稳态无静差，但对于交流电动机而言，定子电压频率和转差频率均大于轻载时的相应值，图 3-36 为转速闭环转差频率控制的变压变频调速系统静态特性。

从理论上说，只要使系统最大的允许转差频率小于临界转差频率，即

$$\omega_{smax} < \omega_{sm} = \frac{R_r}{L_{lr}} \tag{3-88}$$

就可以保持 T_e 与 ω_s 的正比关系，使系统稳定运行，并通过转差频率来控制电磁转矩。然而，由式（3-86）和式（3-87）可知，最大转差频率 ω_{smax} 与起动电流 I_{sQ} 和起动转矩 T_{eQ} 有关。若系统的额定电流为 I_{sN}，额定转矩为 T_{eN}，允许的过电流倍数为 $\lambda_1 = I_{sQ}/I_{sN}$，要求的起动转矩倍数为 $\lambda_T = T_{eQ}/T_{eN}$，使系统具有一定的重载起动和过载能力，且起动电流小于允许电流，则最大转差频率 ω_{smax} 应满足

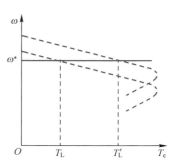

图 3-36　转速闭环转差频率控制的变压变频调速系统静态特性

$$\frac{R'_r \lambda_T T_{eN}}{3 n_p C_g^2} < \omega_{smax} < \frac{\lambda_1 R'_r I_{sN}}{\sqrt{C_g^2 - (\lambda_1 L'_{lr} I_{sN})^2}} \tag{3-89}$$

具体计算时，可根据起动转矩倍数确定最大转差频率，然后，由最大转差频率求得过电流倍数，并由此确定变频器主回路的容量。

转差频率控制系统突出的特点或优点是：转差频率 ω_s^* 与实测转速 ω 相加后得到定子频率 ω_1^*，在调速过程中，实际频率 ω_1 随着实际转速 ω 同步地上升或下降，有如水涨而船高，因此加、减速平滑而且稳定。同时，由于在动态过程中转速调节器 ASR 饱和，系统以对应于 ω_{smax} 的最大转矩 T_{emax} 起、制动，并限制了最大电流 I_{smax}，保证了在允许条件下的快速性。

转速闭环转差频率控制的交流变压变频调速系统的静、动态性能接近转速、电流双闭环的直流电动机调速系统，是一个较好的控制策略。然而，它的性能还不能完全达到直流双闭环系统的水平，其原因如下：

1) 转差频率控制系统是基于异步电动机稳态模型的，所谓的"保持磁通中 Φ_m 恒定"的结论也只在稳态情况下才能成立。在动态中 Φ_m 难以保持磁通恒定，这将影响到系统的动态性能。

2) $U_s = f(\omega_1, I_s)$ 函数关系中只抓住了定子电流的幅值，没有控制到电流的相位，而在动态中电流的相位也是影响转矩变化的因素。

3) 在频率控制环节中，取 $\omega_1 = \omega + \omega_s$，使频率 ω_1 得以与转速 ω 同步升降，这本是转差频率控制的优点。然而，如果转速检测信号不准确或存在干扰，就会直接给频率造成误差，因为所有这些偏差和干扰都以正反馈的形式毫无衰减地传递到频率控制信号上了。

异步电动机调速性能、高动态性能的异步电动机调速系统将在第 4 章做详细的讨论。

3.6 异步电动机仿真

笼型异步电动机铭牌数据：额定功率 $P_N = 3\,kW$，额定电压 $U_N = 380\,V$，额定电流 $I_N = 6.9\,A$，额定转速 $n_N = 1400\,r/min$，额定频率 $f_N = 50\,Hz$，定子绕组为丫联结。

由实验测得定子电阻 $R_s = 1.85\,\Omega$，转子电阻 $R_r = 2.658\,\Omega$，定子自感 $L_s = 0.00294\,H$，转子自感 $L_r = 0.002898\,H$，定子、转子互感 $L_{sr} = 0.002838\,H$，转子参数已折合到定子侧，系统的转动惯量 $J = 0.1284\,kg \cdot m^2$，$n_p = 2$，忽略阻转矩和扭转弹性转矩。

3.6.1 异步电动机的仿真模型

在 Simulink 环境下建立异步电动机仿真模型，如图 3-37 所示，其中，Asynchronous Machine SI Units（Squirrel-Cage 模式）选自 SimPowerSystem/Machines，Three-Phase Programmable Voltage Source 选自 SimPowerSystems/Electrical Sources，Three-Phase V-I Measurement 选自 SimPowerSystems/Measurements，powergui 选自 SimPowerSystems。将电动机参数输入相应的模块，并设置合适的仿真步长，如图 3-38 所示。可以通过在窗口空白处单击两次，输入想要的模块名称，再按〈Enter〉键即可快速找出该模块。

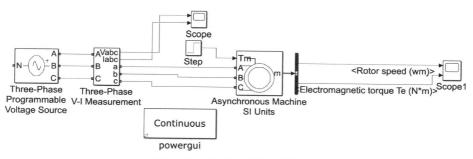

图 3-37 异步电动机仿真模型

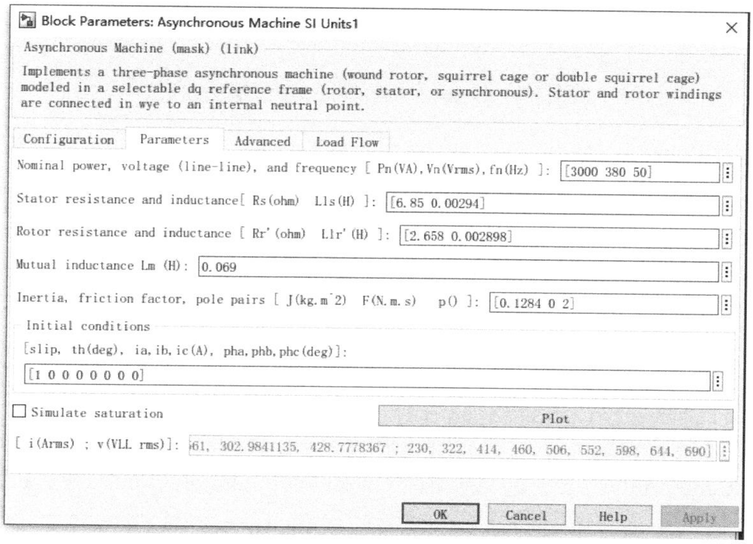

图 3-38 参数设置界面

3.6.2 三相异步电动机仿真

异步电动机空载起动，在 2 s 时突加 1400 r/min，对应负载 20.46 N·m（由公式 $T_N = P_N / \omega_N = 30 P_N / \pi n_N$ 计算得出）的仿真结果如图 3-39~图 3-41 所示。由于电动机在额定电压下直接起动，电磁转矩出现振荡。

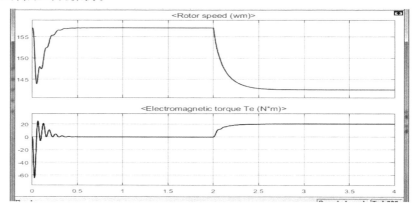

图 3-39　异步电动机转速与转矩曲线

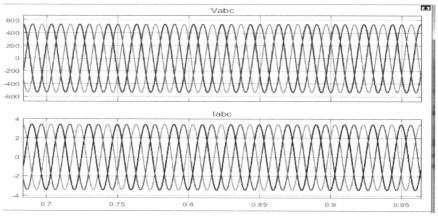

图 3-40　异步电动机电压和空载电流曲线

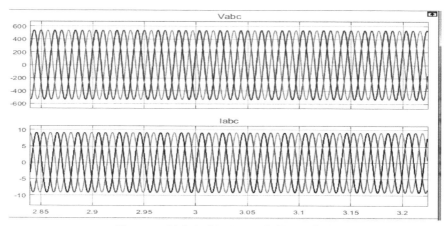

图 3-41　异步电动机电压和负载电流曲线

长知识——轨道交通中的直线电动机

随着城市化的进一步发展（尤其是大中型城市），城市轨道交通面临着诸如运行速度高、旅行时间短以及乘坐环境舒适等要求，因此具有更强的爬坡能力、更小的转弯半径以及全天候的运行性能的城市轨道交通车辆成为研究重点。

直线电动机由于具有非黏着驱动、结构简单和性能可靠等特点，成为城市轨道交通车辆的核心装备。常见的运用于城市轨道交通的直线电动机有直线异步电动机、常导直线同步电动机、超导无铁心直线同步电动机和永磁直线同步电动机等[23]。

直线电动机可以看作由旋转电动机演变而来，按照演变形式不同，可以分为平板型和圆筒型直线电动机。其中平板型直线电动机可看成将旋转电动机沿径向剖开拉直而成，此时定子与一次侧对应，转子与二次侧对应，图 3-42a 所示为直线异步电动机示意图。同时为了保证直线电动机运动的连续性，可将一次侧或二次侧的长度延伸。

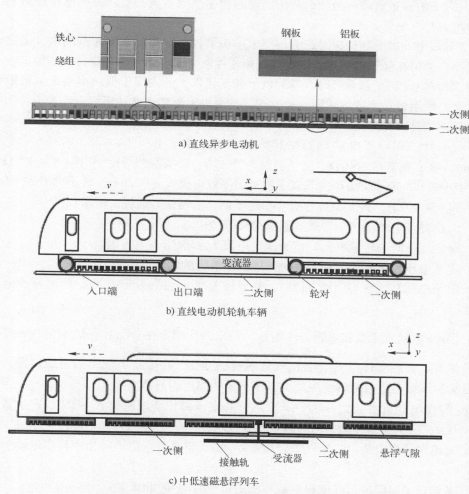

图 3-42　直线异步电动机在城市轨道交通车辆中的应用

图 3-42b 所示为安装有 2 台直线电动机的轮轨车辆，其中直线电动机的一次侧悬挂于转向架上，并采用一个变压变频逆变器进行供电。在控制策略方面，直线电动机轮轨车辆常采用矢量控制，并增加相应的前馈和补偿算法。该类型轮轨车辆采用直线电动机驱动后，具有以下突出优点：①牵引力的传递不再受车轮与钢轨之间黏着限制，车辆性能大幅度提升；②轴箱定位结构大幅简化，可以实现柔性定位，使得车辆选线规划更容易且灵活。

图 3-42c 所示为采用直线异步电动机驱动的中低速磁悬浮列车，该类磁悬浮列车取消了轮轨关系的约束，具有更高的爬坡能力、更小的转弯半径和更低的振动噪声，特别适合深入城市中心，长沙的磁浮快线和北京地铁 S1 线都采用这种磁悬浮列车。

思考题与习题

3-1 对于恒转矩负载，为什么调压调速的调速范围不大？电动机机械特性越软，调速范围是否越大？

3-2 异步电动机变频调速时，为何要电压协调控制？在整个调速范围内，保持电压恒定是否可行？为何在基频以下时，采用恒压频比控制，而在基频以上保持电压恒定？

3-3 异步电动机变频调速时，基频以下和基频以上分别属于恒功率还是恒转矩调速方式？为什么？所谓恒功率或恒转矩调速方式，是否指输出功率或转矩恒定？若不是，那么恒功率或恒转矩调速究竟是指什么？

3-4 一台三相异步电动机的铭牌数据如下：额定电压 $U_N = 380\ \mathrm{V}$，额定转速 $n_N = 1200\ \mathrm{r/min}$，额定频率 $f_N = 60\ \mathrm{Hz}$，定子绕组为丫联结。由实验测得定子电阻 $R_s = 0.8\ \Omega$，定子漏感 $L_{ls} = 0.006\ \mathrm{H}$，定子绕组产生气隙主磁通的等效电感 $L_m = 0.26\ \mathrm{H}$，转子电阻 $R'_r = 0.25\ \Omega$，转子漏感 $L'_{lr} = 0.007\ \mathrm{H}$，转子参数已折合到定子侧，忽略铁心损耗。试求：

（1）画出异步电动机 T 形等效电路和简化等效电路。

（2）额定运行时的转差率 s_N、定子额定电流 I_{1N} 和额定电磁转矩。

（3）定子电压和频率均为额定值时，理想空载时的励磁电流 I_0。

（4）定子电压和频率均为额定值时，临界转差率 s_m 和临界转矩 T_m，画出异步电动机的机械特性。

3-5 异步电动机参数如习题 3-4 所示，画出调压调速在 $\frac{1}{2}U_N$ 和 $\frac{2}{3}U_N$ 时的机械特性，计算临界转差率 s_m 和临界转矩 T_m，分析气隙磁通的变化、在额定电流下的电磁转矩，分析在恒转矩负载和风机类负载两种情况下，调压调速的稳定运行范围。

3-6 异步电动机参数如习题 3-4 所示，若定子每相绕组匝数 $N_s = 250$，定子基波绕组系数 $k_{Ns} = 0.9$，定子电压和频率均为额定值。试求：

（1）忽略定子漏阻抗，每极气隙磁通量 Φ_m 和气隙磁通在定子每相中异步电动势的有效值 E_g。

（2）考虑定子漏阻抗，在理想空载和额定负载时的 Φ_m 和 E_g。

（3）比较上述三种情况下 Φ_m 和 E_g 的差异，并说明原因。

3-7 接上题，求：

（1）在理想空载和额定负载时的定子磁通 Φ_{ms} 和定子每相绕组感应电动势 E_s。

（2）转子磁通 Φ_m 和转子绕组中的感应电动势（折合到定子边）E_r。

（3）分析与比较在额定负载时，Φ_m、Φ_{ms} 和 Φ_{mr} 的差异，E_g、E_s 和 E_r 的差异，并说明原因。

3-8　用习题 3-4 参数计算转差频率控制系统的临界转差频率 ω_{sm}。假定系统最大的允许转差频率 $\omega_{smax}=0.9\omega_{sm}$，试计算起动时的定子电流和起动转矩。

3-9　论述转速闭环转差频率控制系统的控制规律、实现方法及系统的优缺点。

3-10　基频以下调速可以是恒压频比控制、恒定子磁通 Φ_{ms}、恒气隙磁通 Φ_m 和恒转子磁通 Φ_{mr} 的控制方式，从机械特性和系统实现两个方面分析与比较四种控制方法的优缺点。

3-11　常用的交流 PWM 有三种控制方式，分别为 SPWM、CHBPWM 和 SVPWM，论述它们的基本特征、各自的优缺点。

3-12　按基频以下和基频以上分析电压频率协调的控制方式，画出：

（1）恒压恒频正弦波供电时异步电动机的机械特性。

（2）基频以下电压频率协调控制时异步电动机的机械特性。

（3）基频以上恒压变频控制时异步电动机的机械特性。

（4）电压频率特性曲线 $U=f(f)$。

3-13　异步电动机参数同习题 3-4，输出频率 f 等于额定频率 f_N 时，输出电压 U 等于额定电压 U_N，考虑低频补偿，若频率 $f=0$，输出电压 $U=10\%U_N$。

（1）求出基频以下电压频率特性曲线 $U=f(f)$ 的表达式，并画出特性曲线。

（2）当 $f=5$ Hz 和 $f=2$ Hz 时，比较补偿与不补偿的机械特性曲线、两种情况下的临界转矩 T_{emax}。

3-14　分析电流滞环跟踪 PWM 控制中，环宽对电流波动与开关频率的影响。

3-15　三相异步电动机丫联结，能否将中性点与直流侧参考点短接？为什么？

3-16　两电平 PWM 逆变器主回路的输出电压矢量是有限的，若期望输出电压矢量 $\boldsymbol{u}_s$ 的幅值小于 $\sqrt{2/3}U_d$，空间角度 θ 任意，如何用有限的 PWM 逆变器输出电压矢量来逼近期望的输出电压矢量？

3-17　异步电动机基频以下调速时，气隙磁通量 Φ_m、定子磁通 Φ_{ms} 和转子磁通 Φ_{mr} 随负载的变换而变化，要保持恒定需采用电压补偿控制。写出保持三种磁通恒定的电压补偿控制的相量表达式，若仅采用幅值补偿是否可行，比较两者的差异。

3-18　两电平 PWM 逆变器主回路，采用双极性调制时，用"1"表示上桥臂开通，"0"表示上桥臂关断，共有几种开关状态，写出其开关函数。根据开关状态写出其电压空间矢量表达式，画出电压空间矢量图。

3-19　采用 SVPWM 控制，用有效工作电压矢量合成期望的输出电压矢量，由于期望输出电压矢量是连续可调的，定子磁链矢量轨迹可以是圆，这种说法是否正确？为什么？

3-20　采用电压空间矢量 PWM 调制方法，若直流电压 U_d 恒定，如何协调输出电压与输出频率的关系？

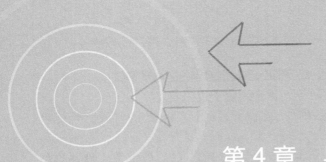

第 4 章　异步电动机矢量控制系统

异步电动机具有非线性、强耦合和多变量的性质，要获得高动态调速性能，必须从动态模型出发，分析异步电动机的转矩和磁链控制规律，研究高性能异步电动机的调速方案。矢量控制通过坐标变换和按转子磁链定向，得到等效直流电动机模型，进而模仿直流电动机控制策略设计控制系统。本章 4.1 节首先介绍矢量控制的基本概念，以及为什么要矢量控制。4.2 节讨论坐标变换及其物理意义，以及变换矩阵的推导。4.3 节论述异步电动机的三相初始动态数学模型，以及不同坐标系下的数学模型。4.4 节分析按转子磁链定向矢量控制的基本原理，阐明定子电流励磁分量和转矩分量的解耦及控制。4.5 节给出相应的仿真分析。

4.1　矢量控制的基本概念

4.1.1　直流电动机和异步电动机的电磁转矩

在电气传动系统中，电动机向负载提供驱动转矩，对负载运动的控制是通过对电动机电磁转矩的控制来实现的，如图 4-1 所示。其中，T_e 为电磁转矩；T_L 为负载转矩，包含了空载转矩（空载转矩是由电动机空载损耗引起的，可认为是恒定的阻力转矩）；ω 为电角速度；J 为系统转动惯量（包括转子）。

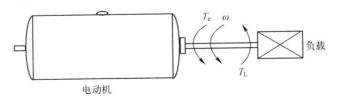

图 4-1　电动机运动示意图

根据动力学原理，可列写出机械运动方程为

$$T_e - T_L = J \frac{\mathrm{d}\omega}{\mathrm{d}t} \tag{4-1}$$

由式（4-1）可知，电气传动对系统的电角速度 ω 具体的控制要求，需要在一定范围内平滑地调节转速，或者能够在所需转速上稳定地运行，或者能够根据指令准确地完成加（减）速、起（制）动以及正（反）转等，这时就需要构建一个转速控制系统。由上面机械运动方程可知，对系统转速的控制实则是通过控制转矩差（$T_e - T_L$）来实现的。这就意味着，只有有效、精确地控制电磁转矩，才能实现转速的精准控制。

由电机学可知，任何电动机产生电磁转矩的原理在本质上都是电动机内部两个磁场作用的结果，因此电动机的电磁转矩具有统一的表达式，即

$$T_e = \frac{\pi}{2} n_p^2 \Phi_m F_s \sin\theta_s = \frac{\pi}{2} n_p^2 \Phi_m F_r \sin\theta_r \tag{4-2}$$

式中，n_p 为电动机的极对数；F_s、F_r 为定、转子磁动势矢量的模值（安匝）；Φ_m 为气隙主磁通矢量的模值（Wb）；θ_s、θ_r 为定子磁动势空间矢量 F_s、转子磁动势空间矢量 F_r 分别与气隙合成磁动势空间矢量 F_Σ 之间的夹角（见图 4-2），通常用电角度表示，$\theta_s = n_p \theta_{ms}$、$\theta_r = n_p \theta_{mr}$，其中，$\theta_{ms}$、$\theta_{mr}$ 为机械角；F_Σ 为气隙合成磁动势空间矢量，当忽略铁损时与磁通矢量 Φ_m 同轴同向。

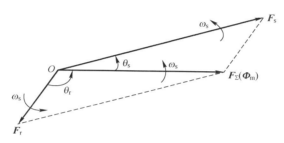

图 4-2　电动机的磁动势、磁通空间矢量图

在主极磁场和电枢磁势相互作用下，直流电动机产生的电磁转矩为

$$T_{ed} = \frac{\pi}{2} n_p^2 \Phi_d F_a \sin\theta_{ad} \tag{4-3}$$

式中，$F_a = I_a N_a / \pi^2 n_p a$，$\sin\theta_{ad} = 1$，所以式（4-3）可简写为

$$T_{ed} = \frac{n_p}{2\pi} \frac{N_a}{a} \Phi_d I_a = C_T \Phi_d I_a \tag{4-4}$$

式中，$C_T = n_p N_a / 2\pi a$，称为直流电动机转矩系数。其中，N_a 为绕组匝数，a 为绕组并联支路数。

由图 4-3a 可知，在直流电动机中，主极磁通 Φ_d 和电枢电流产生的磁通方向互相垂直，二者相互解耦，互不影响。此外，对于他励直流电动机而言，励磁和电枢是两个独立的回路，可以对电枢电流和励磁电流进行单独控制和调节，达到控制转矩的目的，实现转速调节。可见，直流电动机的电磁转矩具有控制简单、灵活的特点。如图 4-3a 所示，由于换向器作用，电枢磁动势的轴线在空间也是固定的。通常把主极的轴线称为直轴，即 d 轴（Direct-Axis），与其垂直的轴称为交轴，即 q 轴（Quadrature-Axis）。若电刷放在几何中性线上，则电枢磁动势的轴线与主极磁场轴线互相垂直，即与交轴重合。设气隙合成磁场与电枢磁动势的夹角为 θ_a，则从图 4-3b 可知，$\Phi_m \sin\theta_a = \Phi_d$ 为直轴每极下的磁通量。

与直流电动机的两个磁场所不同的是，异步电动机定子磁动势 F_s、转子磁动势 F_r 及两者合成产生的气隙磁动势 $F_\Sigma(\Phi_m)$ 均是以同步角速度 ω_s 旋转，三者的空间矢量关系如图 4-2 所示。由图 4-2 可知，定子磁动势和气隙磁动势之间的夹角 $\theta_s \neq 90°$；转子磁动势与气隙磁动势之间的夹角 θ_r 也不等于 90°。如果 Φ_m、F_r 的幅值为已知，则只要知道它们空间矢量的

夹角 θ，就可按式（4-2）求出异步电动机的电磁转矩。但是，如何确定 $\boldsymbol{\Phi}_{\mathrm{m}}$、$\boldsymbol{F}_{\mathrm{r}}(\boldsymbol{F}_{\mathrm{s}})$ 的幅值及它们空间矢量的夹角 θ_{r}（或 θ_{m}）是非常困难的，因此，控制异步电动机的电磁转矩并非易事。

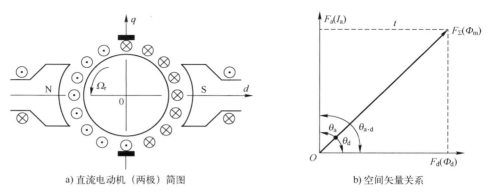

a) 直流电动机（两极）简图　　　　　　　b) 空间矢量关系

图 4-3　直流电动机主极磁场和电枢磁动势轴线

综上所述，影响直流电动机电磁转矩的定转子磁动势相互独立、互不干涉，而决定异步电动机电磁转矩的定、转子磁动势相互耦合，难以控制。因此，如何将异步电动机的定、转子磁动势控制等效成直流电动机的控制模式，具有重要意义。

4.1.2　矢量控制的基本思想

由式（4-2）及图 4-2 所示的异步电动机磁动势、磁通空间矢量图可以看出，通过控制定子磁动势 $\boldsymbol{F}_{\mathrm{s}}$ 的幅值或转子磁动势 $\boldsymbol{F}_{\mathrm{r}}$ 的幅值及它们在空间的位置，就能达到控制电动机转矩的目的。$\boldsymbol{F}_{\mathrm{s}}$ 或 $\boldsymbol{F}_{\mathrm{r}}$ 幅值的控制可通过控制各相电流的幅值来实现，而在空间上的位置角 θ_{s}、θ_{r}，可以通过控制各相电流的瞬时相位来实现。因此，只要能实现对异步电动机定子各相电流（i_{A}、i_{B}、i_{C}）的瞬时控制，就能实现对异步电动机转矩的有效控制。

由旋转磁动势的产生原理可知，在任意相数（单相除外）的对称绕组中通入对称电流即可产生旋转磁动势。以三相交流电动机的旋转磁场为例，说明电动机转子之所以会旋转、实现能量转换，是因为转子气隙内有一个旋转磁场。下面来讨论旋转磁场的产生。

如图 4-4b 所示，$\mathrm{U}_1\mathrm{U}_2$、$\mathrm{V}_1\mathrm{V}_2$、$\mathrm{W}_1\mathrm{W}_2$ 为三相定子绕组，在空间彼此相隔 120°，接成星形。三相绕组的首端 U_1、V_1、W_1 接在三相对称电源上，有三相对称电流通过三相绕组。设电源的相序为 U、V、W，U 相的初相角为零，如图 4-4c 所示。

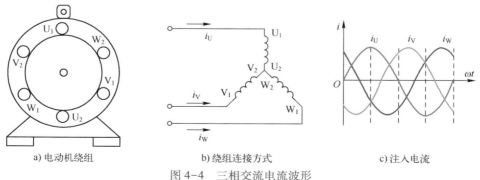

a) 电动机绕组　　　　　b) 绕组连接方式　　　　　c) 注入电流

图 4-4　三相交流电流波形

设：

$$i_U = \sin\omega t$$

$$i_V = \sin(\omega t - 120°)$$

$$i_W = \sin(\omega t + 120°)$$

为了便于分析，假设电流为正值时，在绕组中从始端流向末端，电流为负值时，在绕组中从末端流向首端。

当 $\omega t = 0$ 的瞬间，$i_U = 0$，i_V 为负值，i_W 为正值，根据"右手螺旋定则"，三相电流所产生的磁场叠加的结果，便形成一个合成磁场，如图 4-5a 所示，可见此时的合成磁场是一对磁极（即两极），右边是 N 极，左边是 S 极。

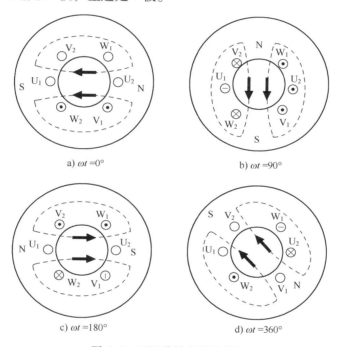

a) $\omega t = 0°$　　　　　　　　　　b) $\omega t = 90°$

c) $\omega t = 180°$　　　　　　　　　d) $\omega t = 360°$

图 4-5　两极旋转磁场示意图

图 4-5 为两极旋转磁场示意图，空间 120°对称分布的三相绕组通过三相对称的交流电流时，产生的合成磁场为极对数 $p=1$ 的空间旋转磁场，每电源周期旋转一周，即两个极距；某相绕组中电流达到最大值时，磁极轴线恰好旋转到该相绕组轴线上。

当 $\omega t = 90°$ 时，即经过 1/4 周期后，i_U 由零变成正的最大值，i_V 仍为负值，i_W 已变成负值，如图 4-5b 所示，这时合成磁场的方位与 $\omega t = 0°$ 时相比，已按逆时针方向转过了 90°。应用同样的方法，可以得出如下结论：当 $\omega t = 180°$ 时，合成磁场转过了 180°，如图 4-5c 所示；当 $\omega t = 360°$ 时，合成磁场旋转了 360°，即转 1 周，如图 4-5d 所示。图 4-6 为三相交流电产生的旋转磁场。

由此可见，对称三相电流 i_U、i_V、i_W 分别通入对称三相绕组 U_1U_2、V_1V_2、W_1W_2 中所形成的合成磁场，是一个随时间变化的旋转磁场。由此类推，当旋转磁场具有 p 对磁极时（即磁极数为 $2p$），交流电每变化一个周期，其旋转磁场就在空间转动 $1/p$ 转。因此，三相电动机定子旋转磁场每分钟的转速 n_1、定子电流频率 f 及磁极对数 p 之间的关系是 $f = n_1 p/60$。

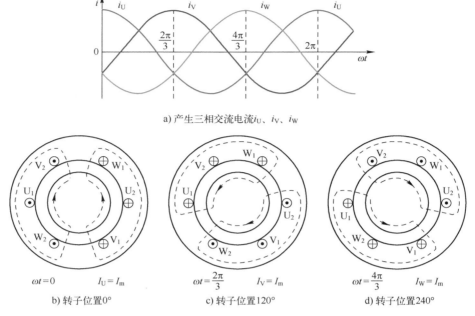

a) 产生三相交流电流i_U、i_V、i_W

b) 转子位置0°　　　　c) 转子位置120°　　　　d) 转子位置240°

图 4-6　三相交流电产生旋转磁场

在异步电动机三相对称定子绕组中通入对称的三相正弦交流电流 i_A、i_B、i_C 时，则形成如图 4-7a 所示的三相基波合成旋转磁动势（$\boldsymbol{\Phi}_{ABC}$），其旋转角速度等于定子电流的角频率 ω_s。而在如图 4-7b 所示的具有位置互差 90° 的两相定子绕组 α、β 中，通入两相对称正弦电流 i_α、i_β 时，也会产生旋转磁场。如果这个旋转磁场的大小、转速及转向与图 4-7a 所示交流绕组的旋转磁场完全相同，则可认为图 4-7a 和图 4-7b 所示的两套交流绕组等效。由此可知，处于三相静止轴系上的三相对称交流绕组可以等效为静止两相直角轴系上的对称交流绕组，并且可知三相交流绕组中的对称正弦交流电流 i_A、i_B、i_C 与两相对称正弦交流电流 i_α、i_β 之间必存在着确定的变换关系：

$$\begin{cases} \boldsymbol{i}_{\alpha\beta} = \boldsymbol{A}_1 \boldsymbol{i}_{ABC} \\ \boldsymbol{i}_{ABC} = \boldsymbol{A}_1^{-1} \boldsymbol{i}_{\alpha\beta} \end{cases} \tag{4-5}$$

式中，$\boldsymbol{A}_1$ 为一种变换矩阵。

由图 4-7c 所示，此时电枢绕组本身在旋转，而电枢磁动势 F_a 在空间上却有固定的方向，通常称这种绕组为"伪静止绕组"（Pseudo-Stationary Coil），这样从磁效应的意义上来说，可以把直流电动机的电枢绕组当成在空间上固定的直流绕组，从而直流电动机的励磁绕组和电枢绕组就可以用图 4-7c 所示的两个在位置上互差 90° 的直流绕组 M 和 T 来等效，M 绕组是等效的励磁绕组，T 绕组是等效的电枢绕组，M 绕组中的直流电流 i_M 称为励磁电流分量，T 绕组中的直流电流 i_T 称为转矩电流分量。

α-β 交流绕组可以等效为旋转的 M-T 直流绕组：

$$\begin{cases} \boldsymbol{i}_{MT} = \boldsymbol{A}_2 \boldsymbol{i}_{\alpha\beta} \\ \boldsymbol{i}_{\alpha\beta} = \boldsymbol{A}_2^{-1} \boldsymbol{i}_{MT} \end{cases} \tag{4-6}$$

式中，$\boldsymbol{A}_2$ 为一种变换矩阵。

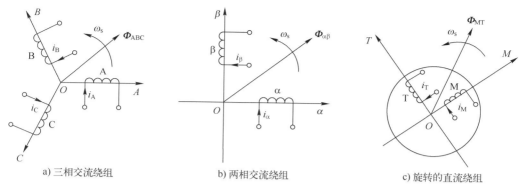

a) 三相交流绕组　　　　b) 两相交流绕组　　　　c) 旋转的直流绕组

图 4-7　等效的交流电动机绕组和直流电动机绕组物理模型

由于 α-β 两相交流绕组又与 A-B-C 三相交流绕组等效，所以，M-T 直流绕组与 A-B-C 交流绕组等效，即有

$$\boldsymbol{i}_{MT} = \boldsymbol{A}_2\boldsymbol{i}_{\alpha\beta} = \boldsymbol{A}_2\boldsymbol{A}_1\boldsymbol{i}_{ABC} \tag{4-7}$$

由式（4-6）和式（4-7）可以看出，通过控制 i_M、i_T 就可以实现对 i_A、i_B、i_C 的瞬时控制。

综上所述，对异步电动机的控制可以通过某种等效变换与直流电动机的控制统一起来，从而对异步电动机的控制就可以按照直流电动机转矩、转速规律来实现，这就是矢量控制的基本思想。

矢量变换控制的基本思想和控制过程可用如图 4-8a 所示的框图来表达。如果需要实现转矩电流控制分量 i_M^*、励磁电流控制分量 i_T^* 的闭环控制，则要测量交流量，然后通过矢量坐标变换求出实际的 i_M、i_T，用来作为反馈量，其过程如图 4-8a 所示的反馈通道。因为用来进行坐标变换的物理量是空间矢量，所以将这种控制系统称为矢量变换控制系统，简称矢量控制。综上，矢量控制基本原理可简化图 4-8b 所示，将异步电动机模型经过解耦以及坐标变化，相当于按照控制直流电动机的方式来实现交流电动机的控制。

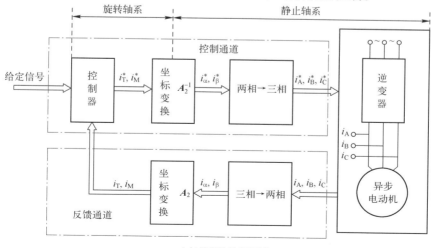

a) 矢量变换控制框图

图 4-8　矢量控制基本原理结构框图

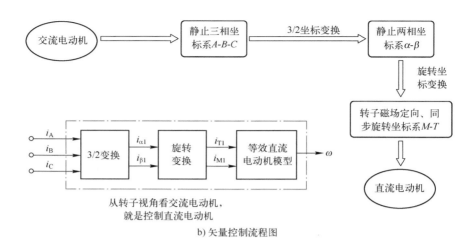

从转子视角看交流电动机，
就是控制直流电动机

b) 矢量控制流程图

图 4-8　矢量控制基本原理结构框图（续）

长知识——什么是工匠精神

现代科学技术的迅速发展，大部分工作都可以由机器取代，但工匠身上那种精益求精、专心敬业的精神和吃苦耐劳的品质是无法被取代的。

我国历史上不乏能工巧匠，出现了很多具有工匠精神的典范。如春秋战国时期的鲁班，凭自己的智慧和精湛的技术，不仅发明了木工工具、农业工具，还发明了仿生机械、攻城器械等，被视为工匠的典范；东汉时期，张衡发明了地动仪；三国时期，诸葛亮发明了木牛流马；北宋时期，沈括撰写了百科全书式的《梦溪笔谈》；明朝时期，宋应星编著了世界上第一部关于农业和手工业生产的综合性著作《天工开物》……由此可见，"技进乎道"，中国自古并不缺乏工匠精神[24]。

《增广贤文》中说道："良田万顷，不如薄艺在身。"这句话恰恰真实反映了大部分中国人的传统观念，认为即便是成千上万的财富，也终归会有失去的时候，始终比不上依靠手艺养活自己来得踏实。

我国正由"制造大国"迈向"制造强国"，这对我国企业的发展提出了更高层次的要求。国务院原总理李克强在 2016 年 3 月作的政府工作报告中提出："鼓励企业开展个性化定制、柔性化生产，培育精益求精的工匠精神，增品种、提品质、创品牌。""工匠精神"进入政府工作报告，由此成为一个热词，这说明时代呼唤"工匠精神"。

那么什么才是真正的工匠精神？

工匠精神的首要标准是对所有产品的精益求精。在匠人眼里，所有的产品都具有生命力，匠人们对自己严格要求，能做到 99.99%，绝不允许自己只做到 99.9%，每个匠人都想延长自己产品的使用寿命，想让自己的产品流芳百世。所谓工匠精神，正是指不计较个人利益的得失，始终本着严谨专业的工作态度。

其次，真正的工匠精神，不仅是指制作过程中具有精益求精的专业精神，还需要具备一种无比坚定的信仰。匠人们依靠自己的信念十年如一日地做同一件事，并享受每一个制作过程，这就是对精工细作的信仰，也是对工作的信仰。

最后，创新是工匠精神的重要组成部分。中国还有一词——"匠心"，可以与"工匠精神"媲美。匠心，即精巧的心思，要求有技艺上的创造性。唐人王士源的《孟浩然集序》说："文不按古，匠心独妙。""工匠"有了初心，不断提升技艺，就有了"匠心"。这就是创新，也就是李克强总理说的"增品种、提品质、创品牌"。

同时需要说明的是，纯手工打磨，复古气质，不叫"工匠精神"，叫 DIY。融入思想和创意的工匠精神才是最具有现实意义的。无论是对于一个人还是一个国家，在这个时代，人们都需要工匠精神，都需要创新思维。只有当工匠精神渗透到全面创新的每一个行业和领域，才可以说，我们的国家走上了大国崛起的梦想之路。

4.2　异步电动机的坐标变换

矢量控制是模拟直流电动机的方式而来的，直流电动机的控制是磁场和电枢电流垂直，而交流电动机是三相旋转磁场，可以将其总磁动势分解成励磁分量和转矩分量，励磁分量相当于直流电动机磁场控制，转矩分量相当于电枢电流，所以必须要进行坐标变换。

4.2.1　坐标变换的依据

1. 变换矩阵的概念

坐标变换的矩阵方程为

$$Y = AX \tag{4-8}$$

式中，Y、X 为不同轴系下的变量矩阵；A 为变换矩阵。例如，X 是异步电动机三相轴系上的电流矩阵，经过矩阵变换可以得到另一轴系上的电流矩阵 Y。这时，A 称为电流变换矩阵，类似的还有电压变换矩阵、磁链变换矩阵等。

2. 变换矩阵的确定原则

设电流变换矩阵方程为

$$\begin{bmatrix} i_1 \\ i_2 \\ i_3 \end{bmatrix} = \begin{bmatrix} C_{11} & C_{12} \\ C_{21} & C_{22} \\ C_{31} & C_{32} \end{bmatrix} \begin{bmatrix} i_1' \\ i_2' \end{bmatrix} \tag{4-9}$$

或写成

$$i = Ci' \tag{4-10}$$

设电压变换矩阵方程为

$$u' = Bu \tag{4-11}$$

其中，$B = \begin{bmatrix} B_{11} & B_{12} & B_{13} \\ B_{21} & B_{22} & B_{23} \end{bmatrix}$ 为电压变换矩阵。

功率不变恒等式为

$$P = u_1 i_1 + u_2 i_2 + u_3 i_3 \equiv u_1' i_1' + u_2' i_2' \tag{4-12}$$

将式（4-9）和式（4-11）代入式（4-12）中，得

$$C_{11} u_1 i_1' + C_{12} u_1 i_2' + C_{21} u_2 i_1' + C_{22} u_2 i_2' + C_{31} u_3 i_1' + C_{32} u_3 i_2'$$
$$\equiv B_{11} u_1 i_1' + B_{12} u_2 i_1' + B_{13} u_3 i_1' + B_{21} u_1 i_2' + B_{22} u_2 i_2' + B_{23} u_3 i_2' \tag{4-13}$$

对于 u_1、u_2、u_3，i'_1、i'_2 所有的值，这个恒等式都应该成立，必有

$$B = C^{\mathrm{T}} \tag{4-14}$$

电压变换矩阵 B 即为 C^{T}，则

$$u' = C^{\mathrm{T}} u \tag{4-15}$$

设变换前电动机的电压矩阵方程为

$$u = Zi \tag{4-16}$$

变换后电动机的电压矩阵方程为

$$u' = Z'i' \tag{4-17}$$

根据功率不变原则，设变换前的电压方程为 $u = Zi$，令变换方程为 $u = Cu'$，$i = Ci'$；变换后的电压方程为 $u' = Z'i$。为保证一般意义上坐标变换前后的功率形式不变，需满足 $p_e = (i^{\mathrm{T}}) u = (i')^{\mathrm{T}} u'$，于是得 $C_i^{\mathrm{T}} C_u = I$。通常取 $C_i = C_u = C$，则 $C^{\mathrm{T}} C = I$ 或 $C^{-1} = C^{\mathrm{T}}$，即要求 C 矩阵为酉矩阵。满足上述条件，就能够实现矩阵变换。

矩阵变换遵循以下三个原则：

1）确定电流变换矩阵时，应遵守变换前后所产生的旋转磁场等效的原则。

2）确定电压变换矩阵时，应遵守变换前后电动机功率不变的原则。

3）为了矩阵运算的简单、方便，要求电流变换矩阵应为正交矩阵。

长知识——月球车上的驱动电机

2019 年 1 月 3 日，"嫦娥 4 号"探测器搭载"玉兔 2 号"月球车成功着陆月球背面，成为人类历史上第一个在月球背面成功实施软着陆的人类探测器。为了保证月球车能灵活自如地行驶在月球背面，需要高质量、轻量化和高可靠性的驱动轮电机驱动月球车上的六个驱动轮可靠工作。此次月球车上的驱动轮电机由贵州航天林泉电机有限公司生产，在设计上有两大创新点：一是整机没有采用一个螺钉，完全靠巧妙的机械结构固定每个零部件，加工精度能达到千分之四毫米，相当于头发丝直径的二十分之一；二是这款电机能够在 -195~165℃ 范围内可靠储存，在 -75~125℃ 范围内可靠工作，且该电机单体只有拇指大小，质量还不到 200 g。

4.2.2　坐标变换和交换矩阵

异步电动机的坐标轴系可分为旋转速度为零的静止坐标系、旋转速度为同步转速的同步坐标系和任意速度旋转的坐标系。

1. 定子坐标系（α-β 和 A-B-C 坐标系）

三相电动机中有三相绕组如图 4-9 所示，其轴线设为 A、B、C，互差 120°，由此构成 A-B-C 三相坐标系。矢量 X 在坐标轴上的投影 X_A、X_B、X_C 代表在三个绕组中的分量，如果 X 是定子电流，则代表三个绕组中的电流分量。

定义一个两相直角坐标系 α-β，其中，α 轴与 A

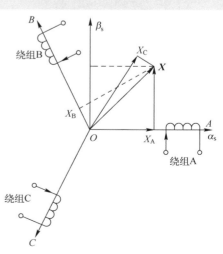

图 4-9　异步电动机定子坐标系

轴重合，β 轴超前 α 轴 90°。

图中，X_α、X_β 为矢量 X 在 α-β 轴上的投影分量，由于 α 轴和 A 轴固定在 A 相的轴线上，这两个坐标系在空间上固定不动，故称为静止坐标系。

2. 转子坐标系（a-b-c）和旋转坐标系（d-q）

如图 4-10 所示，转子坐标系固定在转子上，其中平面直角坐标系的 d 轴位于转子的轴线上，q 轴超前 d 轴 90°。广义上讲，d-q 坐标系为旋转坐标系。转子三相轴系和（变换后的）两相轴系，相对于转子实体都是静止的，但是相对于静止的定子三相轴系和两相轴系，却是以转子角频率 ω_r 旋转的。

3. 同步旋转坐标系（M-T 坐标系）

各坐标轴的位置如图 4-11 所示，同步旋转坐标系的 M 轴固定在磁链矢量上，T 轴超前 M 轴 90°，该坐标系和磁链矢量一起在空间以同步角速度 ω_s 旋转。

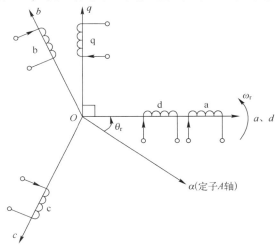

图 4-10　异步电动机转子坐标系

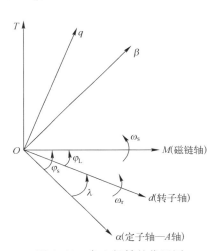

图 4-11　各坐标轴的位置图

4. 坐标变换及变换矩阵

（1）相变换及其实现　所谓相变换就是三相轴系到两相轴系或两相轴系到三相轴系的变换，简称 3/2 变换或 2/3 变换。

定子绕组轴系的变换（A-B-C⇔α-β）：空间矢量位置如图 4-12 所示，假设磁动势是按正弦分布，或只计其基波分量，当两者的旋转磁场完全等效时，合成磁动势沿相同轴向的分量必定相等，即三相定子绕组和两相定子绕组中的瞬时磁动势沿 α-β 轴的投影应该相等，即

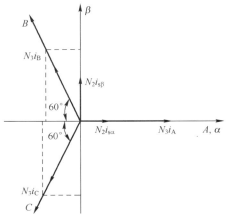

图 4-12　三相定子绕组和两相定子绕组中磁动势的空间矢量位置

$$\begin{cases} N_2 i_{s\alpha} = N_3 i_A + N_3 i_B \cos \dfrac{2\pi}{3} + N_3 i_C \cos \dfrac{4\pi}{3} \\ N_2 i_{s\beta} = 0 + N_3 i_B \sin \dfrac{2\pi}{3} + N_3 i_C \sin \dfrac{4\pi}{3} \end{cases} \qquad (4\text{-}18)$$

式中，N_3、N_2分别为三相电动机和两相电动机每相定子绕组的有效匝数。经计算并整理之后可得

$$i_{s\alpha} = \frac{N_3}{N_2}\left(i_A - \frac{1}{2}i_B - \frac{1}{2}i_C\right) \tag{4-19}$$

$$i_{s\beta} = \frac{N_3}{N_2}\left(0 + \frac{\sqrt{3}}{2}i_B - \frac{\sqrt{3}}{2}i_C\right) \tag{4-20}$$

将式（4-19）、式（4-20）用矩阵表示为

$$\begin{bmatrix} i_{s\alpha} \\ i_{s\beta} \end{bmatrix} = \frac{N_3}{N_2}\begin{bmatrix} 1 & -\dfrac{1}{2} & -\dfrac{1}{2} \\ 0 & \dfrac{\sqrt{3}}{2} & -\dfrac{\sqrt{3}}{2} \end{bmatrix}\begin{bmatrix} i_A \\ i_B \\ i_C \end{bmatrix} \tag{4-21}$$

引入零序电流 i_0，并定义为

$$N_2 i_0 = KN_3 i_A + KN_3 i_B + KN_3 i_C \tag{4-22}$$

由此求得

$$i_0 = \frac{N_3}{N_2}(Ki_A + Ki_B + Ki_C) \tag{4-23}$$

虽然零序电流是没有物理意义的，但是，这里为了纯数学上的求逆矩阵的需要，而补充定义这样一个其值为零的零序电流，补充 i_0 后，式（4-21）成为

$$\begin{bmatrix} i_{s\alpha} \\ i_{s\beta} \\ i_0 \end{bmatrix} = \frac{N_3}{N_2}\begin{bmatrix} 1 & -\dfrac{1}{2} & -\dfrac{1}{2} \\ 0 & \dfrac{\sqrt{3}}{2} & -\dfrac{\sqrt{3}}{2} \\ K & K & K \end{bmatrix}\begin{bmatrix} i_A \\ i_B \\ i_C \end{bmatrix} \tag{4-24}$$

若规定 i_A、i_B、i_C 为原变量，$i_{s\alpha}$、$i_{s\beta}$ 为新变量，则有

$$\mathbf{C}^{-1} = \frac{N_3}{N_2}\begin{bmatrix} 1 & -\dfrac{1}{2} & -\dfrac{1}{2} \\ 0 & \dfrac{\sqrt{3}}{2} & -\dfrac{\sqrt{3}}{2} \\ K & K & K \end{bmatrix} \tag{4-25}$$

将 $\mathbf{C}^{-1}$ 求逆，得到

$$\mathbf{C} = \frac{2}{3} \cdot \frac{N_2}{N_3}\begin{bmatrix} 1 & 0 & \dfrac{1}{2K} \\ -\dfrac{1}{2} & \dfrac{\sqrt{3}}{2} & \dfrac{1}{2K} \\ -\dfrac{1}{2} & -\dfrac{\sqrt{3}}{2} & \dfrac{1}{2K} \end{bmatrix} \tag{4-26}$$

其转置矩阵为

$$\boldsymbol{C}^{\mathrm{T}} = \frac{2}{3} \cdot \frac{N_2}{N_3} \begin{bmatrix} 1 & -\dfrac{1}{2} & -\dfrac{1}{2} \\ 0 & \dfrac{\sqrt{3}}{2} & -\dfrac{\sqrt{3}}{2} \\ \dfrac{1}{2K} & \dfrac{1}{2K} & \dfrac{1}{2K} \end{bmatrix} \tag{4-27}$$

根据确定变换矩阵的第三条原则，要求 $\boldsymbol{C}^{-1} = \boldsymbol{C}^{\mathrm{T}}$。这样就有 $\dfrac{N_3}{N_2} = \dfrac{2}{3} \dfrac{N_2}{N_3}$，$K = \dfrac{1}{2K}$。从而可求得 $\dfrac{N_2}{N_3} = \sqrt{\dfrac{3}{2}}$，$K = \dfrac{1}{\sqrt{2}}$。

代入上述各相应的变换矩阵式中，得到如下各变换矩阵。

两相—三相的变换矩阵：

$$\boldsymbol{C} = \sqrt{\frac{2}{3}} \begin{bmatrix} 1 & 0 & \dfrac{1}{\sqrt{2}} \\ -\dfrac{1}{2} & \dfrac{\sqrt{3}}{2} & \dfrac{1}{\sqrt{2}} \\ -\dfrac{1}{2} & -\dfrac{\sqrt{3}}{2} & \dfrac{1}{\sqrt{2}} \end{bmatrix} = \sqrt{\frac{2}{3}} \begin{bmatrix} \cos 0 & \sin 0 & \dfrac{1}{\sqrt{2}} \\ \cos \dfrac{2\pi}{3} & \sin \dfrac{2\pi}{3} & \dfrac{1}{\sqrt{2}} \\ \cos \dfrac{4\pi}{3} & \sin \dfrac{4\pi}{3} & \dfrac{1}{\sqrt{2}} \end{bmatrix} \tag{4-28}$$

三相—两相的变换矩阵：

$$\boldsymbol{C}^{-1} = \boldsymbol{C}^{\mathrm{T}} = \sqrt{\frac{2}{3}} \begin{bmatrix} 1 & -\dfrac{1}{2} & -\dfrac{1}{2} \\ 0 & \dfrac{\sqrt{3}}{2} & -\dfrac{\sqrt{3}}{2} \\ \dfrac{1}{\sqrt{2}} & \dfrac{1}{\sqrt{2}} & \dfrac{1}{\sqrt{2}} \end{bmatrix} = \sqrt{\frac{2}{3}} \begin{bmatrix} \cos 0 & \cos \dfrac{2\pi}{3} & \cos \dfrac{4\pi}{3} \\ \sin 0 & \sin \dfrac{2\pi}{3} & \sin \dfrac{4\pi}{3} \\ \dfrac{1}{\sqrt{2}} & \dfrac{1}{\sqrt{2}} & \dfrac{1}{\sqrt{2}} \end{bmatrix} \tag{4-29}$$

三相—两相（3/2）的电流变换矩阵方程为

$$\begin{bmatrix} i_{s\alpha} \\ i_{s\beta} \\ i_0 \end{bmatrix} = \sqrt{\frac{2}{3}} \begin{bmatrix} 1 & -\dfrac{1}{2} & -\dfrac{1}{2} \\ 0 & \dfrac{\sqrt{3}}{2} & -\dfrac{\sqrt{3}}{2} \\ \dfrac{1}{\sqrt{2}} & \dfrac{1}{\sqrt{2}} & \dfrac{1}{\sqrt{2}} \end{bmatrix} \begin{bmatrix} i_A \\ i_B \\ i_C \end{bmatrix} \tag{4-30}$$

两相—三相（2/3）的电流变换矩阵方程为

$$\begin{bmatrix} i_A \\ i_B \\ i_C \end{bmatrix} = \sqrt{\frac{2}{3}} \begin{bmatrix} 1 & 0 & \dfrac{1}{\sqrt{2}} \\ -\dfrac{1}{2} & \dfrac{\sqrt{3}}{2} & \dfrac{1}{\sqrt{2}} \\ -\dfrac{1}{2} & -\dfrac{\sqrt{3}}{2} & \dfrac{1}{\sqrt{2}} \end{bmatrix} \begin{bmatrix} i_{s\alpha} \\ i_{s\beta} \\ i_0 \end{bmatrix} \tag{4-31}$$

对于三相丫联结不带中性线的接线方式：

$$i_A + i_B + i_C = 0 \tag{4-32}$$

则 $i_C = -i_A - i_B$。

从而式（4-21）可化简为

$$\begin{cases} i_{s\alpha} = \sqrt{\dfrac{3}{2}}\, i_A \\[2mm] i_{s\beta} = \dfrac{\sqrt{2}}{2}(i_A + 2i_B) \end{cases} \tag{4-33}$$

将式（4-33）写成矩阵形式为

$$\begin{bmatrix} i_{s\alpha} \\ i_{s\beta} \end{bmatrix} = \begin{bmatrix} \sqrt{\dfrac{3}{2}} & 0 \\[2mm] \dfrac{\sqrt{2}}{2} & \sqrt{2} \end{bmatrix} \begin{bmatrix} i_A \\ i_B \end{bmatrix} \tag{4-34}$$

而两相—三相的变换为

$$\begin{bmatrix} i_A \\ i_B \end{bmatrix} = \begin{bmatrix} \sqrt{\dfrac{2}{3}} & 0 \\[2mm] -\dfrac{1}{\sqrt{6}} & \dfrac{1}{\sqrt{2}} \end{bmatrix} \begin{bmatrix} i_{s\alpha} \\ i_{s\beta} \end{bmatrix} \tag{4-35}$$

可以看出，按式（4-34）和式（4-35）实现三相—两相和两相—三相的变换要简单得多，此时只需检测两相电流即可。电流变换矩阵也就是电压变换矩阵，还可以证明，它们也是磁链的变换矩阵。图4-13、图4-14 为3/2 变换模型结构图、3/2 变换和2/3 变换在系统中的符号表示。

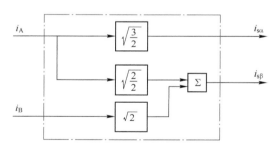

图 4-13　3/2 变换模型结构图

图 4-14　3/2 变换和2/3 变换在系统中的符号表示

（2）旋转变换（Vector Rotator，VR）

1）定子轴系的旋转变换。图4-15 为旋转变换矢量关系图。$\boldsymbol{F}_s$ 是异步电动机定子磁动势，为空间矢量。ω_s 为旋转角速度，即同步角速度。φ_s 通常称为磁通的定向角，也叫磁场定向角，$\varphi_s = \omega_s + \varphi_0$。

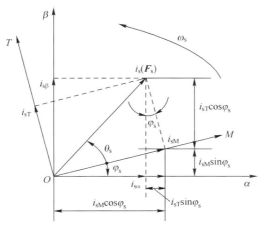

图 4-15　旋转变换矢量关系图

$i_{s\alpha}$、$i_{s\beta}$ 和 i_{sM}、i_{sT} 之间存在着下列关系：

$$\begin{cases} i_{s\alpha}=i_{sM}\cos\varphi_s-i_{sT}\sin\varphi_s \\ i_{s\beta}=i_{sM}\sin\varphi_s+i_{sT}\cos\varphi_s \end{cases} \tag{4-36}$$

写成矩阵形式为

$$\begin{bmatrix} i_{s\alpha} \\ i_{s\beta} \end{bmatrix} = \begin{bmatrix} \cos\varphi_s & -\sin\varphi_s \\ \sin\varphi_s & \cos\varphi_s \end{bmatrix} \begin{bmatrix} i_{sM} \\ i_{sT} \end{bmatrix}$$

简写为

$$\boldsymbol{i}_{\alpha\beta}=\boldsymbol{C}\boldsymbol{i}_{MT}$$

此时，$\boldsymbol{C}=\begin{bmatrix} \cos\varphi_s & -\sin\varphi_s \\ \sin\varphi_s & \cos\varphi_s \end{bmatrix}$ 为同步旋转坐标系到静止坐标系的变换矩阵。

变换矩阵 $\boldsymbol{C}$ 是正交矩阵，所以，$\boldsymbol{C}^{\mathrm{T}}=\boldsymbol{C}^{-1}$。因此，由静止坐标系变换到同步旋转坐标系的矢量旋转变换方程式为

$$\begin{bmatrix} i_{sM} \\ i_{sT} \end{bmatrix} = \begin{bmatrix} \cos\varphi_s & -\sin\varphi_s \\ \sin\varphi_s & \cos\varphi_s \end{bmatrix}^{-1} \begin{bmatrix} i_{s\alpha} \\ i_{s\beta} \end{bmatrix} = \begin{bmatrix} \cos\varphi_s & \sin\varphi_s \\ -\sin\varphi_s & \cos\varphi_s \end{bmatrix} \begin{bmatrix} i_{s\alpha} \\ i_{s\beta} \end{bmatrix} \tag{4-37}$$

简写为

$$\boldsymbol{i}_{MT}=\boldsymbol{C}^{-1}\boldsymbol{i}_{\alpha\beta}$$

此时，$\boldsymbol{C}^{-1}=\begin{bmatrix} \cos\varphi_s & \sin\varphi_s \\ -\sin\varphi_s & \cos\varphi_s \end{bmatrix}$ 为静止坐标系到同步旋转坐标系的变换矩阵。电压和磁链的旋转变换矩阵与电流的旋转变换矩阵相同。图 4-16、图 4-17 为矢量旋转变换模型结构图及在系统中的符号表示。

2）转子轴系的旋转变换。转子 $d-q$ 轴系以 $\omega_r=\dfrac{\mathrm{d}\theta_r}{\mathrm{d}t}$ 角频率旋转，根据确定变换矩阵的三条原则，可以把它变换到静止不动的 $\alpha-\beta$ 轴系上，如图 4-18 所示。

根据两个轴系形成的旋转磁场等效的原则，转子磁动势沿 α 轴和 β 轴给出的分量等式，再除以每相有效匝数，可得

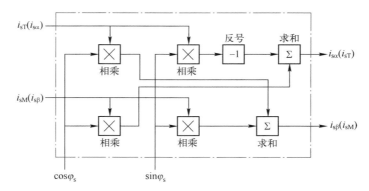

图 4-16 矢量旋转变换模型结构图

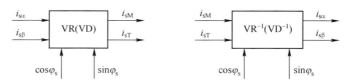

图 4-17 矢量旋转变换在系统中的符号表示

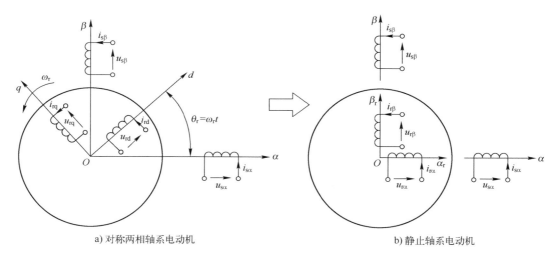

a) 对称两相轴系电动机   b) 静止轴系电动机

图 4-18 转子两相旋转轴系到静止轴系的变换

$$i_{r\alpha} = \cos\theta_r i_{rd} - \sin\theta_r i_{rq}$$

$$i_{r\beta} = \sin\theta_r i_{rd} + \cos\theta_r i_{rq}$$

写成矩阵形式：

$$\begin{bmatrix} i_{r\alpha} \\ i_{r\beta} \end{bmatrix} = \begin{bmatrix} \cos\theta_r & -\sin\theta_r \\ \sin\theta_r & \cos\theta_r \end{bmatrix} \begin{bmatrix} i_{rd} \\ i_{rq} \end{bmatrix} \tag{4-38}$$

如果规定 i_{sd}、i_{sq} 为原电流，$i_{r\alpha}$、$i_{r\beta}$ 为新电流，则式中

$$\begin{bmatrix} \cos\theta_r & -\sin\theta_r \\ \sin\theta_r & \cos\theta_r \end{bmatrix} = \boldsymbol{C}^{-1}$$

$\boldsymbol{C}^{-1}$ 的逆矩阵为

$$\boldsymbol{C}=\begin{bmatrix} \cos\theta_r & \sin\theta_r \\ -\sin\theta_r & \cos\theta_r \end{bmatrix} \tag{4-39}$$

如果不存在零序电流，上述变换矩阵就可用了。若存在零序电流，由于零序电流不形成旋转磁场，不用转换，只需在主对角线上增加数 1，使矩阵增加一列一行即可：

$$\boldsymbol{C}=\begin{bmatrix} \cos\theta_r & \sin\theta_r & 0 \\ -\sin\theta_r & \cos\theta_r & 0 \\ 0 & 0 & 1 \end{bmatrix} \tag{4-40}$$

需要明确的是，在进行这个变换的前后，转子电流的频率是不同的。变换之前，转子电流 $i_{r\alpha}$、$i_{r\beta}$ 的频率是转差频率，而变换之后，转子电流 i_{rd}、i_{rq} 的频率是定子频率。证明如下。

$$\begin{cases} i_{rd}=I_{rm}\sin\omega_{sl}t=I_{rm}\sin(\omega_s-\omega_r)t \\ i_{rq}=-I_{rm}\cos\omega_{sl}t=-I_{rm}\cos(\omega_s-\omega_r)t \end{cases} \tag{4-41}$$

利用三角公式，并考虑 $\theta_r=\omega t$，则有

$$\begin{cases} i_{r\alpha}=\cos\theta_r i_{rd}-\sin\theta_r i_{rq}=I_{rm}\sin[\theta_r+(\omega_s-\omega_r)t]=I_{rm}\sin\omega_s t \\ i_{r\beta}=\sin\theta_r i_{rd}+\cos\theta_r i_{rq}=-I_{rm}\cos[\theta_r+(\omega_s-\omega_r)t]=-I_{rm}\cos\omega_s t \end{cases} \tag{4-42}$$

从转子三相旋转轴系到两相静止轴系也可以直接进行变换。转子三相旋转轴系(a-b-c)到静止轴系(α-β-0)的变换矩阵可由式（4-40）及式（4-29）相乘得到：

$$\boldsymbol{C}^{-1}=\begin{bmatrix} \cos\theta_r & \sin\theta_r & 0 \\ -\sin\theta_r & \cos\theta_r & 0 \\ 0 & 0 & 1 \end{bmatrix}\sqrt{\frac{2}{3}}\begin{bmatrix} \cos 0 & \cos\dfrac{2\pi}{3} & \cos\dfrac{4\pi}{3} \\ \sin 0 & \sin\dfrac{2\pi}{3} & \sin\dfrac{4\pi}{3} \\ \dfrac{1}{\sqrt{2}} & \dfrac{1}{\sqrt{2}} & \dfrac{1}{\sqrt{2}} \end{bmatrix}$$

$$=\sqrt{\frac{2}{3}}\begin{bmatrix} \cos\theta_r & \cos\left(\theta_r+\dfrac{2\pi}{3}\right) & \cos\left(\theta_r-\dfrac{2\pi}{3}\right) \\ -\sin\theta_r & \sin\left(\theta_r+\dfrac{2\pi}{3}\right) & \sin\left(\theta_r-\dfrac{2\pi}{3}\right) \\ \dfrac{1}{\sqrt{2}} & \dfrac{1}{\sqrt{2}} & \dfrac{1}{\sqrt{2}} \end{bmatrix} \tag{4-43}$$

求 $\boldsymbol{C}^{-1}$ 的逆，得到

$$\boldsymbol{C}=\sqrt{\frac{2}{3}}\begin{bmatrix} \cos\theta_r & -\sin\theta_r & \dfrac{1}{\sqrt{2}} \\ \cos\left(\theta_r+\dfrac{2\pi}{3}\right) & \sin\left(\theta_r+\dfrac{2\pi}{3}\right) & \dfrac{1}{\sqrt{2}} \\ \cos\left(\theta_r-\dfrac{2\pi}{3}\right) & \sin\left(\theta_r-\dfrac{2\pi}{3}\right) & \dfrac{1}{\sqrt{2}} \end{bmatrix} \tag{4-44}$$

$\boldsymbol{C}$ 是一个正交矩阵，当电动机为三相电动机时，可直接使用式（4-43）给出的变换矩阵进行转子三相旋转轴系（a-b-c）到两相静止轴系（α-β）的变换，而不必从（a-b-c）到（d-q-0），再从（d-q-0）到（α-β-0）那样分两步进行变换。

（3）自然三相到旋转两相的变换矩阵　将静止坐标系 α-β 变换到同步旋转坐标系 d-q 的坐标变换称为 Park 变换，根据图 4-11 所示各坐标系之间的关系，可以得出如式（4-45）所示的坐标变换公式：

$$[f_\mathrm{d}\quad f_\mathrm{q}]^\mathrm{T} = \boldsymbol{T}_{2\mathrm{s}/2\mathrm{r}}[f_\alpha\quad f_\beta]^\mathrm{T} \tag{4-45}$$

式中，$\boldsymbol{T}_{2\mathrm{s}/2\mathrm{r}}$ 为坐标变换矩阵，可表示为

$$\boldsymbol{T}_{2\mathrm{s}/2\mathrm{r}} = \begin{bmatrix} \cos\theta_\mathrm{e} & \sin\theta_\mathrm{e} \\ -\sin\theta_\mathrm{e} & \cos\theta_\mathrm{e} \end{bmatrix} \tag{4-46}$$

式中，θ_e 为两相静止坐标系 d 轴与同步旋转坐标系 α 轴之间的夹角。

将同步旋转坐标系 d-q 变换到静止坐标系 α-β 的坐标变换称为反 Park 变换，可表示为

$$[f_\alpha\quad f_\beta]^\mathrm{T} = \boldsymbol{T}_{2\mathrm{r}/2\mathrm{s}}[f_\mathrm{d}\quad f_\mathrm{q}]^\mathrm{T} \tag{4-47}$$

式中，$\boldsymbol{T}_{2\mathrm{r}/2\mathrm{s}}$ 为坐标变换矩阵，可表示为

$$\boldsymbol{T}_{2\mathrm{r}/2\mathrm{s}} = \boldsymbol{T}_{2\mathrm{s}/2\mathrm{r}}^{-1} = \begin{bmatrix} \cos\theta_\mathrm{e} & -\sin\theta_\mathrm{e} \\ \sin\theta_\mathrm{e} & \cos\theta_\mathrm{e} \end{bmatrix} \tag{4-48}$$

将自然坐标系 A-B-C 变换到同步旋转坐标系 d-q，各变量具有如下关系：

$$[f_\mathrm{d}\quad f_\mathrm{q}\quad f_0]^\mathrm{T} = \boldsymbol{T}_{3\mathrm{s}/2\mathrm{r}}[f_\mathrm{A}\quad f_\mathrm{B}\quad f_\mathrm{C}]^\mathrm{T} \tag{4-49}$$

式中，$\boldsymbol{T}_{3\mathrm{s}/2\mathrm{r}}$ 为坐标变换矩阵，可表示为

$$\boldsymbol{T}_{3\mathrm{s}/2\mathrm{r}} = \boldsymbol{T}_{3\mathrm{s}/2\mathrm{s}}\boldsymbol{T}_{2\mathrm{s}/2\mathrm{r}} = \sqrt{\frac{2}{3}}\begin{bmatrix} \cos\theta_\mathrm{e} & \cos(\theta_\mathrm{e}-2\pi/3) & \cos(\theta_\mathrm{e}+2\pi/3) \\ -\sin\theta_\mathrm{e} & -\sin(\theta_\mathrm{e}-2\pi/3) & -\sin(\theta_\mathrm{e}+2\pi/3) \\ 1/2 & 1/2 & 1/2 \end{bmatrix} \tag{4-50}$$

将同步旋转坐标系 d-q 变换到自然坐标系 A-B-C，各变量具有如下关系：

$$[f_\mathrm{A}\quad f_\mathrm{B}\quad f_\mathrm{C}]^\mathrm{T} = \boldsymbol{T}_{2\mathrm{r}/3\mathrm{s}}[f_\mathrm{d}\quad f_\mathrm{q}\quad f_0]^\mathrm{T} \tag{4-51}$$

式中，$\boldsymbol{T}_{2\mathrm{r}/3\mathrm{s}}$ 为坐标变换矩阵，可表示为

$$\boldsymbol{T}_{2\mathrm{r}/3\mathrm{s}} = \boldsymbol{T}_{3\mathrm{s}/2\mathrm{r}}^{-1} = \sqrt{\frac{3}{2}}\begin{bmatrix} \cos\theta_\mathrm{e} & -\sin\theta_\mathrm{e} & 1/2 \\ \cos(\theta_\mathrm{e}-2\pi/3) & -\sin(\theta_\mathrm{e}-2\pi/3) & 1/2 \\ \cos(\theta_\mathrm{e}+2\pi/3) & -\sin(\theta_\mathrm{e}+2\pi/3) & 1/2 \end{bmatrix} \tag{4-52}$$

以上简单分析了同步旋转坐标系与静止坐标系中各变量之间的关系，变换矩阵前的系数为 2/3，是根据幅值不变作为约束条件得到的；当采用功率不变作为约束条件时，该系数变为 $\sqrt{\dfrac{2}{3}}$。

长知识——智能控制

自控制论创立以来，自动控制理论经历了经典控制理论和现代控制理论两个重要的发展阶段。但随着工业水平的提高，传统的控制理论在处理复杂系统控制问题时，面临诸多难题，如：①实际系统由于其复杂性、非线性、时变性、不确定性和不完全性等，无法获得精确的数学模型；②某些复杂的和具有不确定性的对象，无法以传统的数学模型来表示；③为了提高性能，传统控制系统可能变得很复杂，从而增加了设备的初始投资和维修费用，降低了系统的可靠性。

为了解决上述复杂系统的控制问题，世界各国控制理论界都在探索将传统控制理论与模糊逻辑、神经网络和遗传算法等人工智能技术相结合，充分利用人类的控制知识对复杂系统进行控制，逐渐形成了智能控制理论的雏形。智能控制不同于经典控制理论和现代控制理论的处理方法，控制器不再是单一的数学解析模型，而是数学解析模型和知识系统相结合的广义模型。

智能控制的特点可归纳如下：①能应对复杂系统，并具有较好的容错能力；②其控制系统为定性决策和定量控制相结合的多模态组合控制；③其基本目的是从系统的功能和整体优化的角度来分析，以实现预定的目标，同时具有自组织能力；④人的知识在控制中起着重要的协调作用，同时系统在信息处理上，既有数学运算，又有逻辑和知识推理能力。

在电机控制中加入智能控制，不仅易于操作，而且能检测电机的健康状况和性能，以帮助提前识别可能会导致不必要的停机或生产水平降低等潜在问题，使得电机产生更高的绩效和可靠性。

4.3　交流电动机在不同轴系上的数学模型及状态方程

4.3.1　三相动态数学模型构建

在研究异步电动机数学模型时，做如下的假设：

1）忽略空间谐波，设三相绕组对称，在空间互差 $\frac{2\pi}{3}$ 电角度，所产生的磁动势沿气隙按正弦规律分布。

2）忽略磁路饱和，各绕组的自感和互感都是恒定的。

3）忽略铁心损耗。

4）不考虑频率变化和温度变化对绕组电阻的影响。无论异步电动机转子是绕线转子还是笼型的，都可以等效成三相绕线转子，并折算到定子侧，折算后的定子和转子绕组匝数相等。异步电动机三相绕组可以是丫联结，也可以是△联结，以下均以丫联结进行讨论。若三相绕组为△联结，可先用△-丫变换，等效为△-丫联结，然后，按丫联结进行分析和设计。

三相异步电动机的物理模型如图 4-19 所示，定子三相绕组轴线 A、B、C 在空间是固定的，转子绕组轴线 a、b、c 以角速度 ω 随转子旋转。如以 A 轴为参考坐标轴，转子 a 轴和定子 A 轴间的电角度 θ 为空间角位移变量。规定各绕组电压、电流和磁链的正方向符合电机惯例和右手螺旋定则。

异步电动机的动态模型由磁链方程、电压方程、转矩方程和运动方程组成，其中磁链方程和转矩方程为代数方程，电压方程和运动方程为微分方程。

1. 磁链方程

异步电动机每个绕组的磁链是它本身的自感磁链和其他绕组对它的互感磁链之和，因此，6 个绕组的磁链可用下式表示为

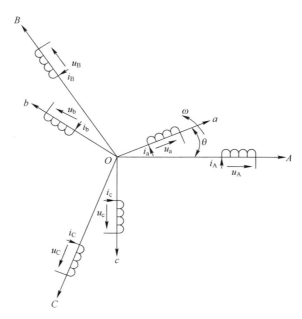

图 4-19 三相异步电动机的物理模型

$$\begin{bmatrix} \boldsymbol{\Psi}_{\mathrm{A}} \\ \boldsymbol{\Psi}_{\mathrm{B}} \\ \boldsymbol{\Psi}_{\mathrm{C}} \\ \boldsymbol{\Psi}_{\mathrm{a}} \\ \boldsymbol{\Psi}_{\mathrm{b}} \\ \boldsymbol{\Psi}_{\mathrm{c}} \end{bmatrix} = \begin{bmatrix} L_{\mathrm{AA}} & L_{\mathrm{AB}} & L_{\mathrm{AC}} & L_{\mathrm{Aa}} & L_{\mathrm{Ab}} & L_{\mathrm{Ac}} \\ L_{\mathrm{BA}} & L_{\mathrm{BB}} & L_{\mathrm{BC}} & L_{\mathrm{Ba}} & L_{\mathrm{Bb}} & L_{\mathrm{Bc}} \\ L_{\mathrm{CA}} & L_{\mathrm{CB}} & L_{\mathrm{CC}} & L_{\mathrm{Ca}} & L_{\mathrm{Cb}} & L_{\mathrm{Cc}} \\ L_{\mathrm{aA}} & L_{\mathrm{aB}} & L_{\mathrm{aC}} & L_{\mathrm{aa}} & L_{\mathrm{ab}} & L_{\mathrm{ac}} \\ L_{\mathrm{bA}} & L_{\mathrm{bB}} & L_{\mathrm{bC}} & L_{\mathrm{ba}} & L_{\mathrm{bb}} & L_{\mathrm{bc}} \\ L_{\mathrm{cA}} & L_{\mathrm{cB}} & L_{\mathrm{cC}} & L_{\mathrm{ca}} & L_{\mathrm{cb}} & L_{\mathrm{cc}} \end{bmatrix} \begin{bmatrix} i_{\mathrm{A}} \\ i_{\mathrm{B}} \\ i_{\mathrm{C}} \\ i_{\mathrm{a}} \\ i_{\mathrm{b}} \\ i_{\mathrm{c}} \end{bmatrix} \qquad (4\text{-}53)$$

或写成矩阵形式：

$$\boldsymbol{\Psi} = \boldsymbol{L}\boldsymbol{i} \qquad (4\text{-}54)$$

式中，i_{A}、i_{B}、i_{C}、i_{a}、i_{b}、i_{c} 为定子和转子相电流的瞬时值（A）；$\boldsymbol{\Psi}_{\mathrm{A}}$、$\boldsymbol{\Psi}_{\mathrm{B}}$、$\boldsymbol{\Psi}_{\mathrm{C}}$、$\boldsymbol{\Psi}_{\mathrm{a}}$、$\boldsymbol{\Psi}_{\mathrm{b}}$、$\boldsymbol{\Psi}_{\mathrm{c}}$ 为各相绕组的全磁链（Wb）。

$\boldsymbol{L}$ 为 6×6 电感矩阵，其中对角线元素 L_{AA}、L_{BB}、L_{CC}、L_{aa}、L_{bb}、L_{cc} 是各绕组的自感，其余各项则是相应绕组间的互感。定子各相漏磁通所对应的电感称作定子漏感 L_{ls}，转子各相漏磁通则对应于转子漏感 L_{lr}，由于绕组的对称性，各相漏感值均相等。与定子一相绕组交链的最大互感磁通对应于定子互感 L_{ms}，与转子一相绕组交链的最大互感磁通对应于转子互感 L_{mr}，由于折算后定、转子绕组匝数相等，故 $L_{\mathrm{ms}} = L_{\mathrm{mr}}$。上述各量都已折算到定子侧，为了简单起见，表示折算的上角标"′"均省略，以下同此。

对于每一相绕组来说，它所交链的磁通是互感磁通与漏感磁通之和，因此，定子各相自感为

$$L_{\mathrm{AA}} = L_{\mathrm{BB}} = L_{\mathrm{CC}} = L_{\mathrm{ms}} + L_{\mathrm{ls}} \qquad (4\text{-}55)$$

转子各相自感为

$$L_{\mathrm{aa}} = L_{\mathrm{bb}} = L_{\mathrm{cc}} = L_{\mathrm{ms}} + L_{\mathrm{lr}} \qquad (4\text{-}56)$$

绕组之间的互感又分为两类：①定子三相彼此之间和转子三相彼此之间位置都是固定

的，故互感为常值；②定子任一相与转子任一相之间的相对位置是变化的，互感是角位移 θ 的函数。

先讨论第一类，三相绕组轴线彼此在空间的相位差是 $\pm 2\pi/3$，在假定气隙磁通为正弦分布的条件下，互感值应为 $L_{ms}\cos 2\pi/3 = L_{ms}\cos(-2\pi/3) = -L_{ms}/2$，于是：

$$
\begin{cases}
L_{AB} = L_{BC} = L_{CA} = L_{BA} = L_{CB} = L_{AC} = -\dfrac{1}{2}L_{ms} \\
L_{ab} = L_{bc} = L_{ca} = L_{ba} = L_{cb} = L_{ac} = -\dfrac{1}{2}L_{ms}
\end{cases}
\tag{4-57}
$$

至于第二类，即定、转子绕组间的互感，由于相互间位置的变化，可分别表示为

$$
\begin{cases}
L_{Aa} = L_{aA} = L_{Bb} = L_{bB} = L_{Cc} = L_{cC} = L_{ms}\cos\theta \\
L_{Ab} = L_{bA} = L_{Bc} = L_{cB} = L_{Ca} = L_{aC} = L_{ms}\cos\left(\theta + \dfrac{2\pi}{3}\right) \\
L_{Ac} = L_{cA} = L_{Ba} = L_{aB} = L_{Cb} = L_{bC} = L_{ms}\cos\left(\theta - \dfrac{2\pi}{3}\right)
\end{cases}
\tag{4-58}
$$

当定、转子两相绕组轴线重合时，两者之间的互感值最大，L_{ms} 就是最大互感。

将以上式子代入式（4-54），即得完整的磁链方程，用分块矩阵表示为

$$
\begin{bmatrix} \boldsymbol{\Psi}_s \\ \boldsymbol{\Psi}_r \end{bmatrix} = \begin{bmatrix} \boldsymbol{L}_{ss} & \boldsymbol{L}_{sr} \\ \boldsymbol{L}_{rs} & \boldsymbol{L}_{rr} \end{bmatrix} \begin{bmatrix} \boldsymbol{i}_s \\ \boldsymbol{i}_r \end{bmatrix}
\tag{4-59}
$$

式中，$\boldsymbol{\Psi}_s = \begin{bmatrix} \Psi_A & \Psi_B & \Psi_C \end{bmatrix}^T$；$\boldsymbol{\Psi}_r = \begin{bmatrix} \Psi_a & \Psi_b & \Psi_c \end{bmatrix}^T$；$\boldsymbol{i}_s = \begin{bmatrix} i_A & i_B & i_C \end{bmatrix}^T$；$\boldsymbol{i}_r = \begin{bmatrix} i_a & i_b & i_c \end{bmatrix}^T$。

$$
\boldsymbol{L}_{ss} = \begin{bmatrix}
L_{ms} + L_{ls} & -\dfrac{1}{2}L_{ms} & -\dfrac{1}{2}L_{ms} \\[2mm]
-\dfrac{1}{2}L_{ms} & L_{ms} + L_{ls} & -\dfrac{1}{2}L_{ms} \\[2mm]
-\dfrac{1}{2}L_{ms} & -\dfrac{1}{2}L_{ms} & L_{ms} + L_{ls}
\end{bmatrix}
\tag{4-60}
$$

$$
\boldsymbol{L}_{rr} = \begin{bmatrix}
L_{ms} + L_{lr} & -\dfrac{1}{2}L_{ms} & -\dfrac{1}{2}L_{ms} \\[2mm]
-\dfrac{1}{2}L_{ms} & L_{ms} + L_{lr} & -\dfrac{1}{2}L_{ms} \\[2mm]
-\dfrac{1}{2}L_{ms} & -\dfrac{1}{2}L_{ms} & L_{ms} + L_{lr}
\end{bmatrix}
\tag{4-61}
$$

$$
\boldsymbol{L}_{rs} = \boldsymbol{L}_{sr}^T = L_{ms} \begin{bmatrix}
\cos\theta & \cos\left(\theta - \dfrac{2\pi}{3}\right) & \cos\left(\theta + \dfrac{2\pi}{3}\right) \\[2mm]
\cos\left(\theta + \dfrac{2\pi}{3}\right) & \cos\theta & \cos\left(\theta - \dfrac{2\pi}{3}\right) \\[2mm]
\cos\left(\theta - \dfrac{2\pi}{3}\right) & \cos\left(\theta + \dfrac{2\pi}{3}\right) & \cos\theta
\end{bmatrix}
\tag{4-62}
$$

$\boldsymbol{L}_{rs}$ 和 $\boldsymbol{L}_{sr}$ 两个分块矩阵互为转置，且均与转子位置 θ 有关，它们的元素都是变参数，这是系统非线性的一个根源。

2. 电压方程

三相定子绕组的电压平衡方程为

$$
\begin{cases}
u_{A}=i_{A}R_{s}+\dfrac{\mathrm{d}\Psi_{A}}{\mathrm{d}t}\\[2mm]
u_{B}=i_{B}R_{s}+\dfrac{\mathrm{d}\Psi_{B}}{\mathrm{d}t}\\[2mm]
u_{C}=i_{C}R_{s}+\dfrac{\mathrm{d}\Psi_{C}}{\mathrm{d}t}
\end{cases}
\tag{4-63}
$$

与此相应，三相转子绕组折算到定子侧后的电压方程为

$$
\begin{cases}
u_{a}=i_{a}R_{r}+\dfrac{\mathrm{d}\Psi_{a}}{\mathrm{d}t}\\[2mm]
u_{b}=i_{b}R_{r}+\dfrac{\mathrm{d}\Psi_{b}}{\mathrm{d}t}\\[2mm]
u_{c}=i_{c}R_{r}+\dfrac{\mathrm{d}\Psi_{c}}{\mathrm{d}t}
\end{cases}
\tag{4-64}
$$

式中，u_A、u_B、u_C 和 u_a、u_b、u_c 为定、转子相电压的瞬时值（V）；R_s、R_r 为定、转子绕组电阻（Ω）。

将电压方程写成矩阵形式：

$$
\begin{bmatrix} u_{A}\\ u_{B}\\ u_{C}\\ u_{a}\\ u_{b}\\ u_{c} \end{bmatrix}=
\begin{bmatrix}
R_{s} & 0 & 0 & 0 & 0 & 0\\
0 & R_{s} & 0 & 0 & 0 & 0\\
0 & 0 & R_{s} & 0 & 0 & 0\\
0 & 0 & 0 & R_{r} & 0 & 0\\
0 & 0 & 0 & 0 & R_{r} & 0\\
0 & 0 & 0 & 0 & 0 & R_{r}
\end{bmatrix}
\begin{bmatrix} i_{A}\\ i_{B}\\ i_{C}\\ i_{a}\\ i_{b}\\ i_{c} \end{bmatrix}+
\frac{\mathrm{d}}{\mathrm{d}t}
\begin{bmatrix} \Psi_{A}\\ \Psi_{B}\\ \Psi_{C}\\ \Psi_{a}\\ \Psi_{b}\\ \Psi_{c} \end{bmatrix}
\tag{4-65}
$$

或写成

$$
\boldsymbol{u}=\boldsymbol{R}\boldsymbol{i}+\frac{\mathrm{d}\boldsymbol{\Psi}}{\mathrm{d}t}
\tag{4-66}
$$

如果把磁链方程代入电压方程，得展开后的电压方程为

$$
\begin{aligned}
u &=Ri+\frac{\mathrm{d}}{\mathrm{d}t}(Li)=Ri+L\frac{\mathrm{d}i}{\mathrm{d}t}+\frac{\mathrm{d}L}{\mathrm{d}t}i\\[2mm]
&=Ri+L\frac{\mathrm{d}i}{\mathrm{d}t}+\frac{\mathrm{d}L}{\mathrm{d}\theta}\omega i
\end{aligned}
\tag{4-67}
$$

式中，$L\dfrac{\mathrm{d}i}{\mathrm{d}t}$ 为由于电流变化引起的脉变电动势（或称变压器电动势）；$\dfrac{\mathrm{d}L}{\mathrm{d}\theta}\omega i$ 为由于定、转子相对位置变化产生的与转速 ω 成正比的旋转电动势。

3. 转矩方程

根据机电能量转换原理，在线性电感的条件下，磁场的储能 W_m 和磁共能 W'_m 为

$$W_{m} = W'_{m} = \frac{1}{2} \boldsymbol{i}^{T} \boldsymbol{\Psi} = \frac{1}{2} \boldsymbol{i}^{T} \boldsymbol{L} \boldsymbol{i} \tag{4-68}$$

电磁转矩等于机械角位移变化时磁共能的变化率为 $\dfrac{\partial W'_{m}}{\partial \theta_{m}}$（电流约束为常值）[25]，且机械

角位移 $\theta_{m} = \dfrac{\theta}{n_{p}}$，于是：

$$T_{e} = \frac{\partial W'_{m}}{\partial \theta_{m}}\bigg|_{i=\text{常数}} = n_{p} \frac{\partial W'_{m}}{\partial \theta}\bigg|_{i=\text{常数}} \tag{4-69}$$

将式（4-68）代入式（4-69），并考虑到电感的分块矩阵关系式，得

$$T_{e} = \frac{1}{2} n_{p} \boldsymbol{i}^{T} \frac{\partial \boldsymbol{L}}{\partial \theta} \boldsymbol{i} = \frac{1}{2} n_{p} \boldsymbol{i}^{T} \begin{bmatrix} 0 & \dfrac{\partial L_{sr}}{\partial \theta} \\ \dfrac{\partial L_{rs}}{\partial \theta} & 0 \end{bmatrix} \boldsymbol{i} \tag{4-70}$$

又考虑到 $\boldsymbol{i}^{T} = \begin{bmatrix} \boldsymbol{i}_{s}^{T} & \boldsymbol{i}_{r}^{T} \end{bmatrix} = \begin{bmatrix} i_{A} & i_{B} & i_{C} & i_{a} & i_{b} & i_{c} \end{bmatrix}$，代入式（4-69）得

$$T_{e} = \frac{1}{2} n_{p} \left[\boldsymbol{i}_{r}^{T} \frac{\partial L_{rs}}{\partial \theta} \boldsymbol{i}_{s} + \boldsymbol{i}_{s}^{T} \frac{\partial L_{sr}}{\partial \theta} \boldsymbol{i}_{r} \right] \tag{4-71}$$

将式（4-62）代入式（4-71）并展开后，得

$$\begin{aligned} T_{e} = -n_{p} L_{ms} \big[&(i_{A}i_{a} + i_{B}i_{b} + i_{C}i_{c}) \sin\theta + (i_{A}i_{b} + i_{B}i_{c} + i_{C}i_{a}) \sin(\theta + 120°) + \\ &(i_{A}i_{c} + i_{B}i_{a} + i_{C}i_{b}) \sin(\theta - 120°) \big] \end{aligned} \tag{4-72}$$

4. 运动方程

电力传动系统的运动方程式为

$$\frac{J}{n_{p}} \frac{d\omega}{dt} = T_{e} - T_{L} \tag{4-73}$$

式中，J 为机组的转动惯量（kg·m²）；T_{L} 为包括摩擦阻转矩的负载转矩（N·m）。

转角方程为

$$\frac{d\theta}{dt} = \omega \tag{4-74}$$

上述的异步电动机模型是在线性磁路、磁动势在空间按正弦分布的假定条件下得出来的，对定、转子电压和电流未做任何假定，因此，该动态模型完全可以用来分析含有电压、电流谐波的三相异步电动机调速系统的动态过程。

4.3.2　任意两相旋转轴系上的数学模型

在进行数学模型由两相旋转到三相静止的坐标变换时，应分别对定子和转子的电压、电流、磁链进行变换，定子各量均用下标 s 表示，转子各量均用下标 r 表示。

定子电压的变换

$$\begin{bmatrix} u_{A} \\ u_{B} \\ u_{C} \end{bmatrix} = \begin{bmatrix} 1 & 0 \\ -\dfrac{1}{2} & \dfrac{\sqrt{3}}{2} \\ -\dfrac{1}{2} & -\dfrac{\sqrt{3}}{2} \end{bmatrix} \begin{bmatrix} \cos\varphi & -\sin\varphi \\ \sin\varphi & \cos\varphi \end{bmatrix} \begin{bmatrix} u_{ds} \\ u_{qs} \end{bmatrix} \tag{4-75}$$

定子磁链使用和定子电压完全相同的变换矩阵，从 $d\text{-}q$ 任意旋转坐标系变换到 $A\text{-}B\text{-}C$ 静止坐标系，这里省略。

定子电流的变换：

$$\begin{bmatrix} i_A \\ i_B \\ i_C \end{bmatrix} = \frac{2}{3} \begin{bmatrix} 1 & 0 \\ -\dfrac{1}{2} & \dfrac{\sqrt{3}}{2} \\ -\dfrac{1}{2} & -\dfrac{\sqrt{3}}{2} \end{bmatrix} \begin{bmatrix} \cos\varphi & -\sin\varphi \\ \sin\varphi & \cos\varphi \end{bmatrix} \begin{bmatrix} i_{sd} \\ i_{sq} \end{bmatrix} \tag{4-76}$$

先讨论 A 相，展开上述变换式，得到

$$\begin{cases} u_A = u_{sd}\cos\varphi - u_{sq}\sin\varphi \\ i_A = \dfrac{2}{3}(i_{sd}\cos\varphi - i_{sq}\sin\varphi) \\ \Psi_A = \Psi_{sd}\cos\varphi - \Psi_{sq}\sin\varphi \end{cases} \tag{4-77}$$

在 $A\text{-}B\text{-}C$ 三相静止坐标系上，A 相的电压方程为

$$u_A = i_A R_s + p\Psi_A \tag{4-78}$$

将 u_A、i_A、Ψ_A 三个变换式代入式（4-78）并整理后得

$$\left(u_{sd} - \frac{2}{3}R_s i_{sd} - p\Psi_{sd} + \Psi_{sq}p\varphi\right)\cos\varphi - \left(u_{sq} - \frac{2}{3}R_s i_{sq} - p\Psi_{sq} - \Psi_{sd}p\varphi\right)\sin\varphi = 0 \tag{4-79}$$

令 $p\varphi = \omega_{sdq}$，为 $d\text{-}q$ 旋转坐标系相对于定子的角速度；$2R_s/3 = R_{sdq}$，为 $d\text{-}q$ 坐标系上等效的定子电阻。

由于 φ 为任意值，此时 $\cos\varphi$ 和 $\sin\varphi$ 前面的系数必为零，则有

$$\begin{cases} u_{sd} = R_{sdq} i_{sd} + p\Psi_{sd} - \omega_{sdq}\Psi_{sq} \\ u_{sq} = R_{sdq} i_{sq} + p\Psi_{sq} + \omega_{sdq}\Psi_{sd} \end{cases} \tag{4-80}$$

同理，变换后的转子电压方程为

$$\begin{cases} u_{rd} = R_{rdq} i_{rd} + p\Psi_{rd} - \omega_{rdq}\Psi_{rq} \\ u_{rq} = R_{rdq} i_{rq} + p\Psi_{rq} + \omega_{rdq}\Psi_{rd} \end{cases} \tag{4-81}$$

式中，R_{sdq} 为 $d\text{-}q$ 坐标系定子绕组电阻（Ω），等于相应电动机定子绕组电阻的 2/3；R_{rdq} 为 $d\text{-}q$ 坐标系转子绕组电阻（Ω），等于相应电动机转子绕组电阻的 2/3；ω_{sdq} 为 $d\text{-}q$ 坐标系相对于定子的角速度（rad/s）；ω_{rdq} 为 $d\text{-}q$ 坐标系相对于转子的角速度（rad/s）。

值得注意的是，定子电压方程变换中的 φ 为 d 轴与定子 A 相绕组间的夹角，ω_{sdq} 为 $d\text{-}q$ 坐标系相对于定子的角速度；而转子电压方程变换中的 φ 为 d 轴与转子 a 相绕组之间的夹角，ω_{rdq} 为 $d\text{-}q$ 坐标系相对于转子的角速度。电压方程中的第二项是变压器电动势，第三项是速度（运动）电动势。此时，速度电动势仍然体现了耦合和非线性。

在 $d\text{-}q$ 旋转坐标系上的磁链方程为

$$\begin{cases} \Psi_{sd} = L_s i_{sd} + L_m i_{rd} \\ \Psi_{sq} = L_s i_{sq} + L_m i_{rq} \\ \Psi_{rd} = L_m i_{sd} + L_r i_{rd} \\ \Psi_{rq} = L_m i_{sq} + L_r i_{rq} \end{cases} \tag{4-82}$$

式中，L_m 为 d-q 坐标系定子与转子同轴等效绕组间的互感（H），也是电动机参数 L_m；L_s 为 d-q 坐标系定子等效绕组间的自感（H），也是电动机参数 L_s；L_r 为 d-q 坐标系转子等效绕组间的自感（H），也是电动机参数 L_r。

将式（4-80）、式（4-81）和式（4-82）合并，并写成矩阵形式，得到三相异步电动机变换到 d-q 轴上的电压方程矩阵方程式：

$$\begin{bmatrix} u_{sd} \\ u_{sq} \\ u_{rd} \\ u_{rq} \end{bmatrix} = \begin{bmatrix} R_s+pL_s & -\omega_s L_s & pL_m & -\omega_s L_m \\ \omega_s L_s & R_s+pL_s & \omega_s L_m & pL_m \\ pL_m & -\Delta\omega_r L_m & R_r+pL_r & -\Delta\omega_r L_r \\ \Delta\omega_r L_m & pL_m & \Delta\omega_r L_r & R_r+pL_r \end{bmatrix} \begin{bmatrix} i_{sd} \\ i_{sq} \\ i_{rd} \\ i_{rq} \end{bmatrix} \tag{4-83}$$

此时式（4-72）所示的转矩方程可表示为

$$T_e = \frac{3}{2} n_p L_m (i_{sq} i_{rd} - i_{sd} i_{rq}) \tag{4-84}$$

至此，异步电动机在 d-q 任意转速旋转坐标系上的数学模型可由式（4-80）~式（4-84）和运动方程式（4-73）构成。与 A-B-C 静止坐标系上的数学模型相比，虽然有所简化，但非线性、多变量和强耦合的性质并未彻底消除。具体地讲，转矩方程式（4-84）和电压方程式（4-80）、式（4-81）中的速度电动势部分仍然具有非线性、多变量和强耦合特征。

4.3.3　同步旋转轴系上的数学模型

同步旋转轴系就是电动机的旋转磁场轴系，通常用符号 M-T 来表示。由于 M-T 轴系和 d-q 轴系两者的差别仅是旋转速度不同，可以把 M-T 轴系看成 d-q 轴系的一个特例，因此，将式（4-82）~式（4-84）中的下脚标 d、q 改写成 M、T；ω_{sdq} 改写成 ω_s（同步角速度）；ω_{dq1} 改写成 ω_{s1}（转差角速度）；并有 $\omega_{s1} = \omega_s - \omega$，$\omega_{s1} = \dfrac{d\theta_{s1}}{dt}$。便可以得到异步电动机在同步旋转轴系上的数学模型。

定子电压方程为

$$\begin{cases} u_{dM} = R_s i_{dM} + p\Psi_{dM} - \Psi_{qM} p\theta_s \\ u_{qM} = R_s i_{qM} + p\Psi_{qM} + \Psi_{dM} p\theta_s \end{cases} \tag{4-85}$$

转子电压方程为

$$\begin{cases} u_{dT} = R_r i_{dT} + p\Psi_{dT} - \Psi_{qT} p\theta_{s1} \\ u_{qT} = R_r i_{qT} + p\Psi_{qT} + \Psi_{dT} p\theta_{s1} \end{cases} \tag{4-86}$$

定子磁链方程为

$$\begin{cases} \Psi_{dM} = L_s i_{dM} + L_m i_{dT} \\ \Psi_{qM} = L_s i_{qM} + L_m i_{qT} \end{cases} \tag{4-87}$$

转子磁链方程为

$$\begin{cases} \Psi_{dT} = L_r i_{dT} + L_m i_{dM} \\ \Psi_{qT} = L_r i_{qT} + L_m i_{qM} \end{cases} \tag{4-88}$$

对于笼型异步电动机，转子短路，即 $u_{dr} = u_{qr} = 0$，则电压方程可变化为下列矩阵形式：

$$\begin{bmatrix} u_{dM} \\ u_{qM} \\ 0 \\ 0 \end{bmatrix} = \begin{bmatrix} R_s+pL_s & -\omega_sL_s & pL_m & -\omega_sL_m \\ \omega_sL_s & R_s+pL_s & \omega_sL_m & pL_m \\ pL_m & -\Delta\omega_rL_m & R_r+pL_r & -\Delta\omega_rL_r \\ \Delta\omega_rL_m & pL_m & \Delta\omega_rL_r & R_r+pL_r \end{bmatrix} \begin{bmatrix} i_{dM} \\ i_{qT} \\ i_{dM} \\ i_{qT} \end{bmatrix} \tag{4-89}$$

式中，$\Delta\omega_r$ 为转子转差角速度（rad/s）。

转矩方程为

$$T = p_mL_m(i_{qT}i_{dM} - i_{qM}i_{dT}) \tag{4-90}$$

4.3.4　两相坐标系上的状态方程

由 4.3.3 节可知，在两相坐标系上，异步电动机具有 4 阶电压方程和 1 阶运动方程，因此其状态方程应该是 5 阶的，必须选取 5 个状态变量。状态变量的选取方法包括以下两种：转速（ω）—转子磁链（Ψ_{dr} 和 Ψ_{qr}）—定子电流（i_{ds} 和 i_{qs}）和转速（ω）—定子磁链（Ψ_{ds} 和 Ψ_{qs}）—定子电流（i_{ds} 和 i_{qs}）。输入变量为：定子电压（u_{ds} 和 u_{qs}）—定子频率（ω_1）—负载转矩（T_L）。为了阐述矢量控制的核心内容，本节以 ω—Ψ_r—i_s 为状态量，详细阐述状态方程的构建过程[26]。

1. d-q 坐标系中的状态方程

选取状态变量：

$$\boldsymbol{X} = \begin{bmatrix} \omega & \Psi_{rd} & \Psi_{rq} & i_{sd} & i_{sq} \end{bmatrix}^T \tag{4-91}$$

输入变量：

$$\boldsymbol{U} = \begin{bmatrix} u_{sd} & u_{sq} & \omega_1 & T_L \end{bmatrix}^T \tag{4-92}$$

输出变量：

$$\boldsymbol{Y} = \begin{bmatrix} \omega & \Psi_r \end{bmatrix}^T \tag{4-93}$$

d-q 坐标系中的磁链方程见式（4-87）和式（4-88），表述如下：

$$\begin{cases} \Psi_{sd} = L_s i_{sd} + L_m i_{rd} \\ \Psi_{sq} = L_s i_{sq} + L_m i_{rq} \\ \Psi_{rd} = L_m i_{sd} + L_r i_{rd} \\ \Psi_{rq} = L_m i_{sq} + L_r i_{rq} \end{cases} \tag{4-94}$$

将式（4-89）的电压方程改写为

$$\begin{cases} \dfrac{d\Psi_{sd}}{dt} = -R_s i_{sd} + \omega_1 \Psi_{sd} + u_{sd} \\[2mm] \dfrac{d\Psi_{sq}}{dt} = -R_s i_{sq} - \omega_1 \Psi_{sq} + u_{sq} \\[2mm] \dfrac{d\Psi_{rd}}{dt} = -R_r i_{rd} + (\omega_1 - \omega)\Psi_{rq} + u_{rd} \\[2mm] \dfrac{d\Psi_{rq}}{dt} = -R_r i_{rq} - (\omega_1 - \omega)\Psi_{rd} + u_{rq} \end{cases} \tag{4-95}$$

考虑到笼型转子内部是短路的，则 $u_{rd} = u_{rq} = 0$，于是，电压方程可写成

$$
\begin{cases}
\dfrac{\mathrm{d}\Psi_{\mathrm{sd}}}{\mathrm{d}t}=-R_\mathrm{s}i_{\mathrm{sd}}+\omega_1\Psi_{\mathrm{sd}}+u_{\mathrm{sd}} \\[2mm]
\dfrac{\mathrm{d}\Psi_{\mathrm{sq}}}{\mathrm{d}t}=-R_\mathrm{s}i_{\mathrm{sq}}-\omega_1\Psi_{\mathrm{sq}}+u_{\mathrm{sq}} \\[2mm]
\dfrac{\mathrm{d}\Psi_{\mathrm{rd}}}{\mathrm{d}t}=-R_\mathrm{r}i_{\mathrm{rd}}+(\omega_1-\omega)\Psi_{\mathrm{rq}} \\[2mm]
\dfrac{\mathrm{d}\Psi_{\mathrm{rq}}}{\mathrm{d}t}=-R_\mathrm{r}i_{\mathrm{rq}}-(\omega_1-\omega)\Psi_{\mathrm{rd}}
\end{cases}
\tag{4-96}
$$

由式（4-94）中第 3、4 行可解出

$$
\begin{cases}
i_{\mathrm{rd}}=\dfrac{1}{L_\mathrm{r}}(\Psi_{\mathrm{rd}}-L_\mathrm{m}i_{\mathrm{sd}}) \\[2mm]
i_{\mathrm{rq}}=\dfrac{1}{L_\mathrm{r}}(\Psi_{\mathrm{rq}}-L_\mathrm{m}i_{\mathrm{sq}})
\end{cases}
\tag{4-97}
$$

代入 $T_\mathrm{e}=n_\mathrm{p}L_\mathrm{m}(i_{\mathrm{sq}}i_{\mathrm{rd}}-i_{\mathrm{sd}}i_{\mathrm{rq}})$，得

$$
\begin{aligned}
T_\mathrm{e}&=\frac{n_\mathrm{p}L_\mathrm{m}}{L_\mathrm{r}}(i_{\mathrm{sq}}\Psi_{\mathrm{rd}}-L_\mathrm{m}i_{\mathrm{sd}}i_{\mathrm{sq}}-i_{\mathrm{sd}}\Psi_{\mathrm{rq}}+L_\mathrm{m}i_{\mathrm{sd}}i_{\mathrm{sq}}) \\[2mm]
&=\frac{n_\mathrm{p}L_\mathrm{m}}{L_\mathrm{r}}(i_{\mathrm{sq}}\Psi_{\mathrm{rd}}-i_{\mathrm{sd}}\Psi_{\mathrm{rq}})
\end{aligned}
\tag{4-98}
$$

将式（4-97）代入式（4-94）前两行，得

$$
\begin{cases}
\Psi_{\mathrm{sd}}=\sigma L_\mathrm{s}i_{\mathrm{sd}}+\dfrac{L_\mathrm{m}}{L_\mathrm{r}}\Psi_{\mathrm{rd}} \\[3mm]
\Psi_{\mathrm{sq}}=\sigma L_\mathrm{s}i_{\mathrm{sq}}+\dfrac{L_\mathrm{m}}{L_\mathrm{r}}\Psi_{\mathrm{rq}}
\end{cases}
\tag{4-99}
$$

式中，σ 为电动机漏磁系数：

$$
\sigma=1-\frac{L_\mathrm{m}^2}{L_\mathrm{s}L_\mathrm{r}}
$$

将式（4-97）和式（4-99）代入微分方程式（4-96），消去 i_{rd}、i_{rq}、Ψ_{sd}、Ψ_{sq}，再将转矩方程式（4-98）代入运动方程式（4-73），经整理后得状态方程：

$$
\begin{cases}
\dfrac{\mathrm{d}\omega}{\mathrm{d}t}=\dfrac{n_\mathrm{p}^2L_\mathrm{m}}{JL_\mathrm{r}}(i_{\mathrm{sq}}\Psi_{\mathrm{rd}}-i_{\mathrm{sd}}\Psi_{\mathrm{rq}})-\dfrac{n_\mathrm{p}}{J}T_\mathrm{L} \\[3mm]
\dfrac{\mathrm{d}\Psi_{\mathrm{rd}}}{\mathrm{d}t}=-\dfrac{1}{T_\mathrm{r}}\Psi_{\mathrm{rd}}+(\omega_1-\omega)\Psi_{\mathrm{rq}}+\dfrac{L_\mathrm{m}}{T_\mathrm{r}}i_{\mathrm{sd}} \\[3mm]
\dfrac{\mathrm{d}\Psi_{\mathrm{rq}}}{\mathrm{d}t}=-\dfrac{1}{T_\mathrm{r}}\Psi_{\mathrm{rq}}-(\omega_1-\omega)\Psi_{\mathrm{rd}}+\dfrac{L_\mathrm{m}}{T_\mathrm{r}}i_{\mathrm{sq}} \\[3mm]
\dfrac{\mathrm{d}i_{\mathrm{sd}}}{\mathrm{d}t}=\dfrac{L_\mathrm{m}}{\sigma L_\mathrm{s}L_\mathrm{r}T_\mathrm{r}}\Psi_{\mathrm{rd}}+\dfrac{L_\mathrm{m}}{\sigma L_\mathrm{s}L_\mathrm{r}}\omega\Psi_{\mathrm{rq}}-\dfrac{R_\mathrm{s}L_\mathrm{r}^2+R_\mathrm{r}L_\mathrm{m}^2}{\sigma L_\mathrm{s}L_\mathrm{r}^2}i_{\mathrm{sd}}+\omega_1i_{\mathrm{sq}}+\dfrac{u_{\mathrm{sd}}}{\sigma L_\mathrm{s}} \\[3mm]
\dfrac{\mathrm{d}i_{\mathrm{sq}}}{\mathrm{d}t}=\dfrac{L_\mathrm{m}}{\sigma L_\mathrm{s}L_\mathrm{r}T_\mathrm{r}}\Psi_{\mathrm{rq}}-\dfrac{L_\mathrm{m}}{\sigma L_\mathrm{s}L_\mathrm{r}}\omega\Psi_{\mathrm{rd}}-\dfrac{R_\mathrm{s}L_\mathrm{r}^2+R_\mathrm{r}L_\mathrm{m}^2}{\sigma L_\mathrm{s}L_\mathrm{r}^2}i_{\mathrm{sq}}-\omega_1i_{\mathrm{sd}}+\dfrac{u_{\mathrm{sq}}}{\sigma L_\mathrm{s}}
\end{cases}
\tag{4-100}
$$

式中，T_r 为转子电磁时间常数（s）：

$$T_r = \frac{L_r}{R_r}$$

输出方程：

$$\boldsymbol{Y} = \begin{bmatrix} \omega & \sqrt{\boldsymbol{\Psi}_{rd}^2 + \boldsymbol{\Psi}_{rq}^2} \end{bmatrix}^{\mathrm{T}} \tag{4-101}$$

2. α-β 坐标系中的状态方程

若令 $\omega_1 = 0$，d-q 坐标系退化为 α-β 坐标系，即可得 α-β 坐标系中的状态方程：

$$\begin{cases} \dfrac{\mathrm{d}\omega}{\mathrm{d}t} = \dfrac{n_p^2 L_m}{J L_r}(i_{\alpha\beta}\boldsymbol{\Psi}_{r\alpha} - i_{s\alpha}\boldsymbol{\Psi}_{r\beta}) - \dfrac{n_p}{J}T_L \\[2mm] \dfrac{\mathrm{d}\boldsymbol{\Psi}_{r\alpha}}{\mathrm{d}t} = -\dfrac{1}{T_r}\boldsymbol{\Psi}_{r\alpha} - \omega\boldsymbol{\Psi}_{r\beta} + \dfrac{L_m}{T_r}i_{s\alpha} \\[2mm] \dfrac{\mathrm{d}\boldsymbol{\Psi}_{r\beta}}{\mathrm{d}t} = -\dfrac{1}{T_r}\boldsymbol{\Psi}_{r\beta} + \omega\boldsymbol{\Psi}_{r\alpha} + \dfrac{L_m}{T_r}i_{s\beta} \\[2mm] \dfrac{\mathrm{d}i_{s\alpha}}{\mathrm{d}t} = \dfrac{L_m}{\sigma L_s L_r T_r}\boldsymbol{\Psi}_{r\alpha} + \dfrac{L_m}{\sigma L_s L_r}\omega\boldsymbol{\Psi}_{r\beta} - \dfrac{R_s L_r^2 + R_r L_m^2}{\sigma L_s L_r^2}i_{s\alpha} + \dfrac{u_{s\alpha}}{\sigma L_s} \\[2mm] \dfrac{\mathrm{d}i_{s\beta}}{\mathrm{d}t} = \dfrac{L_m}{\sigma L_s L_r T_r}\boldsymbol{\Psi}_{r\beta} - \dfrac{L_m}{\sigma L_s L_r}\omega\boldsymbol{\Psi}_{r\alpha} - \dfrac{R_s L_r^2 + R_r L_m^2}{\sigma L_s L_r^2}i_{s\beta} + \dfrac{u_{s\beta}}{\sigma L_s} \end{cases} \tag{4-102}$$

输出方程：

$$\boldsymbol{Y} = \begin{bmatrix} \omega & \sqrt{\boldsymbol{\Psi}_{r\alpha}^2 + \boldsymbol{\Psi}_{r\beta}^2} \end{bmatrix}^{\mathrm{T}} \tag{4-103}$$

其中，状态变量：

$$\boldsymbol{X} = \begin{bmatrix} \omega & \boldsymbol{\Psi}_{r\alpha} & \boldsymbol{\Psi}_{r\beta} & i_{s\alpha} & i_{s\beta} \end{bmatrix}^{\mathrm{T}}$$

输入变量：

$$\boldsymbol{U} = \begin{bmatrix} u_{s\alpha} & u_{s\beta} & T_L \end{bmatrix}^{\mathrm{T}} \tag{4-104}$$

电磁转矩：

$$T_e = \frac{n_p L_m}{L_r}(i_{s\beta}\boldsymbol{\Psi}_{r\alpha} - i_{s\alpha}\boldsymbol{\Psi}_{r\beta}) \tag{4-105}$$

长知识——科学认识工程伦理

工程作为人类改造自然、创造价值的一种社会实践活动，有其内在的价值维度，这就是人们常说的"工程伦理"，需要对其所涉及的道德问题、道德关系做进一步的梳理。

工程伦理是实践伦理的一部分，它既是一种伦理道德，也是工程研究或者相关的工程学科所必须遵循的基本行为准则。它试图对各类的工程与技术、工程与社会关系做出道德的界定，对随工程领域发展所带来的新的社会伦理问题做出解释与辩护，对有可能引发的后果有前期的预判和介入。目前的工程伦理，主要涉及责任、公平、安全和风险等道德规范，前两者是普遍伦理原则，后两者是工程伦理特有的原则。

从宏观上说，工程伦理是全人类的伦理，担负起人类安全、健康和福祉的责任；从微观上说，工程师作为一种职业，应当有其自身所独有的职业伦理，可以说工程伦理关注的是工程师的职业道德。

当前，已经有许多工程类组织都提出了自己的基本伦理规范，如，世界工程组织联合会（World Federation of Engineering Organizations，WFEO）提出，加强工程伦理规范有：

1）应以维护大众之安全、保健和福祉，以及加强环境保护和维护工作场所的良好环境与安全为最高指导原则。

2）承办工程业务应从自己的专业领域提出服务和建议，态度应谨慎、认真。

3）担任业主的忠实代理人，严守业务机密，避免利益冲突。

4）吸收新知识以加强专业能力，提供下属专业进修的机会。

5）对待业主、同事应持以公平、有礼和善意的态度，不埋没他人的贡献，并有接受诚实公正批评的雅量。

6）对业主否决或忽视重要工程的判断或决定，应将所可能发生的后果据理说明并力争。

7）对他人违法或有失伦理道德之一切工程技术上的决定或行为应适时举发，不容讳瞒。

8）让业主切实了解工程计划之执行对社会或环境之影响，并以客观、认真的态度尽量对与工程有关的争议向社会大众提供有利的解释。

4.4　异步电动机矢量控制系统

按转子磁链定向矢量控制的基本思想是，通过坐标变换，在按转子磁链定向同步旋转正交坐标系中得到等效的直流电动机模型，仿照直流电动机的控制方法来控制异步电动机的电磁转矩与磁链，然后将转子磁链定向坐标系中的控制量反变换到三相坐标系中，以实施控制。由于变换的是矢量，所以这样的坐标变换也可称作矢量变换，相应的控制系统称为矢量控制（Vector Control，VC）系统或按转子磁链定向控制（Flux Orientation Control，FOC）系统[27-28]。

4.4.1　异步电动机等效直流电动机模型

旋转正交 d-q 坐标系的一个特例是与转子磁链旋转矢量 $\boldsymbol{\Psi}_r$ 同步旋转的坐标系，若令 d 轴与转子磁链矢量重合，则称作按转子磁链定向的同步旋转正交坐标系，简称 M-T 坐标系，如图 4-20 所示，此时 d 轴改成 M 轴，q 轴改成 T 轴。

由于 M 轴与转子磁链矢量重合，因此

$$\begin{cases} \boldsymbol{\Psi}_{rM} = \boldsymbol{\Psi}_{rd} = \boldsymbol{\Psi}_r \\ \boldsymbol{\Psi}_{rT} = \boldsymbol{\Psi}_{rq} = 0 \end{cases} \tag{4-106}$$

为了保证 M 轴与转子磁链矢量始终重合，还必须使

$$\frac{\mathrm{d}\boldsymbol{\Psi}_{rT}}{\mathrm{d}t} = \frac{\mathrm{d}\boldsymbol{\Psi}_{rq}}{\mathrm{d}t} = 0 \tag{4-107}$$

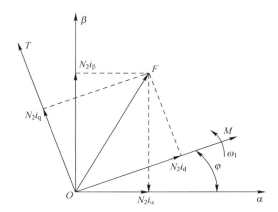

图 4-20　静止正交坐标系与按转子磁链定向的同步旋转正交坐标系

将式（4-106）、式（4-107）代入式（4-100），得到 M-T 坐标系中的状态方程：

$$\begin{cases} \dfrac{\mathrm{d}\omega}{\mathrm{d}t} = \dfrac{n_p^2 L_m}{J L_r} i_{sT} \Psi_r - \dfrac{n_p}{J} T_L \\[2mm] \dfrac{\mathrm{d}\Psi_r}{\mathrm{d}t} = -\dfrac{1}{T_r}\Psi_r + \dfrac{L_m}{T_r} i_{sM} \\[2mm] \dfrac{\mathrm{d}i_{sM}}{\mathrm{d}t} = \dfrac{L_m}{\sigma L_s L_r T_r}\Psi_r - \dfrac{R_s L_r^2 + R_r L_m^2}{\sigma L_s L_r^2} i_{sM} + \omega_1 i_{sT} + \dfrac{u_{sM}}{\sigma L_s} \\[2mm] \dfrac{\mathrm{d}i_{sT}}{\mathrm{d}t} = -\dfrac{L_m}{\sigma L_s L_r}\omega\Psi_r - \dfrac{R_s L_r^2 + R_r L_m^2}{\sigma L_s L_r^2} i_{sT} - \omega_1 i_{sM} + \dfrac{u_{sT}}{\sigma L_s} \end{cases} \quad (4-108)$$

由式（4-100）第 3 行得

$$\frac{\mathrm{d}\Psi_{rT}}{\mathrm{d}t} = -(\omega_1 - \omega)\Psi_r + \frac{L_m}{T_r} i_{sT} = 0$$

导出 M-T 坐标系的旋转角速度：

$$\omega_1 = \omega + \frac{L_m}{T_r \Psi_r} i_{sT} \quad (4-109)$$

M-T 坐标系旋转角速度与转子转速之差定义为转差角频率：

$$\omega_s = \omega_1 - \omega = \frac{L_m}{T_r \Psi_r} i_{sT} \quad (4-110)$$

将式（4-106）代入转矩方程式（4-105），得到 M-T 坐标系中的电磁转矩表达式：

$$T_e = \frac{n_p L_m}{L_r} i_{sT} \Psi_r \quad (4-111)$$

　　转子磁场定向即是按转子全磁链矢量 $\boldsymbol{\Psi}_r$ 方向进行定向，就是将 $\boldsymbol{\Psi}_r$ 定于 M 轴上，如图 4-21 所示。

　　从图 4-21 中可以看出，由于 M 轴取向于转子全磁链 $\boldsymbol{\Psi}_r$ 轴，T 轴垂直于 M 轴，因而使 $\boldsymbol{\Psi}_r$ 在 T 轴上的分量

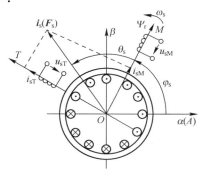

图 4-21　转子磁场定向

为零，表明了转子全磁链 $\boldsymbol{\Psi}_r$ 唯一由 M 轴绕组中的电流所产生，可知定子电流矢量 $\boldsymbol{i}_s$（$\boldsymbol{F}_s$）在 M 轴上的分量 i_{sM} 是纯励磁电流分量，在 T 轴上的分量 i_{sT} 是纯转矩电流分量。$\boldsymbol{\Psi}_r$ 在 M、T 轴系上的分量可用方程表示为

$$\Psi_{rM} = \Psi_r = L_{md}i_{sM} + L_{rd}i_{rM} \tag{4-112}$$

$$\Psi_{rT} = 0 = L_{md}i_{sT} + L_{rd}i_{rT} \tag{4-113}$$

将式（4-113）代入式（4-89）中，则式（4-89）中的第 3、4 行的部分项变成零，式（4-89）简化为

$$\begin{bmatrix} u_{sM} \\ u_{sT} \\ 0 \\ 0 \end{bmatrix} = \begin{bmatrix} R_s + L_{sd}p & -\omega_s L_{sd} & L_{md}p & -\omega_s L_{md} \\ \omega_s L_{sd} & R_s + L_{sd}p & \omega_s L_{md} & L_{md}p \\ L_{md}p & 0 & R_r + L_{rd}p & 0 \\ \omega_{sl}L_{md} & 0 & \omega_{sl}L_{rd} & R_r \end{bmatrix} \begin{bmatrix} i_{sM} \\ i_{sT} \\ i_{rM} \\ i_{rT} \end{bmatrix} \tag{4-114}$$

式（4-114）是以转子全磁链轴线为定向轴的同步旋转坐标系上的电压方程式，也称作磁场定向方程式，其约束条件是 $\Psi_{rT} = 0$。

在矢量控制系统中，由于可测量的被控制变量是定子电流矢量 $\boldsymbol{i}_s$。由定子电流矢量各分量与其他物理量之间的关系，可得到

$$0 = R_r i_{rM} + p(L_{md}i_{sM} + L_{rd}i_{rM}) = R_r i_{rM} + p\Psi_r \tag{4-115}$$

求出

$$i_{rM} = -\frac{p\Psi_r}{R_r} \tag{4-116}$$

求得 i_{sM}：

$$i_{sM} = \frac{T_r p + 1}{L_{md}}\Psi_r \tag{4-117}$$

进而可以得到

$$\Psi_r = \frac{L_{md}}{T_r p + 1}i_{sM} \tag{4-118}$$

式中，$T_r = L_{rd}/R_r$，为转子电路时间常数（s）。

从式（4-111）和式（4-118）可知，通过按转子磁链定向，定子电流将分解为励磁分量 i_{sM} 和转矩分量 i_{sT}，转子磁链 Ψ_r 仅由定子电流励磁分量 i_{sM} 产生，而电磁转矩 T_e 正比于转子磁链和定子电流转矩分量的乘积 $i_{sT}\Psi_r$，实现了定子电流两个分量的解耦。与此同时，如图 4-22 和式（4-108）所示，磁场定向后，异步电动机的数学模型阶次得到了有效降低，且内含一个点画线框所示的等效直流电动机模型。

4.4.2　按转子磁链定向矢量控制系统

为了实现对异步电动机内含等效直流电动机的有效控制，图 4-23 给出了异步电动机矢量控制系统的原理结构图。由于异步电动机对外仅有三个接线柱，而矢量控制系统需要控制的变量为 i_{sM} 和 i_{sT}。此时，需要在等效直流电动机模型前串联旋转变换 2s/2r 和 3/2 变换，从而将控制量由 i_{sM} 和 i_{sT} 转化成 i_A、i_B、i_C。电流跟踪 PWM 控制，以获取正弦电流为目标，可以很好地应用于该场合，从而实现通过给定三相电流 i_A^*、i_B^* 和 i_C^* 对实际三相电流 i_A、i_B、i_C

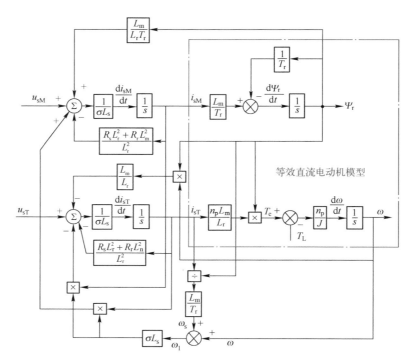

图 4-22　按转子磁链定向的异步电动机动态结构图

的控制。此时的给定三相电流 i_A^*、i_B^* 和 i_C^* 经过 2/3 变换得到静止坐标系上的 $i_{s\alpha}^*$ 和 $i_{s\beta}^*$，再经过反旋转变换 2r/2s 可得到 M-T 坐标系下的 i_{sM}^* 和 i_{sT}^*。

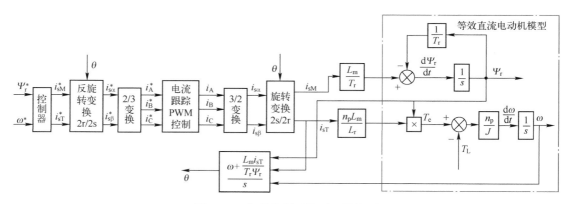

图 4-23　矢量控制系统原理结构图

　　忽略变频器可能产生的滞后，认为电流跟随控制的近似传递函数为 1，且 2/3 变换与电动机内部的 3/2 变换相抵消，反旋转变换 2r/2s 与电动机内部的旋转变换 2s/2r 相抵消，则图 4-24 中点画线框内的部分可以用传递函数为 1 的直线代替，那么，矢量控制系统可简化为图 4-24 所示的等效结构图。可以看出，此时给定的 i_{sM}^* 和 i_{sT}^* 就是等效直流电动机模型所需的 M-T 轴电流。

　　图 4-25 为电流闭环控制后的系统结构图，转子磁链环节为稳定的惯性环节，对转子磁链可以采用闭环控制，也可以采用开环控制方式；而转速通道存在积分环节，为不稳定结

构，必须加转速外环使之稳定。

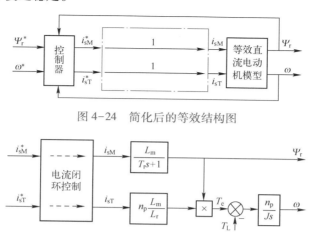

图 4-24　简化后的等效结构图

图 4-25　电流闭环控制后的系统结构图

常用的电流闭环控制有两种方法：①将定子电流两个分量的给定值 i_{sM}^* 和 i_{sT}^* 施行 2/3 变换，得到三相电流给定值 i_A^*、i_B^* 和 i_C^*，采用电流滞环控制 PWM 变频器，在三相定子坐标系中完成电流闭环控制，如图 4-26 所示；②将检测到的三相电流（实际只要检测两相就够了）施行 3/2 变换和旋转变换，得到 M-T 坐标系中的电流 i_{sM} 和 i_{sT}，采用 PI 调节软件构成电流闭环控制，电流调节器的输出为定子电压给定值 u_{sM}^* 和 u_{sT}^*，经过反旋转变换得到静止两相坐标系的定子电压给定值 $u_{s\alpha}^*$ 和 $u_{s\beta}^*$，再经 SVPWM 控制逆变器输出三相电压，如图 4-27 所示。

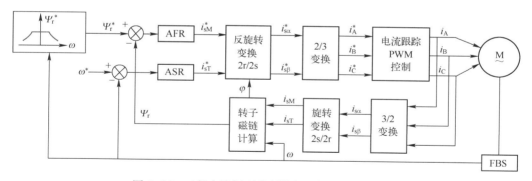

图 4-26　三相电流闭环控制的矢量控制系统结构图

从理论上来说，两种电流闭环控制的作用相同，差异是前者采用电流的两点式控制，动态响应快，但电流纹波相对较大；后者采用连续的 PI 控制，一般来说电流纹波略小（与 SVPWM 有关）。前者一般采用硬件电路，后者可用软件实现。由于受到微机运算速度的限制，早期的产品多采用前一种方案，随着计算机运算速度的提高、功能的强化，现代的产品多采用软件电流闭环。

在图 4-26 和图 4-27 中，ASR 为转速调节器，AFR（Automatic Flux Linkage Regulator）为转子磁链调节器，ACMR（Automatic Current/M Regulator）为定子电流励磁分量调节器，ACTR（Automatic Current/T Regulator）为定子电流转矩分量调节器，FBS 为转速传感器，转

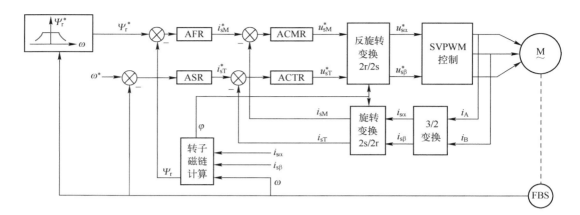

图 4-27　定子电流励磁分量和转矩分量闭环控制的矢量控制系统结构图

子磁链的计算将另行讨论。对转子磁链和转速而言，均表现为双闭环控制的系统结构，内环为电流环，外环为转子磁链或转速环。转子磁链给定 Ψ_r^* 与实际转速有关，在额定转速以下，Ψ_r^* 保持恒定，额定转速以上，Ψ_r^* 相应减小。若采用转子磁链开环控制，则去掉转子磁链调节器 AFR，仅采用励磁电流闭环控制。

4.4.3　转子磁链观测模型

1. 计算转子磁链的电流模型

为了实现磁场定向控制，需要测出转子磁链的幅值和相位，但磁链是电动机内部的物理量，直接测量比较困难。在实用的系统中，多采用间接检测方法，即先检测出电压、电流和转速等容易检测的物理量，再利用磁链的观测模型，实时计算磁链幅值和相位。

在两相静止坐标系下根据定子电流观测磁链方法，由转子磁链在 α-β 轴上的分量，求得 $i_{s\alpha}$、$i_{s\beta}$。

$$
\begin{cases}
i_{r\alpha} = \dfrac{\Psi_{r\alpha} - L_{md} i_{s\alpha}}{L_{rd}} \\[2mm]
i_{r\beta} = \dfrac{\Psi_{r\beta} - L_{md} i_{s\beta}}{L_{rd}}
\end{cases}
\tag{4-119}
$$

依据 α-β 轴系的电压方程，整理第 3、4 行，可得到

$$
\begin{cases}
\Psi_{r\alpha} = \dfrac{1}{T_r p + 1}(L_{md} i_{s\alpha} - \dot{\theta}_r T_r \Psi_{r\beta}) \\[2mm]
\Psi_{r\beta} = \dfrac{1}{T_r p + 1}(L_{md} i_{s\beta} + \dot{\theta}_r T_r \Psi_{r\alpha})
\end{cases}
\tag{4-120}
$$

根据式（4-120）构成的计算转子磁链的电流模型图如图 4-28 所示。

按转子磁链定向在两相旋转坐标系上的转子磁链观测模型，其转子磁链观测模型原理如图 4-29 所示。

首先将三相定子电流 i_A、i_B、i_C 经 3/2 变换得到两相静止坐标系上的电流 $i_{s\alpha}$、$i_{s\beta}$，按转子磁场定向，经过同步旋转坐标变换，可得到 M-T 旋转坐标系上的电流 $i_{sM} > i_{sT}$，利用磁场

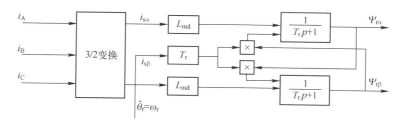

图 4-28　α-β 坐标系上计算转子磁链的电流模型

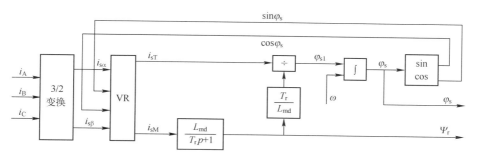

图 4-29　M-T 坐标系上的转子磁链观测模型

定向方程式可获得转差角频率 ω_{s1} 和转子磁链 $\boldsymbol{\Psi}_{\mathrm{r}}$。把 ω_{s1} 和实测转速 ω 相加求得定子同步角频率 ω_{s}，再将 ω_{s} 进行积分运算处理就得到转子磁链的瞬时方位信号 φ_{s}，φ_{s} 是按转子磁链定向的定向角。需要指出，上述两种电流模型法均需要实测的电流和转速信号，对于转速高、低两种电流模型法都能适用。然而，由于转子磁链观测模型依赖于电动机参数 T_{r}、L_{md}，因而转子磁链观测模型的准确性受到参数变化的影响，这是电流模型法的主要缺点。如果要获得较高的估计精度和较快的收敛速度，则必须寻求更高级的磁链观测器。

2. 计算转子磁链的电压模型

根据电压方程中感应电动势等于磁链变化率的关系，取电动势的积分就可以得到磁链，这样的模型叫作电压模型。

α-β 坐标系上定子电压方程为

$$\begin{cases} \dfrac{\mathrm{d}\boldsymbol{\Psi}_{\mathrm{s\alpha}}}{\mathrm{d}t} = -R_{\mathrm{s}}i_{\mathrm{s\alpha}} + u_{\mathrm{s\alpha}} \\[2mm] \dfrac{\mathrm{d}\boldsymbol{\Psi}_{\mathrm{s\beta}}}{\mathrm{d}t} = -R_{\mathrm{s}}i_{\mathrm{s\beta}} + u_{\mathrm{s\beta}} \end{cases} \tag{4-121}$$

磁链方程为

$$\begin{cases} \boldsymbol{\Psi}_{\mathrm{s\alpha}} = L_{\mathrm{s}}i_{\mathrm{s\alpha}} + L_{\mathrm{m}}i_{\mathrm{r\alpha}} \\ \boldsymbol{\Psi}_{\mathrm{s\beta}} = L_{\mathrm{s}}i_{\mathrm{s\beta}} + L_{\mathrm{m}}i_{\mathrm{r\beta}} \\ \boldsymbol{\Psi}_{\mathrm{r\alpha}} = L_{\mathrm{m}}i_{\mathrm{s\alpha}} + L_{\mathrm{r}}i_{\mathrm{r\alpha}} \\ \boldsymbol{\Psi}_{\mathrm{r\beta}} = L_{\mathrm{m}}i_{\mathrm{s\beta}} + L_{\mathrm{r}}i_{\mathrm{r\beta}} \end{cases} \tag{4-122}$$

由式（4-122）前两行解出

$$\begin{cases} i_{r\alpha} = \dfrac{\Psi_{s\alpha} - L_s i_{s\alpha}}{L_m} \\ i_{r\beta} = \dfrac{\Psi_{s\beta} - L_s i_{s\beta}}{L_m} \end{cases} \tag{4-123}$$

代入式（4-122）后两行得

$$\begin{cases} \Psi_{r\alpha} = \dfrac{L_r}{L_m}(\Psi_{s\alpha} - \sigma L_s i_{s\alpha}) \\ \Psi_{r\beta} = \dfrac{L_r}{L_m}(\Psi_{s\beta} - \sigma L_s i_{s\beta}) \end{cases} \tag{4-124}$$

由式（4-123）和式（4-124）得计算转子磁链的电压模型为

$$\begin{cases} \Psi_{r\alpha} = \dfrac{L_r}{L_m}\left[\int(u_{s\alpha} - R_s i_{s\alpha})\,\mathrm{d}t - \sigma L_s i_{s\alpha}\right] \\ \Psi_{r\beta} = \dfrac{L_r}{L_m}\left[\int(u_{s\beta} - R_s i_{s\beta})\,\mathrm{d}t - \sigma L_s i_{s\beta}\right] \end{cases} \tag{4-125}$$

计算转子磁链的电压模型如图 4-30 所示，其物理意义是，根据实测的电压和电流信号，计算定子磁链，然后计算转子磁链。电压模型不需要转速信号，且算法与转子电阻 R_r 无关，只与定子电阻 R_s 有关，而 R_s 相对容易测得。和电流模型相比，电压模型受电动机参数变化的影响较小，而且算法简单，便于应用。但是，由于电压模型包含纯积分项，积分的初始值和累积误差都影响计算结果，在低速时，定子电阻压降变化的影响也较大。

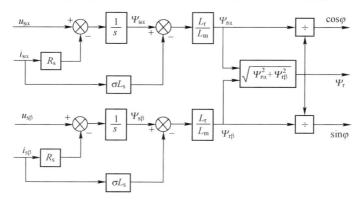

图 4-30 计算转子磁链的电压模型

比较起来，电压模型更适合于中、高速范围，而电流模型能适应低速。有时为了提高准确度，把两种模型结合起来，在低速（例如 $n \leqslant 5\% n_N$）时采用电流模型，在中、高速时采用电压模型，只要解决好如何过渡的问题，就可以提高整个运行范围内计算转子磁链的准确度。

长知识——飞轮储能中的电机

随着社会的进步，不可再生的传统化石能源日益枯竭，太阳能、风能等新能源发电得到了快速发展。但由于其发电条件受制于气象因素，发电具有不确定性和间歇性，不能持续平稳提供电能。同时新能源所产生的电能大规模接入电网时会导致电网波动，甚至会影响到电网的安全稳定性。因此，如何提升电网的安全性，建立灵活稳定、绿色节能的"智能电网"成为目前的研究热点之一。

电能储能技术的发展不仅可以很好地解决新能源发电的间歇性，为大规模分布式新能源发电提供解决方案，而且还能解决昼夜用电峰谷波动问题，减少电力设备投入，提高用电可靠性。

电能储能可分为物理储能和化学储能两种，物理储能主要包括利用动能（飞轮储能）、势能（超级电容、抽水储能）进行储能，化学储能（电池储能）主要利用化学反应进行储能，现储能系统大多采用电池储能。

随着高密度材料、磁轴承技术、新型高速电机、电力电子和现代控制策略的发展，飞轮储能系统性能得到了很大的提升。飞轮储能具体的工作原理如下：电网电能经过电力电子转换器传输到飞轮电机中，此时电机作为电动机，带动飞轮转子高速旋转，将电能转换为飞轮的动能储存起来；当需要用电时，飞轮作为原动机带动电机，此时电机作为发电机充当电源，发出的电能经过电力电子转换器传给负载释放电能。相较于电池储能，飞轮储能具有功率密度高、不受充放电次数的限制、使用寿命长、安全性能高和绿色无污染等优点。

可以看出高速电机是飞轮储能系统机械能与电能转换的关键部件，必须具有转速高、重量轻和体积小等特点。常见的高速电机有高速异步电机、高速开关磁阻电机和高速永磁同步电机。高速异步电机技术比较成熟、无需位置传感器而且成本低，但其也有绕组端部长、功率因数低和转子损耗大等缺点；高速开关磁阻电机结构简单、耐高温且具有较短的绕组端部，但其转子风摩损耗、机械振动和噪声都较大；高速永磁同步电机功率因数和功率密度都较高，但高速时磁滞损耗会增加。因此设计一款与飞轮储能具有高匹配度的电机是近年来的研究热点。

同时飞轮储能除了在电力系统应用外，还可以用在不间断电源保障、电能质量治理、国防、电动汽车和能量回收等很多领域。

4.5 异步电动机矢量控制仿真

4.5.1 矢量控制的特点与存在的问题

1. 矢量控制系统的特点

1）按转子磁链定向，实现了定子电流励磁分量和转矩分量的解耦，需要电流闭环控制。

2）转子磁链系统的控制对象是稳定的惯性环节，可以采用磁链闭环控制，也可以采用开环控制。

3）采用连续的 PI 控制，转矩与磁链变化平稳，电流闭环控制可有效地限制起、制动电流。矢量控制系统的调节器参数设计较为复杂。

2. 矢量控制系统存在的问题

1）转子磁链计算精度受易于变化的转子电阻的影响，转子磁链的角度精度影响定向的准确性。

2）需要进行矢量变换，系统结构复杂，运算量大。

4.5.2 矢量控制仿真模型

打开 MATLAB，单击主页窗口下帮助选项/示例/Simscape Power Systems/Specialized Technology/Electric Drive Models/AC3-Field-Oriented Control Induction 200 HP Motor Drive（见图 4-31），单击 Open Model，设置好参数即可进行仿真。参数设置界面如图 4-32 所示。

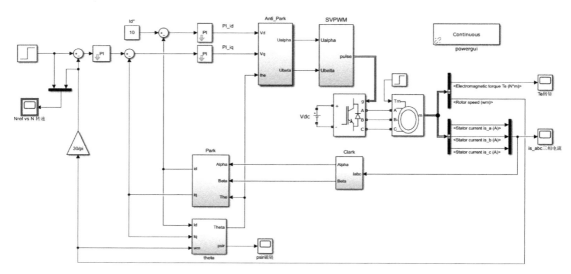

图 4-31 矢量控制系统仿真模型

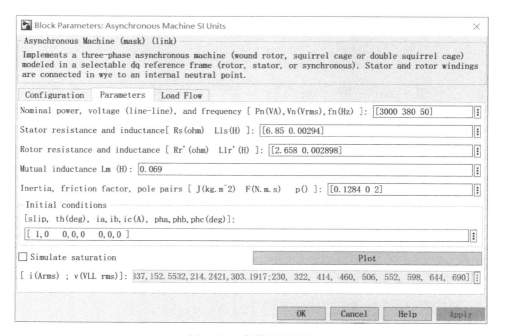

图 4-32 参数设置界面

　　矢量控制器结构框图如图 4-33、图 4-34 所示，转速、转子磁链以及电流均采用闭环控制，其中转速与转子磁链采用 PI 调节器，电流闭环采用滞环控制。

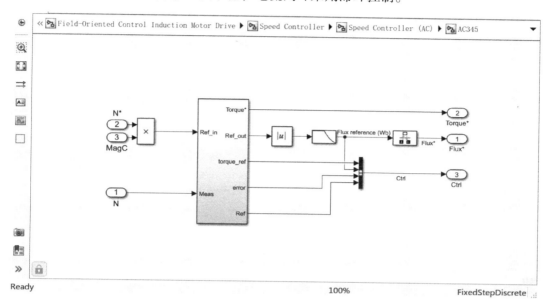

图 4-33　速度控制器结构框图

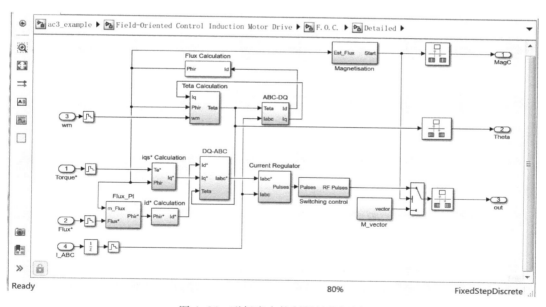

图 4-34　磁场定向控制器结构框图

　　设置好工况后开始模拟。在示波器上可以观察电动机定子电流、转子速度、电磁转矩和直流母线电压，还显示了速度设定点和转矩设定点。在时间 $t=0$ 时，速度设定点为 600 r/min。观察速度是否精确遵循加速斜坡。在 $t=0.5$ s 时，给电动机施加满载扭矩，然后在电动机达到 600 r/min 后稳定在 720 N·m。在 $t=1.5$ s 时，速度更改为 200 r/min。此时机械负载反转，从 700 N·m 变为 -700 N·m，速度也会随着减速斜坡下降到 200 r/min，在 $t=2$ s 时，电动机速度稳定在 200 r/min。

仿真结果如图 4-35 所示。

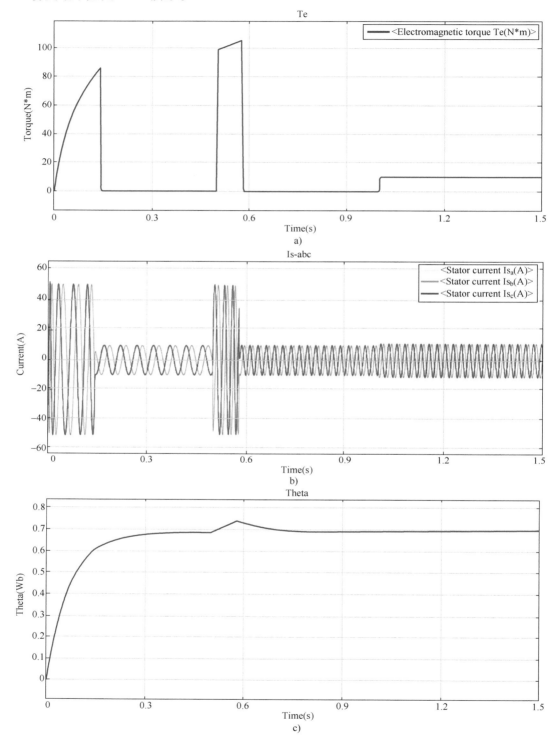

图 4-35 矢量控制系统仿真结果

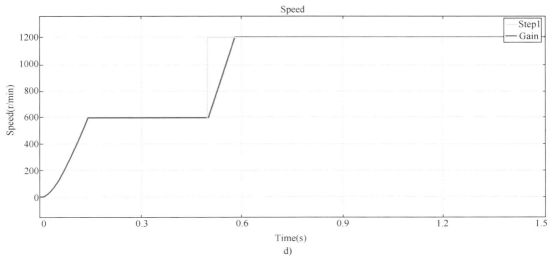

图 4-35 矢量控制系统仿真结果（续）

长知识——南水北调工程

南水北调工程是我国的战略性工程，分东、中、西三条线路，建设时间为 40~50 年。通过三条调水线路与长江、黄河、淮河和海河四大江河的联系，构成以"四横三纵"为主体的总体布局，以利于实现我国水资源南北调配、东西互济的合理配置格局。其中东线工程起点位于江苏扬州江都水利枢纽，中线工程起点位于汉江中上游丹江口水库，西线工程力争在"十四五"末期实现开工建设，截至 2024 年 3 月 18 日，南水北调东线和中线工程累计调水量突破 700 亿 m^3。在整个工程的建设过程中，主要解决工程沿岸区域的城市居民用水问题，与此同时还得保障沿线区域的生态环境及当地的农业灌溉用水不受影响。

南水北调工程之所以取得如此快的进展及其质量保证，最根本的还是得益于先进的泵站自动化控制水平。自动化控制技术的应用可以全面优化南水北调工程技术管理方式，保障工程安全稳定运行，实现区域内水资源的合理配置。泵站设备由主电机、水泵和辅助设备等组成，涉及的电气设备相对较多，常用的电机为异步电机。

水泵机组的施工准备阶段在安装工程施工之前，先做好有针对性的准备措施，包括仔细研读相关机电设备技术的文献资料等标准，之后根据工程建设的实际需要，科学、规范地编制一套专业性的施工规划设计方案。严格来说，如何正确使用电机已经成为水利水电工程建设中不可或缺的技术手段，而电机控制技术的不断完善和发展使得电机在工程建设中的应用也得到了拓展。在电机的选择与设计上，需要明确机电设备本身便具有一定的特殊性，所以工作人员在进行水利水电工程管理过程中，需要重点考虑电机的选型与设计规划，而非以往单项的机电设备产品设计，这也是我国水利水电工程发展过程中对于电机的设计及应用需求。

思考题与习题

4-1 结合异步电动机三相原始动态模型，讨论异步电动机非线性、强耦合和多变量的性质，并说明具体体现在哪些方面？

4-2 三相原始模型是否存在约束条件？为什么说"三相原始数学模型并不是其物理对象最简洁的描述，完全可以且完全有必要用两相模型代替"？两相模型为什么相差 90°？可否相差 180°？

4-3 电源三相电流为 $2\cos\theta$、$2\cos(\theta-120°)$ 和 $2\cos(\theta+120°)$，求其 3/2 变换下的结果；若按电源旋转角 θ 定向，求 2s/2r 变换后的结果。

4-4 3/2 坐标变换的等效原则是什么？功率相等是否为坐标变换的必要条件？是否可以采用匝数相等的变换原则？如可以，变换前后的功率是否相等？

4-5 旋转变换的等效原则是什么？当磁动势矢量幅值恒定、匀速旋转时，在静止绕组中通入正弦对称的交流电流，而在同步旋转坐标系中的电流为什么是直流电流？如果坐标系的旋转速度大于或小于磁动势矢量的旋转速度时，绕组中的电流是交流量还是直流量？

4-6 按磁动势等效、功率相等的原则，三相坐标系变换到两相静止坐标系的变换矩阵为

$$C_{3/2} = \sqrt{\frac{2}{3}} \begin{bmatrix} 1 & -\dfrac{1}{2} & -\dfrac{1}{2} \\ 0 & \dfrac{\sqrt{3}}{2} & -\dfrac{\sqrt{3}}{2} \end{bmatrix}$$

现有三相正弦对称电流 $i_A = I_m\cos(\omega t)$、$i_B = I_m\cos\left(\omega t - \dfrac{2\pi}{3}\right)$、$i_C = I_m\cos\left(\omega t + \dfrac{2\pi}{3}\right)$，求变换后两相静止坐标系中的电流 $i_{s\alpha}$ 和 $i_{s\beta}$，分析两相电流的基本特征与三相电流的关系。

4-7 两相静止坐标系到两相旋转坐标系的变换矩阵为

$$C_{2s/2r} = \begin{bmatrix} \cos\varphi & \sin\varphi \\ -\sin\varphi & \cos\varphi \end{bmatrix}$$

将习题 4-6 中两相静止坐标系中的电流 $i_{s\alpha}$ 和 $i_{s\beta}$ 变换到两相旋转坐标系中的电流 i_{sd} 和 i_{sq}，坐标系旋转速度 $\dfrac{d\varphi}{dt} = \omega_1$。分析当 $\omega_1 = \omega$ 时，i_{sd} 和 i_{sq} 的基本特征、电流矢量幅值 $i_s = \sqrt{i_{sd}^2 + i_{sq}^2}$ 和三相电流幅值 I_m 的关系，其中 ω 是三相电源角频率。

4-8 坐标变换（3/2 变换和旋转变换）的优点何在？能否改变或减弱异步电动机非线性、强耦合和多变量的性质？

4-9 论述矢量控制系统的基本工作原理、矢量变换和按转子磁链定向的作用、等效的直流电动机模型、矢量控制系统的转矩与磁链控制规律。

4-10 转子磁链计算模型有电压模型和电流模型两种，分析两种模型的基本原理，比较各自的优缺点。

4-11 讨论直接定向与间接定向矢量控制系统的特征，比较各自的优缺点，磁链定向的精度受哪些参数的影响？

4-12　如图 4-36 所示为一变频调速系统结构图，试分析如下问题。

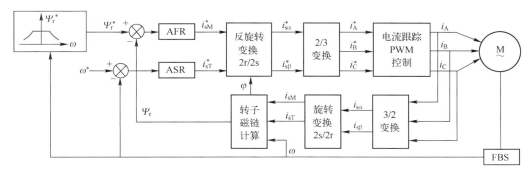

图 4-36　习题 4-12 图

（1）该系统采用的是间接矢量控制还是直接矢量控制？其磁链观测模型是什么类型？

（2）矢量控制实现的关键是什么？

（3）简述该系统的基本工作原理。

4-13　分析与比较按转子磁链定向和按定子磁链定向异步电动机动态数学模型的特征，指出它们的相同点与不同之处。

4-14　分析定子电压矢量对定子磁链与转矩的控制作用，如何根据定子磁链和转矩偏差的符号以及当前定子磁链的位置选择电压空间矢量？转矩脉动的原因是什么？抑制转矩脉动有哪些方法？

4-15　按转子磁链定向同步旋转坐标系中状态方程为

$$\begin{cases} \dfrac{\mathrm{d}\omega}{\mathrm{d}t} = \dfrac{n_\mathrm{p}^2 L_\mathrm{m}}{JL_\mathrm{r}} i_\mathrm{sT} \Psi_\mathrm{r} - \dfrac{n_\mathrm{p}}{J} T_\mathrm{L} \\[2mm] \dfrac{\mathrm{d}\Psi_\mathrm{r}}{\mathrm{d}t} = -\dfrac{1}{T_\mathrm{r}} \Psi_\mathrm{r} + \dfrac{L_\mathrm{m}}{T_\mathrm{r}} i_\mathrm{sM} \\[2mm] \dfrac{\mathrm{d}i_\mathrm{sM}}{\mathrm{d}t} = \dfrac{L_\mathrm{m}}{\sigma L_\mathrm{s} L_\mathrm{r} T_\mathrm{r}} \Psi_\mathrm{r} - \dfrac{R_\mathrm{s} L_\mathrm{r}^2 + R_\mathrm{r} L_\mathrm{m}^2}{\sigma L_\mathrm{s} L_\mathrm{r}^2} i_\mathrm{sM} + \omega_1 i_\mathrm{sT} + \dfrac{u_\mathrm{sM}}{\sigma L_\mathrm{s}} \\[2mm] \dfrac{\mathrm{d}i_\mathrm{sT}}{\mathrm{d}t} = -\dfrac{L_\mathrm{m}}{\sigma L_\mathrm{s} L_\mathrm{r}} \omega \Psi_\mathrm{r} - \dfrac{R_\mathrm{s} L_\mathrm{r}^2 + R_\mathrm{r} L_\mathrm{m}^2}{\sigma L_\mathrm{s} L_\mathrm{r}^2} i_\mathrm{sT} - \omega_1 i_\mathrm{sM} + \dfrac{u_\mathrm{sT}}{\sigma L_\mathrm{s}} \end{cases}$$

坐标系的旋转角速度为

$$\omega_1 = \omega + \frac{L_\mathrm{m}}{T_\mathrm{r} \Psi_\mathrm{r}} i_\mathrm{sT}$$

假定电流闭环控制性能足够好，电流闭环控制的等效传递函数为惯性环节：

$$\begin{cases} \dfrac{\mathrm{d}i_\mathrm{sM}}{\mathrm{d}t} = -\dfrac{1}{T_\mathrm{i}} i_\mathrm{sM} + \dfrac{1}{T_\mathrm{i}} i_\mathrm{sM}^* \\[2mm] \dfrac{\mathrm{d}i_\mathrm{sT}}{\mathrm{d}t} = -\dfrac{1}{T_\mathrm{i}} i_\mathrm{sT} + \dfrac{1}{T_\mathrm{i}} i_\mathrm{sT}^* \end{cases}$$

T_i 为等效惯性时间常数。画出电流闭环控制后系统的动态结构图，输入为 i_sM^* 和 i，输出为 ω 和 Ψ_r，讨论系统的稳定性。

4-16　直接转矩控制系统常用带有滞环的双位式控制器作为转矩和定子磁链的控制器，与 PI 调节器相比较，带有滞环的双位式控制器有什么优缺点？

4-17　分析直接转矩控制系统的定子磁链和转矩的计算模型，说明它们的不足之处。

4-18　按定子磁链控制的直接转矩控制（DTC）系统与磁链闭环控制的矢量控制（VC）系统在控制方法上有什么异同？

4-19　笼型异步电动机铭牌数据如下：额定功率 $P_N = 10\,kW$，额定电压 $U_N = 380\,V$，额定电流 $I_N = 10\,A$，额定转速 $n_N = 2000\,r/min$，额定频率 $f_N = 60\,Hz$，定子绕组丫联结。由实验测得定子电阻 $R_s = 2\,\Omega$，转子电阻 $R_r = 2.658\,\Omega$，定子自感 $L_s = 0.294\,H$，转子自感 $L_r = 0.2898\,H$，定、转子互感 $L_m = 0.2838\,H$，转子参数已折合到定子侧，系统的转动惯量 $J = 0.1284\,kg \cdot m^2$，电动机稳定运行在额定工作状态，试求转子磁链 Ψ_r 和按转子磁链定向的定子电流两个分量 i_{sM}、i_{sT}。

4-20　根据习题 4-15 得到电流闭环控制后系统的动态结构图，电流闭环控制等效惯性时间常数 $T_i = 0.001\,s$，设计矢量控制系统转速调节器 ASR 和磁链调节器 AFR，其中，ASR 按典型 II 型系统设计，AFR 按典型 I 型系统设计，调节器的限幅按 2 倍过电流计算，电动机参数同习题 4-19。

4-21　电动机参数同习题 4-19。电动机稳定运行在额定工作状态，求定子磁链 Ψ_s 和按定子磁链定向的定子电流两个分量 i_{sd}、i_{sq}，并与习题 4-19 的结果进行比较。

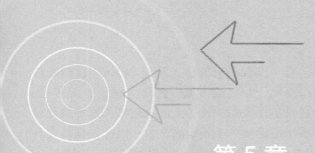

第 5 章　永磁同步电动机控制系统

电动机是以磁场为媒介进行机械能和电能相互转换的电磁装置。为了在电动机内建立进行机电能量转换所必需的气隙磁场，可以有两种方法：一种是在电动机绕组内通以电流来产生磁场，例如普通的直流电动机和同步电动机，称为电励磁电动机；另一种方式是通过永磁体产生磁场，在经过预先磁化（充磁）以后，永磁同步电动机无需额外的能量就能在其周围空间建立磁场。与电励磁电动机相比，永磁同步电动机具有结构简单、运行可靠、体积小、重量轻、损耗小和效率高的优势。因此，永磁同步电动机在航空航天、国防、工农业生产和日常生活的各个领域都有极为广泛的应用。

5.1　永磁同步电动机的原理、结构及数学模型

5.1.1　永磁同步电动机的工作原理

永磁同步电动机由绕线转子同步电动机发展而来，它用永磁体代替了电励磁，从而省去了励磁线圈、集电环和电刷，其定子电流与绕线转子同步电动机基本相同，输入为对称正弦交流电，故称为交流永磁同步电动机[29]。当在永磁同步电动机的电枢绕组中通过对称的三相电流时，定子会产生一个以同步转速推移的旋转磁场。在稳态情况下，转子的转速始终保持为磁场的同步转速。因此，定子旋转磁场与转子永磁体产生的主极磁场保持静止，两者之间相互作用，产生电磁转矩，从而拖动转子旋转，实现机电能量转换。定子旋转磁场中基波分量的转速（即同步转速）为

$$n = \frac{60f}{p_n} \tag{5-1}$$

式中，p_n 为同步电动机的极对数。式（5-1）表明，定子电流频率 f 与电动机自身的极对数 p_n 共同决定了永磁同步电动机的同步转速 n。

5.1.2　永磁同步电动机的结构

永磁同步电动机（PMSM）的转子主要由永磁体、转子铁心和转轴构成。根据永磁体安装位置的不同，永磁同步电动机可以分为表贴式永磁同步电动机（SPMSM）和内置式永磁同步电动机（IPMSM），如图 5-1 所示。图 5-1a 中 SPMSM 转子结构的特点是，永磁体直接安装在转子表面，用于提供径向磁通；永磁体的磁导率和气隙磁导率非常接近，相对恢复磁

导率近似为 1；转子结构对称，交、直轴电感一致，没有凸极效应，因此 SPMSM 也叫隐极式同步电动机。SPMSM 的优点在于其转子结构简单，制造成本低。然而，在高速旋转时，存在永磁体脱落的风险，因此通常需要使用非磁性护环来保护转子上的永磁体。这种护环增大了转子和定子之间的气隙磁路长度，从而减弱了电动机产生转矩的能力，因此，在需要高速旋转的设计中，SPMSM 的应用相对较少。图 5-1b 为 IPMSM 转子结构示意图。IPMSM 通过将永磁体嵌入转子铁心内部，有效利用了转子磁路不对称特性，从而产生磁阻转矩，提高了电动机的功率密度。然而，IPMSM 的缺点包括漏磁系数以及制造成本相对较高。

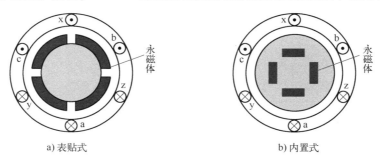

a) 表贴式　　　　　　　　　　b) 内置式

图 5-1　PMSM 转子结构

虽然不同的 PMSM 转子结构差别很大，但由于永磁材料的使用，永磁同步电动机具有如下共同特点：

1) 体积小、重量轻。随着高性能永磁材料的不断应用，永磁同步电动机的功率密度得到很大提高。与同容量的异步电动机相比，PMSM 的体积和重量都有较大的减小，使其适用于许多特殊场合。

2) 功率因数高、效率高。PMSM 与异步电动机相比，无需励磁电流，从而显著提高功率因数并减小定子铜耗。同时，永磁同步电动机在 25%～120% 额定负载范围内均可保持较高的效率和功率因数，使轻载运行时节能效果更为显著。

3) 磁通密度高、动态响应快。高永磁磁通密度、轻转子质量带来高转矩惯量比，有效地提高了永磁同步电动机的动态响应能力。

4) 可靠性高。与直流电动机和电励磁同步电动机相比，PMSM 取消了集电环和电刷等机械换向装置，是典型的无刷电动机，不但减小了机械和电气损耗，而且不会产生电刷火花所引起的电磁干扰，电动机机械结构简单牢固、运行可靠。

5) PMSM 具有严格的转速同步性和宽调速范围。对于要求多台电动机同步运行的调速系统中，PMSM 具有突出优势。此外，变频电源可实现开环控制，调速控制方便，并在所有频率范围内均能稳定运行。

6) PMSM 的缺点是失去了励磁调节的灵活性和可能会出现退磁效应。转子磁场固定为永磁体磁场，励磁磁场需从定子侧调节。

5.1.3　永磁同步电动机的数学模型

PMSM 的定子结构与普通电励磁三相同步电动机的定子结构相似，如果永磁体产生的感应电动势与励磁线圈产生的感应电动势都是正弦波形，那么 PMSM 的数学模型就与电励磁同步电动机基本相同。为简化分析，做如下假设：

1）忽略铁心饱和效应。

2）气隙磁场呈正弦分布。

3）不计涡流和磁滞损耗。

4）转子上没有阻尼绕组，永磁体也没有阻尼作用。

在 PMSM 运行过程中，电动机微分方程有多种表达形式。在三相静止坐标系中，电动机方程是一组与转子瞬时位置有关的非线性时变方程，分析同步电动机的动态特性十分困难。在 α-β 两相静止坐标系中，虽然通过线性变换使电动机方程得到一定简化，但电动机磁链和电压方程仍构成一组非线性方程，因此，在分析与控制时，一般不使用该坐标系下的电动机数学模型。d-q 同步旋转坐标系中，电动机的变系数微分方程变换成常系数方程，消除时变系数，从而简化了运算和分析。

1. 三相静止坐标系

三相 PMSM 的定子绕组按轴线互差 120°电角度呈空间分布，且三相绕组电压、磁链变化和电阻压降平衡，定子三相绕组电流产生的磁链与转子的位置有关，反电动势由转子永磁体磁链在每相绕组中感应产生。

永磁同步电动机在自然坐标系下的定子电压方程如下：

$$\begin{bmatrix} u_a \\ u_b \\ u_c \end{bmatrix} = \begin{bmatrix} R_s & 0 & 0 \\ 0 & R_s & 0 \\ 0 & 0 & R_s \end{bmatrix} \begin{bmatrix} i_a \\ i_b \\ i_c \end{bmatrix} + \frac{d}{dt} \begin{bmatrix} \Psi_a \\ \Psi_b \\ \Psi_c \end{bmatrix} \tag{5-2}$$

式中，u_a、u_b、u_c 为定子相电压瞬时值（V）；i_a、i_b、i_c 为定子相电流瞬时值（A）；Ψ_a、Ψ_b、Ψ_c 为定子磁链瞬时值（Wb）；R_s 为定子绕组电阻（Ω）。

PMSM 在自然坐标系下的定子磁链方程如下：

$$\begin{bmatrix} \Psi_a \\ \Psi_b \\ \Psi_c \end{bmatrix} = \begin{bmatrix} L_{aa}(\theta_r) & M_{ab}(\theta_r) & M_{ac}(\theta_r) \\ M_{ba}(\theta_r) & L_{bb}(\theta_r) & M_{bc}(\theta_r) \\ M_{ca}(\theta_r) & M_{cb}(\theta_r) & L_{cc}(\theta_r) \end{bmatrix} + \Psi_f \begin{bmatrix} \cos\theta \\ \cos\left(\theta - \dfrac{2\pi}{3}\right) \\ \cos\left(\theta + \dfrac{2\pi}{3}\right) \end{bmatrix} \tag{5-3}$$

式中，Ψ_f 为永磁体磁链（Wb）；L_{aa}、L_{bb}、L_{cc} 为三相绕组的自感（mH）；M_{ab}、M_{ac}、M_{bc}、M_{ba}、M_{ca}、M_{cb} 为三相绕组之间的互感（mH）。

永磁同步电动机在自然坐标系下的转矩方程如下：

$$T_e = \frac{1}{2} p_n \Psi_f \left(i_a \cos\theta + i_b \cos\left(\theta - \frac{2\pi}{3}\right) + i_c \cos\left(\theta + \frac{2\pi}{3}\right) \right) \tag{5-4}$$

式中，p_n 为电动机转子极对数。

2. α-β 静止坐标系下的数学模型

利用 Clarke 变换可以求得两相静止坐标系下的 PMSM 数学模型，定子电压在 α-β 坐标系上的表达式为

$$\begin{cases} u_\alpha = R_s i_\alpha + \dfrac{d}{dt} \Psi_\alpha \\ u_\beta = R_s i_\beta + \dfrac{d}{dt} \Psi_\beta \end{cases} \tag{5-5}$$

式中，u_α、u_β 为两相静止坐标系下的等效电压（V）；i_α、i_β 为两相静止坐标系下的等效电流（A）；Ψ_α、Ψ_β 为两相静止坐标系下的等效磁链（Wb）。

两相静止坐标系下的磁链方程为

$$\begin{cases} \Psi_\alpha = \int (u_\alpha - R_s i_\alpha)\,\mathrm{d}t \\ \Psi_\beta = \int (u_\beta - R_s i_\beta)\,\mathrm{d}t \end{cases} \tag{5-6}$$

两相静止坐标系下的转矩方程为

$$T_e = \frac{3}{2} p_n (\Psi_\alpha i_\beta - \Psi_\beta i_\alpha) \tag{5-7}$$

3. d-q 两相同步旋转坐标系

PMSM 在 d-q 同步旋转坐标系上的电压和磁链方程为

$$\begin{cases} u_d = Ri_d + \dfrac{\mathrm{d}}{\mathrm{d}t}\Psi_d - \omega_e \Psi_q \\ u_q = Ri_q + \dfrac{\mathrm{d}}{\mathrm{d}t}\Psi_q + \omega_e \Psi_d \end{cases} \tag{5-8}$$

$$\begin{cases} \Psi_d = L_d i_d + \Psi_f \\ \Psi_q = L_q i_q \end{cases} \tag{5-9}$$

式中，u_d、u_q 为定子电压 d、q 轴分量（V）；i_d、i_q 为定子电流 d、q 轴分量（A）。

将式（5-9）代入式（5-8），可得定子电压方程为

$$\begin{cases} u_d = R_s i_d + L_d \dfrac{\mathrm{d}}{\mathrm{d}t} i_d - \omega_e L_q i_q \\ u_q = R_s i_q + L_q \dfrac{\mathrm{d}}{\mathrm{d}t} i_q + \omega_e (L_d i_d + \Psi_f) \end{cases} \tag{5-10}$$

式中，ω_e 为电角速度（rad/s）。

式（5-10）表明，通过配置与励磁磁场相同转速的 d-q 轴上的电枢给电枢绕组施加电压 u_d、u_q，而流过电流 i_d、i_q。如果 u_d、u_q 为直流电压，则 i_d、i_q 为直流电流，可以作为两轴直流来处理。

此时的电磁转矩可以写为

$$T_e = \frac{3}{2} p_n \left[i_q \Psi_f + i_d i_q (L_d - L_q) \right] \tag{5-11}$$

式（5-11）右边的第 1 项为永磁体与 q 轴电流作用产生的永磁转矩，第 2 项为凸极效应产生的磁阻转矩。对于 IPMSM，由于 $L_d < L_q$，因此，流过负向的 d 轴电流，磁阻转矩与永磁转矩相叠加，成为输出转矩的一部分。

根据牛顿第二定律，可以得到 PMSM 的运动方程：

$$T_e - T_L = J \frac{\mathrm{d}\Omega}{\mathrm{d}t} \tag{5-12}$$

式中，T_e 为负载转矩（N·m）；J 为转动惯量（kg·m²）；Ω 为转子机械转速（rad/s）。

基于式（5-10）、式（5-11）以及运动方程，可以得出 d-q 坐标系下的正弦波永磁同步电动机动态模型，如图 5-2 所示。

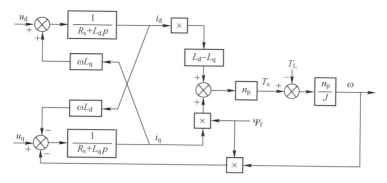

图 5-2　d-q 坐标系下的正弦波永磁同步电动机动态模型

长知识——永磁同步电机的发展历程

　　世界上第一台真正意义上的永磁同步电机（法拉第圆盘发电机）是 1831 年法拉第在发现电磁感应现象之后不久发明的。同年夏天，亨利制作了一个简单的装置（振荡电动机），该装置的运动部件是在垂直方向上运动的电磁铁，当它们端部的导线与两个电池交替连接时，电磁铁的极性自动改变，电磁铁与永磁体相互吸引或排斥，使得电磁铁以每分钟 75 个周期的速度上下运动。亨利电动机的重要意义在于第一次展示了由磁极排斥和吸引产生的连续运动，是电磁体在电动机中的第一次真正应用。

　　1832 年，斯特金发明了换向器，并对亨利的振荡电动机进行了改进，制作了世界上第一台能够产生连续运动的旋转电动机。随后，各种电机不断问世。1832 年，法国人皮克希发明了一台永磁交流发电机，并在物理学家安培的建议下，使用电流自动改变方向的装置（即换向器）制成了直流发电机。

　　上述电机都是采用永久磁铁建立磁场，由于当时的永久磁铁均由天然磁铁矿石加工而成，磁性能很低，造成电机体积庞大、性能较差，因而很快被励磁电机所取代[29]。

　　1967 年，钐钴永磁材料的出现，开创了永磁同步电机发展的新纪元。但钐钴永磁材料价格昂贵，各国研究开发的重点是航空航天用电机和要求高性能而价格不是主要因素的高科技领域。

　　1983 年，磁性能更高而价格相对较低的钕铁硼永磁材料问世后，国内外研究开发的重点转移到工业和民用电机上。国外主要开发计算机硬盘驱动器电机、数控机床和机器人用的无刷直流电动机，国内主要开发各种高效永磁同步电动机。

　　近年来，随着钕铁硼永磁材料性能的提高和价格的降低，钕铁硼永磁同步电机在国防、工农业生产和日常生活等各个方面得到了广泛的应用。永磁同步电机正向着大功率化、高性能化和微型化方向迅速发展。

5.2　永磁同步电动机的稳态性能

5.2.1　稳态运行的相量图

　　正弦波永磁同步电动机与电励磁凸极同步电动机在内部电磁关系上具有相似之处，因此可采用双反应理论进行深入研究。电动机稳定运行于同步转速时，根据双反应理论可写出永磁同步电动机的电压方程。

$$u_s = E_0 + i_s R_s + j i_d X_d + j i_q X_q \qquad (5-13)$$

式中，E_0 为永磁气隙基波磁场所产生的理想空载反电动势有效值（V）；u_s 为外施相电压有效值（V）；i_s 为定子相电流有效值（A）；R_s 为定子绕组相电阻（Ω）；X_d、X_q 为直、交轴同步电抗（Ω）；i_d、i_q 为直、交轴电枢电流（A）。

永磁同步电动机稳态运行时的基本相量图如图 5-3 所示。

图中，φ 为功率因数角；ϕ 为 i_s 与 E_0 之间的夹角，也称为内功率因数角；θ 为 u_s 与 E_0 之间的夹角，也称为功率角或转矩角；θ_r 为永磁体磁链与 α 轴的夹角；θ_s 为定子磁链与 α 轴的夹角；δ 为定子磁链与转子磁链之间的夹角，也称为负载角。

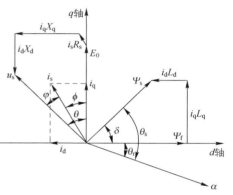

图 5-3　永磁同步电动机基本相量图

5.2.2　稳态运行性能分析

永磁同步电动机的稳态运行性能包括效率、功率因数、输入功率和电枢电流等与输出功率之间的关系以及失步转矩倍数等。这些稳态性能均可从其基本电磁关系或相量图推导而得。从图 5-3 可以得出如下关系。

$$\phi = \arctan \frac{i_d}{i_q} \qquad (5-14)$$

$$\varphi = \theta - \phi \qquad (5-15)$$

$$u_s \sin\theta = i_q X_q + i_d R_s \qquad (5-16)$$

$$u_s \cos\theta = E_0 - i_d X_d + i_q R_s \qquad (5-17)$$

从式（5-16）和式（5-17）不难求出永磁同步电动机定子电流的直、交轴分量分别为

$$i_d = \frac{R_s u_s \sin\theta + X_q (E_0 - u_s \cos\theta)}{R_s^2 + X_d X_q} \qquad (5-18)$$

$$i_q = \frac{X_d u_s \sin\theta - R_s (E_0 - u_s \cos\theta)}{R_s^2 + X_d X_q} \qquad (5-19)$$

求出 d、q 轴电流分量后，定子相电流的值为

$$i_s = \sqrt{i_d^2 + i_q^2} \qquad (5-20)$$

而电动机的输入功率（W）为

$$P = m u_s i_s \cos\varphi = m u_s i_s \cos(\theta - \phi) = m u_s (i_d \sin\theta + i_q \cos\theta)$$

$$= \frac{m u_s \left[E_0 (X_q \sin\theta - R_s \cos\theta) + R_s u_s + \frac{1}{2} u_s (X_d - X_q) \sin 2\theta \right]}{R_s^2 + X_d X_q} \qquad (5-21)$$

忽略定子电阻，由式（5-21）可得到电动机的电磁功率（W）为

$$P_{em} \approx P_1 \approx \frac{m E_0 u_s}{X_d} \sin\theta + \frac{m u_s^2}{2} \left(\frac{1}{X_q} - \frac{1}{X_d} \right) \sin 2\theta \qquad (5-22)$$

除以电动机的机械角速度，即可得电动机的电磁转矩（N·m）为

$$T_e = \frac{P_e}{\Omega} = \frac{mp_n E_0 u_s}{\omega X_d}\sin\theta + \frac{mp_n u_s^2}{2\omega}\left(\frac{1}{X_q} - \frac{1}{X_d}\right)\sin2\theta \tag{5-23}$$

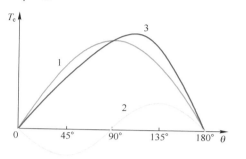

图 5-4 为永磁同步电动机典型的转矩角特性曲线。曲线 1 代表式（5-23）的第 1 项，即由永磁磁场与定子电枢反应磁场相互作用产生的基本电磁转矩，又称永磁转矩。曲线 2 为式（5-23）第 2 项，即由电动机 d、q 轴磁路不对称而产生的磁阻转矩。曲线 3 表示电动机总的电磁转矩，即永磁转矩与磁阻转矩之和。由于永磁同步电动机的直轴同步电抗 X_d 一般小于交轴同步电抗 X_q，磁阻转矩为一负正弦函数，因而转矩角特性曲线上转矩最大值所对应的转矩角大于 90°。

图 5-4　转矩角特性曲线

长知识——永磁同步电动机在电动汽车中的应用

随着全球金融危机、生态环境恶化与能源、资源枯竭等问题的加剧，大力研究和利用电动汽车相关技术及促进产业发展已成为世界汽车工业竞争的一个新焦点。电动机及其控制技术是电动汽车系统的核心技术。虽然三相异步电动机应用于电动汽车领域具备成本低、承受温差范围大、输出扭矩调整范围大和高速区间效率好的优点，但是能耗较大、高效区窄、轻载功率因数低，调速性能稍差的缺点也不容忽视。与三相异步电动机相比，永磁同步电动机具备高效区宽、节能性、小体积和轻量化等方面的优点。高效、节能和续航三方面的能力是当前电动汽车产业所最看重的部分。虽然，永磁同步电动机也具有控制系统/结构复杂、成本高的缺点，但是由于优点更贴合市场，相对而言更加经济。

以国内某品牌新能源汽车企业自主研发的永磁同步电动机为例，该电动机功率为 160 kW、305 N·m 大转矩、15000 r/min 高转速。使用 i-Pin 扁线技术，电能转化效率达 96.7%，紧凑型模块化的设计结构支持同结构下电动机输出功率的灵活变化，为地盘的动力布局释放更多空间，支持与不同功率、不同类型的电驱动系统组合，支持前后驱及四驱动力配置。

因为新能源汽车的电动机大部分采用的是内嵌式永磁同步电动机，通常电动机工作在两个区间。低速时采用最大转矩电流控制策略，高速时工作在弱磁区域。基于对理想电动机模型的理论分析，能够推导出比较理想的电动机工作的轨迹。但实际应用中，电动机的参数如 d、q 轴电感，定子相电阻等，会随工况变化，所以实际应用中需要对电动机进行标定。在低速时，对电动机进行电流扫描，获得 MTPA（最大转矩电流比）的曲线；高速时，进行电压的扫描，获得弱磁区最优的工作轨迹。这样可以确保电动机在全转速段获得最优的工作轨迹。

5.3　永磁同步电动机矢量控制

矢量控制思想是德国学者 F. Blaschke 在 1971 年提出的一种高性能交流电动机控制方法。这一方法最初应用于异步电动机控制，不久后又成功应用于永磁同步电动机控制。矢量

控制的基本控制思想是通过旋转坐标变换将交流电动机等效为直流电动机，对励磁电流和转矩电流正交解耦，并分别进行控制，使交流电动机获得和直流电动机等效的控制性能。该方法经过长期发展，形成了目前普遍应用的矢量控制理论体系，并在工业界得到了广泛应用。

首先回顾一下矢量控制的原理：通过坐标变换，将定子电流变换到两相旋转坐标系下，分解成产生定子磁场的励磁电流分量和产生转矩的转矩电流分量，在三相交流电动机上设法模拟直流电动机的转矩控制方式。将励磁电流分量定位在永磁体的励磁磁链上，转矩电流分量与励磁电流分量方向正交，彼此独立，然后分别对其进行控制。依照这种方法，交流电动机的转矩控制在原理和特性上都与直流电动机的转矩控制相类似。因此，矢量控制的关键在于控制定子电流矢量的方向和幅值。永磁同步电动机由于运用场合与功率的不同，矢量控制电流控制方式的选择也有所不同。通常采用的 PMSM 矢量控制的电流控制方法主要有：$i_d = 0$ 控制、最大转矩电流比控制、弱磁控制和 $\cos\varphi = 1$ 控制等[30]。

5.3.1 $i_d = 0$ 控制

保持 d 轴电流为 0 的 $i_d = 0$ 控制是永磁同步电动机最为常用的控制方法，其基本相量图如图 5-5 所示。由于永磁体磁链基本不变，此时电磁转矩仅含有永磁转矩分量，其大小与电流矢量幅值成正比，从电动机端口看，相当于一台他励直流电动机。可得到采用 $i_d = 0$ 控制时电动机的电磁转矩为

$$T_e = \frac{3}{2} p_n i_q \boldsymbol{\Psi}_f \qquad (5-24)$$

由图 5-5 可知，采用 $i_d = 0$ 控制时，电动机端电压、功率角及功率因数分别为

$$u_s = \sqrt{(\omega\boldsymbol{\Psi}_f + R_s i_q)^2 + (\omega L_q i_q)^2} \qquad (5-25)$$

$$\theta = \arctan\frac{\omega L_q i_q}{\omega\boldsymbol{\Psi}_f + R_s i_q} \approx \arctan\frac{L_q i_q}{\boldsymbol{\Psi}_f} \qquad (5-26)$$

$$\cos\theta = \cos\left(\arctan\frac{L_q i_q}{\boldsymbol{\Psi}_f}\right) \qquad (5-27)$$

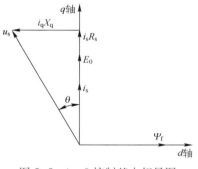

图 5-5 $i_d = 0$ 控制基本相量图

从式（5-25）和式（5-26）可以看出，采用 $i_d = 0$ 控制时，随着负载增加，电动机端电压增加，系统所需逆变器容量增大，功率角增加，电动机功率因数减小，电动机的最高转速受逆变器可提供的最高电压和电动机的负载大小两方面的影响。$i_d = 0$ 控制方法因没有直轴电流，电动机没有直轴电枢反应，不会使永磁体退磁，电动机所有电流均用来产生电磁转矩，电流控制效率高。对于表贴式永磁同步电动机，采用 $i_d = 0$ 的控制策略，电动机所有电流所产生的电磁转矩最大。但对于内嵌式永磁同步电动机，电动机磁阻转矩没有得到充分利用，不能充分发挥其输出转矩的能力。

5.3.2 最大转矩电流比控制

最大转矩电流比控制（MTPA 控制），是一种用于 IPMSM 基速以下范围内的优化控制策略。由电磁转矩方程可知，永磁同步电动机的电磁转矩可以分为永磁转矩和磁阻转矩两部分，第一部分是与 q 轴电流成比例的永磁转矩，第二部分是与 d、q 轴电流 i_d、i_q 的乘积成比

例的磁阻转矩。采用 $i_d=0$ 控制策略并不能完全发挥内嵌式永磁同步电动机转矩潜能。

如图 5-6 所示，定子电流矢量 i_s 位于 d-q 坐标系中的第二象限，可以将电流矢量 i_s 分解，得到交轴电流 i_q 和直流电流 i_d：

$$\begin{cases} i_q = i_s \sin\beta \\ i_d = i_s \cos\beta \end{cases} \tag{5-28}$$

式（5-28）代入式（5-11），可将电磁转矩公式改写为

$$T_e = \frac{3}{2} n_p \left[i_s \Psi_f \sin\beta + \frac{1}{2} i_s^2 (L_d - L_q) \sin2\beta \right] \tag{5-29}$$

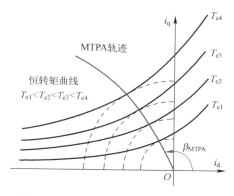

图 5-6　定子电流矢量分解

由式（5-29）可以看出，当定子电流幅值一定时，随着电流矢量角的不同，能产生的永磁转矩、磁阻转矩以及总电磁转矩都会发生变化。这也意味着，为了产生同样的转矩，随着电流矢量角的变化，所需的定子电流幅值也会有所不同。各转矩随电流矢量角的变化情况如图 5-7 所示。对于特定的转矩，总会存在一个最优电流矢量角，使电流幅值最小。这一工作点即为 MTPA 工作点。

MTPA 工作点为恒转矩曲线的切点，也是恒转矩曲线上距离坐标原点最近的点。根据极值原理可得，在 MTPA 工作点处，转矩对电流矢量角的偏导数等于零，即

$$\frac{\partial T_e}{\partial \beta} = \frac{3}{2} n_p i_s \left[\Psi_f \cos\beta + (L_d - L_q) i_s \cos2\beta \right] = 0 \tag{5-30}$$

由式（5-30）可求出与 MTPA 工作点对应的最优电流矢量角为

$$\beta_{\text{MTPA}} = \arccos\left(\frac{-\Psi_f + \sqrt{\Psi_f^2 + 8(L_d - L_q)^2 i_s^2}}{4(L_d - L_q) i_s} \right) \tag{5-31}$$

式中，β_{MTPA} 为 MTPA 工作点的电流矢量角。不同负载下的 MTPA 工作点则可以构成电动机 MTPA 轨迹，如图 5-8 所示。

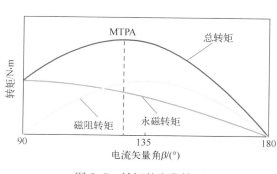

图 5-7　转矩的变化情况

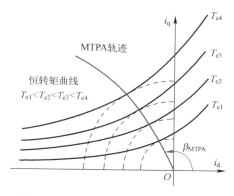

图 5-8　不同负载下的 MTPA 工作点

采用最大转矩电流比控制，电动机输出同样转矩时电流最小，铜损最低，对逆变器容量要求也最小。但是在实际应用中，电动机参数会受磁路饱和、交叉耦合和温度等因素的影响，通过以上公式计算的方法很难实现 MTPA 的精确控制。对于 SPMSM，$L_d = L_q$，$\beta = 90°$，MTPA 控制就是 $i_d = 0$ 的控制。

5.3.3　弱磁控制

PMSM 弱磁控制的思想来源于他励直流电动机的调磁控制。通常情况下，随着电动机转速的增加，其对应的电动机端电压也随之增加，当电动机端电压达到最大值时，如果希望进一步提高电动机转速，在不改变其他条件的前提下，可以通过改变直流电动机的励磁电流来使电动机产生的励磁磁通发生变化，励磁磁通变化之后，电动机的最高转速也会发生变化，从而实现电动机的弱磁控制。永磁同步电动机的转子磁通由永磁体产生，其值保持不变，当电动机端电压达到最大时，如果想进一步提升电动机的转速，不能通过改变励磁磁通的方式来提升转速，但是可以在 d 轴产生一个去磁电流分量，以等效改变转子磁通，降低反电动势，进行弱磁控制。

由于交流电动机和逆变器本身的限制，电压和流过它们的电流必须限制在一定的范围内，否则会损害电动机和逆变器。

1. 电流极限圆

电流约束：电流约束主要是由于逆变器和电动机定子绕组的热负荷能力有限，为了防止电流的温升使得系统损坏，电动机系统的电流等级必须被限制在合理范围内。通常，电动机本体和逆变器都有各自的热负荷极限，而且两者之间的差异很大。对于电动机本体而言，其对电流的耐受主要由电动机对铜耗和铁耗的散热能力来决定。对于逆变器而言，则主要取决于功率开关器件的散热条件和开关过程中的损耗。假设电动机系统所能承受的相电流幅值的最大值为 I_{lim}，则在转子同步坐标系下永磁同步电动机的电流约束方程应该满足：

$$i_s^2 = i_d^2 + i_q^2 < I_{lim}^2 \qquad (5-32)$$

由式（5-32）可以看出，电流矢量在同步旋转坐标系下只能运行于以原点为圆心、以电流矢量最大幅值为半径的圆内，称该圆为电流极限圆。PMSM 运行时，定子电流允许的轨迹应该落在图 5-9 的电流极限圆内部或边界上。

2. 电压极限椭圆

电压约束：在实际的调速系统中，一般采用电压源型逆变器向电动机供电，因此电动机必然会受到变换器输出能力的限制，根据式（5-10）可知，电动机稳态运行时，转子同步坐标系（d-q 坐标系）下永磁同步电动机的电压可以表示为

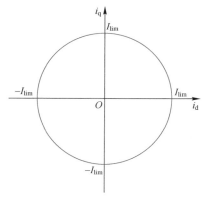

图 5-9　电流极限圆

$$u_s^2 = u_d^2 + u_q^2 = (R_s i_d - \omega_e L_q i_q)^2 + (R_s i_q + \omega_e \Psi_f + \omega_e L_d i_d)^2 \qquad (5-33)$$

当 PMSM 在高速运行时，可忽略定子电阻上的小幅电压降落，可以进一步将式（5-33）近似为

$$u_s = \omega_e \sqrt{(L_q i_q)^2 + (\Psi_f + L_d i_d)^2} \qquad (5-34)$$

从式（5-34）可以看出，PMSM 保证定子电流分量不变的情况下，随着电动机运行速度的提高，定子电压随之上升，最终达到电压极限。当电动机的端部电压保持恒定时，电动

机 d、q 轴的电流（i_d、i_q）存在如下的规律：

$$\frac{\left(i_d+\dfrac{\Psi_f}{L_d}\right)^2}{\left(\dfrac{L_q}{L_d}\right)^2}+i_q^2=\left(\frac{u_s}{\omega_e L_q}\right)^2 \tag{5-35}$$

通常将电动机定子电压的极限值设定为 U_{lim}。在式（5-35）中，当等式右侧保持为常量的情况下，定子电流分量（i_d、i_q）在电流坐标平面上呈椭圆形，即定子电压的极限椭圆，如图 5-10 所示。对于 $L_d \neq L_q$ 的凸极式永磁同步电动机来说，式（5-35）表示的电压圆极限轨迹将是一个椭圆，椭圆的圆心为 $\left(-\dfrac{\Psi_f}{L_d}, 0\right)$。对于 $L_d = L_q$ 的表贴式永磁同步电动机来说，式（5-35）表示的电压极限圆轨迹是一个正圆形。

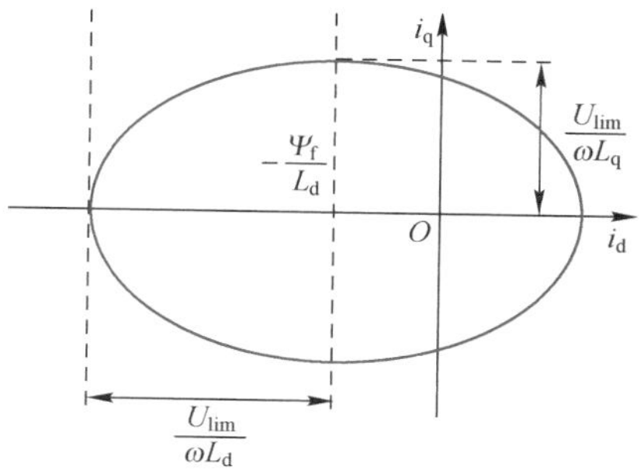

随着电动机转速的不断攀升，当电压达到极限值

图 5-10　电压极限椭圆

U_{lim} 之后即停止上升，保持极限值 $u_s = U_{lim}$ 幅值不变。此时，继续提升电动机转速，式（5-35）右侧的数值会随转速增加而不断减小，从而形成了一系列对应不同转速下的电压极限椭圆，如图 5-11 所示。

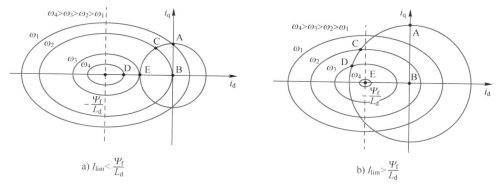

a) $I_{lim} < \dfrac{\Psi_f}{L_d}$　　　　b) $I_{lim} > \dfrac{\Psi_f}{L_d}$

图 5-11　不同转速下的电压极限椭圆

由式（5-34）可以看出，当电动机电压达到逆变器输出电压的极限时，如果要继续升高转速则只能靠调节 i_d 和 i_q 来实现，这就是电动机的"弱磁"运行方式。由于电动机电流有一定极限值限制，增加 i_d 的同时必须相应减小 i_q 才能保证电流矢量幅值大小不变。根据同步旋转坐标系下建立永磁同步电动机的数学模型，以及电压、电流极限圆的介绍，假设 u_{lim} 为转速 ω_e 下的电压极限，可得到如下关系式：

$$(L_d i_d + \Psi_f)^2 + (L_q i_q)^2 \leq \left(\frac{u_{lim}}{\omega_e}\right)^2 \tag{5-36}$$

由式（5-36）可知，电压极限圆的半径随着转速的升高而逐渐减小。定子电流矢量必须同时满足电压极限条件与电流极限条件，所以当电动机在某一转速运行时，定子电流矢量的轨迹必须落在电流极限圆与该速度下的电压极限圆的公共部分。当电动机运行达到 A_1 点时，定子电流矢量同时达到电压极限和电流极限，此时受电压极限的限制，电动机转速无法继续上升。由式（5-35）可知，使直轴电流 i_d 负向变化可以使 u_s 减小，即可以扩展电动机速度范围，同时为了满足电流极限的限制，交轴电流 i_q 必须相应减小，转矩随之下降。图 5-12 分别为 $I_{lim} < \dfrac{\Psi_f}{L_d}$ 和 $I_{lim} > \dfrac{\Psi_f}{L_d}$ 时的弱磁控制电流轨迹图。

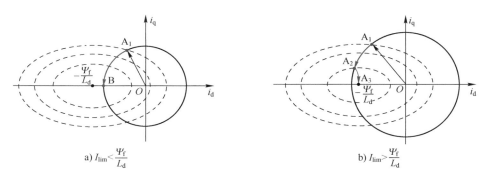

图 5-12　弱磁控制电流轨迹图

在实际控制中，当电动机运行于某一转速时，由电动机定子电压平衡方程式（5-35），可以得到如下 d 轴电流表达式：

$$i_d = \frac{-\Psi_f + \sqrt{\left(\dfrac{u_{lim}}{\omega_e}\right)^2 - (L_q i_q)^2}}{L_d} \tag{5-37}$$

综上所述，PMSM 的弱磁控制的关键在于满足电压极限椭圆和电流极限圆的基础上，有效地控制电流矢量轨迹，使得 PMSM 能够从恒转矩工作模式平稳、快速地过渡到弱磁恒功率工作模式。

5.3.4　$\cos\varphi = 1$ 控制

永磁同步电动机的功率因数 $\cos\varphi = 1$ 控制是在转子磁链定向控制的基础上，通过改变直轴定子电流 i_d 来达到功率因数为 1，即定子电压矢量与定子电流矢量方向重合。此时永磁同步电动机相量图如图 5-13 所示。

由图 5-13 可知，采用 $\cos\varphi = 1$ 控制，d、q 轴电流、电压关系满足 $i_d / i_q = u_d / u_q$，再结合式（5-10）即可得出 d、q 轴电流关系式为

$$\left(i_d + \frac{\Psi_f}{2L_d}\right)^2 + \left(\sqrt{\frac{L_d}{L_d}} i_q\right)^2 = \left(\frac{\Psi_f}{2L_d}\right)^2 \tag{5-38}$$

可以看出，式（5-38）为一椭圆方程，d 轴电流可由式（5-39）给出。

$$i_d = \frac{-\Psi_f \pm \sqrt{\Psi_f^2 - 4L_d L_q i_q^2}}{2L_d} \tag{5-39}$$

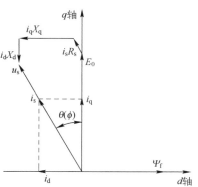

图 5-13　$\cos\varphi = 1$ 控制下
永磁同步电动机相量图

式中，$|i_q| \leqslant \dfrac{\varPsi_f}{2\sqrt{L_d L_q}}$。

采用 $\cos\varphi = 1$ 控制方式时，逆变器的容量可以得到充分利用。缺点是绕组电流和输出转矩不能保持线性比例关系，而且该控制技术会降低电动机的最大输出能力。

5.3.5 基于转子磁场定向的矢量控制系统

三相永磁同步电动机的模型是一个多变量、非线性和强耦合系统。转子磁场定向控制就是一种常用的解耦控制方法。同三相异步电动机基于转子磁场定向的矢量控制相比，永磁同步电动机虽然也是将其等效为他励直流电动机，但永磁同步电动机的矢量控制要相对简单和容易。永磁同步电动机只需将定子三相绕组变换为换向器绕组，而三相异步电动机必须将定、转子三相绕组同时变换到换向器绕组。此外，异步电动机转子磁链由电流激励产生，转子磁链角度需要建立模型进行观测。而永磁同步电动机转子上有永磁体，位置传感器测得转子角度即为磁链角。因而 PMSM 的矢量控制较异步电动机更为简单。图 5-14 为基于转子磁场定向的永磁同步电动机速度、电流双闭环矢量控制系统的基本框图。

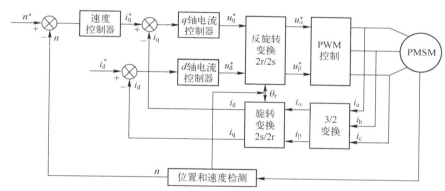

图 5-14 矢量控制系统基本框图

基于转子磁场定向的矢量控制系统的控制流程大致为以下几步：

1）测量三相定子电流 i_a、i_b、i_c，这三相电流有如下关系：$i_a + i_b + i_c = 0$，所以常常只测量两相电流，根据上式求出第三相电流。

2）将三相定子电流经过 3/2 变换，得到两相静止坐标系上的电流 i_α 和 i_β。从定子角度看，i_α 和 i_β 是相互正交的时变电流。

3）按照计算出的电角度，通过 2s/2r 变换，将 i_α 和 i_β 变换到同步旋转坐标系上的电流 i_d、i_q。i_d 和 i_q 为旋转坐标系下的正交电流，在稳态条件下，i_d 和 i_q 是常量。

4）误差信号由 i_d 和 i_q 的实际值和各自的参考值进行比较获得。其中，i_d 的参考值控制转子的磁通，i_q 的参考值控制电动机的转矩，误差信号是 PI 控制器的输入，控制器的输出为 u_d 和 u_q，即要施加到电动机上的电压矢量。

5）利用位置传感器测量的转子位置角度，将 PI（D）控制器的输出值逆变换到两相静止参考坐标系，得到正交电压值 u_α 和 u_β。

6）利用 PWM 调制技术，计算 PWM 占空比，生成所期望的电压矢量。

长知识——石油开采领域中电动机的应用

随着技术的不断发展以及石油需求量的与日俱增，石油钻井开发正在逐步地向非常规油气井、深井和深海等领域转移，愈发恶劣的开采环境对开采设备的可靠性、高效性和寿命等指标提出了更为严峻的要求。

井下电动钻具是油气开采的重要工具，其动力系统主要由地面供电电源、长电缆和井下电动机等部件构成。井下电动机通常采用异步电动机，其优势是可以由电网直接供电，系统简单可靠，但是难以实现大范围调速运行，且电动机效率较低。虽然采用变频器供电可以在一定程度上得到改善，但是，受井下空间尺寸的限制，异步电动机的转速一般较高，在带低速负载时需要加装减速齿轮箱，而由于钻井负载工况极其恶劣，齿轮箱的故障率非常高，系统可靠性难以保证。与异步电动机相比，永磁同步电动机具有较高的效率和转矩密度，因此，采用永磁同步电动机取代异步电动机和齿轮箱，可以简化传动结构，显著提高系统可靠性和效率。

井下电动钻具长电缆驱动系统存在远距离供电的现实问题，在长电缆变频驱动系统中，由于长线电缆的分布特性，存在漏电感和耦合电容问题，会产生电压反射现象，在电动机端产生过电压、高频阻尼振荡，进一步加剧电动机绕组的绝缘压力。因此，远距离供电高压变频器输出的滤波装置设计至关重要。此外，在深井的高温高压环境下，电动机位置传感器的可靠安装和位置信号远距离实时传输都极为困难，因此，长电缆变频驱动系统一般采用无位置传感器技术实现电动机控制。

5.4 永磁同步电动机直接转矩控制

直接转矩控制是近年来继矢量控制技术之后发展起来的一种新型的具有高性能的交流变频调速技术。1985 年德国鲁尔大学 Depenbrock 教授首次提出了基于六边形磁链的直接转矩控制论，1986 年日本学者 Takahashi 提出了基于圆形磁链的直接转矩控制理论。不同于矢量控制技术，直接转矩控制有着自己的特点，它在很大程度上解决了矢量控制中计算复杂、特性易受电动机参数变化的影响、实际性能难以达到理论分析结果等一些重大问题。直接转矩控制技术一诞生，就以其新颖的控制思想，简洁明了的系统结构，优良的静、动态性能受到了普遍关注并得到迅速的发展。

5.4.1 直接转矩控制基本原理

永磁同步电动机的定子和转子的运行频率保持严格一致，不存在异步电动机中的"转差"，所以异步电动机中的 DTC 理论不能直接照搬到永磁同步电动机 DTC 中。永磁同步电动机的输出转矩与定子磁链幅值以及定、转子磁链之间的夹角有关，永磁同步电动机的 DTC 在控制定子磁链幅值恒定的前提下，通过施加不同的电压空间矢量改变定、转子磁链之间的夹角，进而实现对转矩的快速控制。

DTC 系统通常在定子磁链坐标系中对电动机各物理量进行分析，定义为 x-y 坐标系。在 x-y 坐标系中，定义 x 轴为永磁同步电动机定子磁链矢量的方向，且 x 轴滞后 y 轴 90°，该坐标系与定子磁链保持同步旋转。PMSM 在 x-y 坐标系上的磁链、电流和电压的矢量关系如

图 5-15 所示。

图中，Ψ_s 为定子磁链（Wb）；Ψ_f 为转子永磁体磁链（Wb）；θ_r 为转子角度（°）；θ_s 为定子磁链角度（°）；δ 为定、转子磁链的夹角，也称为负载角（°）。

当电动机稳态运行时，定、转子磁链都以同步转速旋转。因此，在恒定负载情况下转矩角为恒定值。当电动机瞬态运行时，转矩角随定子磁链旋转速度的同步而不断改变。

利用式（5-40），将 d-q 坐标系中的物理量转换到 x-y 坐标系。

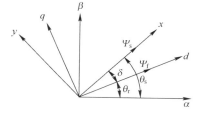

图 5-15　PMSM 在 x-y 坐标系上的磁链、电流和电压的矢量关系

$$\begin{bmatrix} F_x \\ F_y \end{bmatrix} = \begin{bmatrix} \cos\delta & \sin\delta \\ -\sin\delta & \cos\delta \end{bmatrix} \begin{bmatrix} F_d \\ F_q \end{bmatrix} \qquad (5-40)$$

由图 5-15 可以推出负载角的表达式为

$$\delta = \arctan(\Psi_{sd}/\Psi_{sq}) = \arctan\left(\frac{L_q i_{sq}}{L_d i_{sd} + \Psi_f} \right) \qquad (5-41)$$

由图 5-15 可知负载角和定子磁链的关系表达式为

$$\sin\delta = \Psi_d / |\Psi_s| \qquad (5-42)$$
$$\cos\delta = \Psi_q / |\Psi_s| \qquad (5-43)$$

PMSM 在 x-y 坐标系上的电压方程表示如下：

$$\begin{cases} u_x = R_s i_x + \dfrac{\mathrm{d}\Psi_s}{\mathrm{d}t} \\ u_y = R_s i_y + \left(\dfrac{\mathrm{d}\delta}{\mathrm{d}t} + \omega_r \right) \Psi_s \end{cases} \qquad (5-44)$$

经推导后，x-y 坐标系上的定子磁链方程可表示为

$$\begin{bmatrix} \Psi_x \\ \Psi_y \end{bmatrix} = \begin{bmatrix} L_d \cos^2\delta + L_q \sin^2\delta & (L_q - L_d)\sin\delta\cos\delta \\ (L_q - L_d)\sin\delta\cos\delta & L_d \cos^2\delta + L_q \sin^2\delta \end{bmatrix} \begin{bmatrix} i_x \\ i_y \end{bmatrix} + \Psi_f \begin{bmatrix} \cos\delta \\ -\sin\delta \end{bmatrix} \qquad (5-45)$$

由于定子磁链定向于 x 轴，有 $\Psi_{sy} = 0$，根据式（5-45）可得到该坐标下定子电流方程：

$$\begin{cases} i_x = \dfrac{2\Psi_f\sin\delta - \left[(L_d + L_q) + (L_d - L_q)\cos2\delta \right] i_y}{(L_d - L_q)\sin^2\delta} \\ i_y = \dfrac{1}{2L_d L_q} \left[2\Psi_f L_q \sin\delta - |\Psi_s|(L_q - L_d)\sin2\delta \right] \end{cases} \qquad (5-46)$$

进而能推导永磁同步电动机在 x-y 坐标系下的转矩表达式：

$$T_e = \frac{3n_p}{4L_d L_q} |\Psi_s| \left[2\Psi_f L_q \sin\delta - |\Psi_s|(L_q - L_d)\sin2\delta \right] \qquad (5-47)$$

由式（5-47）的转矩表达式可知，PMSM 在 x-y 坐标系上的转矩分为两部分，前一部分为电动机的电磁转矩，后一部分为电动机凸极结构产生的磁阻转矩。对式（5-47）求导得到转矩变化率的表达式为

$$\left. \frac{\mathrm{d}T_e}{\mathrm{d}t} \right|_{t=0} = \frac{3n_p |\Psi_s|}{4L_d L_q} \left[2\Psi_f L_q \dot\delta\cos\delta - 2|\Psi_s|(L_q - L_d)\dot\delta\cos2\delta \right]$$

$$= \frac{3n_\mathrm{p}|\boldsymbol{\varPsi}_\mathrm{s}|}{4L_\mathrm{d}L_\mathrm{q}}\left[2\boldsymbol{\varPsi}_\mathrm{f}L_\mathrm{q}\cos\delta - 2|\boldsymbol{\varPsi}_\mathrm{s}|(L_\mathrm{q}-L_\mathrm{d})\cos2\delta\right]\dot{\delta}$$

$$= \frac{3n_\mathrm{p}|\boldsymbol{\varPsi}_\mathrm{s}|}{4L_\mathrm{d}L_\mathrm{q}}\left[2\boldsymbol{\varPsi}_\mathrm{f}L_\mathrm{q}\cos\delta - 2|\boldsymbol{\varPsi}_\mathrm{s}|\left(1-\frac{1}{\rho}\right)\cos2\delta\right]\dot{\delta} \tag{5-48}$$

式中，$\dot{\delta}$ 表示定子磁链 $\boldsymbol{\varPsi}_\mathrm{s}$ 相对于永磁体磁链 $\boldsymbol{\varPsi}_\mathrm{f}$ 的旋转角速度（rad/s）；$\rho=L_\mathrm{q}/L_\mathrm{d}$，表示凸极系数。式（5-48）表明，电动机转矩变化不仅与负载角变化速度 $\dot{\delta}$ 有关，而且还受电动机凸极系数的影响。下面将分别讨论 SPMSM 和 IPMSM 这两种电动机的转矩变化情况。

1. 表贴式永磁同步电动机

对于 SPMSM，磁阻转矩分量为零。因此 SPMSM 转矩可表示为

$$T_\mathrm{e} = \frac{3n_\mathrm{p}}{2L_\mathrm{s}}|\boldsymbol{\varPsi}_\mathrm{s}|\boldsymbol{\varPsi}_\mathrm{f}\sin\delta = \frac{3n_\mathrm{p}}{2L_\mathrm{s}}|\boldsymbol{\varPsi}_\mathrm{s}|\boldsymbol{\varPsi}_\mathrm{f}\sin(\dot{\delta}+\delta_0) \tag{5-49}$$

式中，δ_0 为负载角变化前一时刻的初值（°）。

对式（5-49）两边求导，得到电动机转矩在 $t=0$ 时刻的增长率为

$$\left.\frac{\mathrm{d}T_\mathrm{e}}{\mathrm{d}t}\right|_{t=0} = \frac{3n_\mathrm{p}}{2L_\mathrm{s}}|\boldsymbol{\varPsi}_\mathrm{s}|\boldsymbol{\varPsi}_\mathrm{f}\dot{\delta}\cos\delta \tag{5-50}$$

由式（5-50）可知，对于表贴式永磁同步电动机，当 δ 在（$-\pi/2$，$\pi/2$）的范围内变化时，$\cos\delta$ 恒为正，所以此时转矩的变化率只与转矩角的变化率 $\dot{\delta}$ 相关，且二者成正比例关系，亦即当 $\dot{\delta}>0$ 时电磁转矩增加，当 $\dot{\delta}<0$ 时电磁转矩减小。因此，对于表贴式永磁同步电动机而言，在角度范围（$-\pi/2$，$\pi/2$）内，通过控制转矩角的变化率，可以有效地实现对转矩变化趋势的控制。

2. 内嵌式永磁同步电动机

内嵌式永磁同步电动机因其交、直轴电感不相等，存在磁阻转矩，所以凸极电动机转矩变化率的表达式相比隐极式要复杂一些。如式（5-51）所示，电动机转矩变化率不仅与转矩角的变化率 $\dot{\delta}$ 有关，还与该电动机的凸极系数 ρ 有关。因此，为保证永磁同步电动机的转矩与转矩角变化率呈正相关，需满足下式：

$$\boldsymbol{\varPsi}_\mathrm{f}\cos\delta - |\boldsymbol{\varPsi}_\mathrm{s}|\left(1-\frac{1}{\rho}\right)\cos2\delta>0 \tag{5-51}$$

显然，负载角 δ 在 $0\sim90°$ 的电动状态时，若凸极系数 $\rho<1$，不管定子磁链幅值和转子永磁体磁链幅值是多少，式（5-51）都成立，但当凸极系数 $\rho>1$ 时，为使式（5-51）成立，则由式（5-51）可推出下列条件：

$$|\boldsymbol{\varPsi}_\mathrm{s}| \leqslant \frac{L_\mathrm{q}}{L_\mathrm{q}-L_\mathrm{d}}\boldsymbol{\varPsi}_\mathrm{f} = \frac{\rho}{\rho-1}\boldsymbol{\varPsi}_\mathrm{f} \tag{5-52}$$

也就是说，当凸极系数 $\rho>1$ 的内嵌式永磁同步电动机采用直接转矩控制时，定子磁链幅值给定需满足式（5-52）中给定的条件，以确保电动机输出的转矩与所控制的负载角之间保持正比关系。

通过上述分析可以看出，无论表贴式永磁同步电动机还是内嵌式永磁同步电动机，要实现电磁转矩的快速增加，只需使负载角 δ 快速变化，这就是电磁转矩 T_e 最快变化的控制规

律[31]。对于永磁同步电动机而言，转子永磁体磁链 Ψ_f 的转速即为电动机转速。由于电动机的机械时间常数远大于电磁时间常数，在极短的控制周期 T_s 内，可以认为转子转速保持不变。因此，负载角 δ 的变化可归结为迅速改变定子磁链 Ψ_s 的相位角的问题。快速改变定子磁链 Ψ_s 相位角的方法在异步电动机 DTC 技术中已非常成熟，即利用电压空间矢量可快速改变定子磁链 Ψ_s 的相位角，从而达到利用电压空间矢量直接快速控制电磁转矩 T_e 的目的。

5.4.2　定子磁链和转矩计算模型

无论是对于异步电动机还是永磁同步电动机，直接转矩控制都是直接将电磁转矩和定子磁链作为控制变量。然而，在实际应用中，难以直接测量转矩和定子磁链的实际值。因此，准确估计转矩和定子磁链的实际值对于确保直接转矩控制的性能至关重要。对电动机转矩估计的精确度很大程度上取决于定子磁链估计的准确性，因此首先要保证定子磁链估计的有效性。DTC 常采用的定子磁链观测器分为电压型和电流型两种，下面将分别介绍这两种定子磁链观测器。

1. 定子磁链计算

（1）电压模型法　根据 α-β 轴上的分量 $i_{s\alpha}$、$i_{s\beta}$ 和 $u_{s\alpha}$、$u_{s\beta}$ 可以分别计算 α-β 轴上的磁链分量：

$$\begin{cases} \Psi_{s\alpha} = \int (u_{s\alpha} - R_s i_{s\alpha})\,\mathrm{d}t + \Psi_{s\alpha 0} \\ \Psi_{s\beta} = \int (u_{s\beta} - R_s i_{s\beta})\,\mathrm{d}t + \Psi_{s\beta 0} \end{cases} \tag{5-53}$$

式中，$\Psi_{s\alpha 0}$ 和 $\Psi_{s\beta 0}$ 分别为永磁体磁链初值（Wb）。

采用电压模型法估算定子磁链幅值的模型如图 5-16 所示。

与异步电动机不同的是，PMSM 的定子磁链和转子磁链存在关联，在计算定子磁链时需要确定永磁体转子

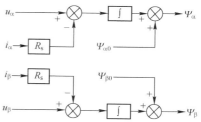

图 5-16　电压模型法估算定子磁链幅值的模型

对定子产生的初始磁链。换句话说，需要检测转子磁极的初始位置，以便准确地估算定子磁链。电压模型法估算是一种简单而常用的估算定子磁链的方法，在电动机高速运行时，$i_s R_s$ 项的电压降远小于反电动势，因此可以忽略，磁链计算具有较高的精度。然而，在电动机低速运行时，由于反电动势较低，$i_s R_s$ 项的作用不可忽略。严重时，$i_s R_s$ 的电压降抵消了反电动势，导致计算精度大幅下降，可能影响系统的有效运行。

（2）电流模型法　电流模型法是基于定子电流和转子位置角的磁链观测模型，其模型如图 5-17 所示。

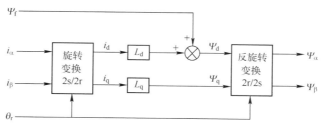

图 5-17　电流模型法估算定子磁链幅值的模型

图中：

$$\begin{bmatrix} \Psi_\alpha \\ \Psi_\beta \end{bmatrix} = \begin{bmatrix} \cos\theta_r & -\sin\theta_r \\ \sin\theta_r & \cos\theta_r \end{bmatrix} \begin{bmatrix} \Psi_d \\ \Psi_q \end{bmatrix} \tag{5-54}$$

$$\begin{bmatrix} \Psi_d \\ \Psi_q \end{bmatrix} = \begin{bmatrix} L_d & 0 \\ 0 & L_q \end{bmatrix} \begin{bmatrix} i_d \\ i_q \end{bmatrix} + \begin{bmatrix} \Psi_f \\ 0 \end{bmatrix}$$

$$\begin{bmatrix} i_d \\ i_q \end{bmatrix} = \begin{bmatrix} \cos\theta_r & \sin\theta_r \\ -\sin\theta_r & \cos\theta_r \end{bmatrix} \begin{bmatrix} i_\alpha \\ i_\beta \end{bmatrix}$$

可以看出，电压计算法实际上就是一种叠加运算，由于无法确定定子电阻在某一时刻的确切值，也无法保证母线电压采样毫无误差，这种叠加运算在一定时间后会产生较大的累积误差。电流型观测器由于不涉及定子电阻，因此不受定子电阻值变化的影响。但电流计算法需要知道转子的具体位置，转子位置的采样需要较长的时间。

2. 转矩计算

在直接转矩控制中，需要实测电磁转矩 T_e 作为反馈值。直接测量电磁转矩值在测量技术上存在困难，为此需要采用间接法求取电磁转矩。一般可以根据定子电流和定子磁链来计算电动机的电磁转矩，进而将计算值与转矩给定值进行滞环比较，转矩求解的公式如式（5-55）所示。根据式（5-55）可以建立电磁转矩的间接观测模型如图5-18所示。

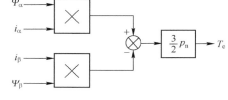

$$T_e = \frac{3}{2} p_n (\Psi_\alpha i_\beta - \Psi_\beta i_\alpha) \tag{5-55}$$

图 5-18　电磁转矩的间接观测模型

5.4.3　基于开关表和滞环比较器的直接转矩控制系统

基于开关表和滞环比较器的直接转矩控制系统原理结构图如图5-19所示，它由 PMSM、逆变器、磁链和转矩估算单元、扇区判断模块、速度检测、开关表以及滞环调节器等模块组成。

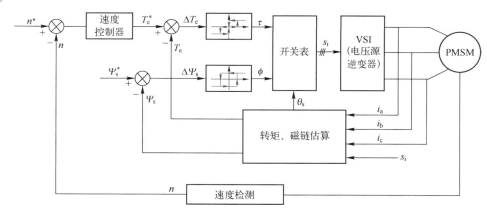

图 5-19　基于开关表和滞环比较器的直接转矩控制系统原理结构图

图中速度调节器采用 PI 调节器，定子磁链调节器采用带有滞环的双位式控制器，转矩调节器采用带有滞环的三位式控制器。其工作原理及控制过程如下：

1）检测逆变器输出的三相相电流以及逆变器直流侧电压，利用坐标变换和系统控制规律计算出 PMSM 的定子磁链。

2）根据计算的磁链和实测的电流估算电动机的瞬时转矩，再判断定子磁链所在的扇区。

3）根据转速参考值和实际转速的偏差经速度控制器得到转矩参考值，与估算的转矩比较，偏差经滞环比较器得到转矩的控制信号 τ。

4）定子磁链参考值与实际值比较后得到的偏差同样经滞环比较器产生磁链的控制信号 ϕ。

5）两个控制信号 τ、ϕ 经过开关表选取电压矢量，确定开关状态，控制逆变器，进而驱动 PMSM。

当 PMSM 处于稳态运行时，定子和转子磁链矢量以相同的转速旋转，转矩角 δ 保持恒定。然而，在瞬时动态情况下，如果控制定子磁链幅值不变，使得定子磁链旋转速度超过转子磁链旋转速度，这将导致转矩角 δ 的增大，电磁转矩也会相应增大。如果使定子磁链旋转方向与转子磁链反向，或令其小于转子磁链转速，此时转矩角 δ 会变小，电磁转矩也会相应地减小。

根据式（5-2），定子磁链矢量和定子电压矢量之间存在如下关系：

$$u_s - R_s i_s = \frac{\mathrm{d}\boldsymbol{\varPsi}_s}{\mathrm{d}t} \tag{5-56}$$

若忽略定子电阻上的电压降，得

$$u_s = \frac{\mathrm{d}\boldsymbol{\varPsi}_s}{\mathrm{d}t} \tag{5-57}$$

从式（5-57）可以看出，定子电压合成矢量与定子磁链 $\boldsymbol{\varPsi}_s$ 相互正交，因此定子磁链 $\boldsymbol{\varPsi}_s$ 的旋转方向由定子电压矢量的方向决定。图 5-20 所示为定子电压矢量作用与定子磁链矢量轨迹变化。可以看出，定子磁链矢量的变化与电压矢量存在关系，即通过电压矢量可以控制定子磁链幅值大小，并且能够改变定子磁链的旋转方向和角度。定子电压矢量可按照定子磁链 $\boldsymbol{\varPsi}_s$ 的运行轨迹分解为相互垂直的径向分量（u_{sd}）和切向分量（u_{sq}）。其中，径向电压分量 u_{sd} 决定了定子磁链 $\boldsymbol{\varPsi}_s$ 的幅值大小；切向电压分量决定了定子磁链 $\boldsymbol{\varPsi}_s$ 的转速和方向，即通过选择合适的定子电压矢量，由切向分量 u_{sq} 控制转矩角的变化。因此，选择适当的定子电压空间矢量，即可实现对 PMSM 电磁转矩和定子磁链的控制。

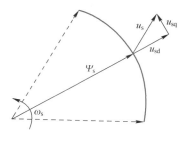

图 5-20　电压矢量分解示意图

根据 8 组电压矢量可以将空间划分成 6 个扇区，每个扇区相隔 $60°$。由于定子磁链在空间所处的位置不同，每个电压矢量对定子磁链的作用效果也不相同，为了能够有效地控制定子磁链，需要选择合适的电压矢量。以第一扇区为例，图 5-21 给出了不同扇区的定子磁链与电压空间矢量图。以永磁同步电动机逆时针方向旋转为正，定子磁链位于（$-30° \sim 30°$），选择电压矢量 U_5 和 U_6 时，定子磁链幅值增加，而选择 U_1 和 U_2，则使得定子磁链幅值减小；同样，从控制转矩角的角度来说，U_2 和 U_6 增大转矩角，U_1 和 U_5 减小转矩角。可见，直接转矩控制根据当前转矩和磁链的状态，选择合适的电压矢量，进而实现对电动机转矩和定子磁链的有效控制。

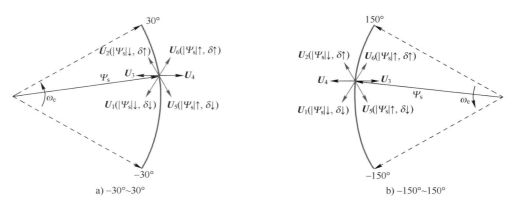

图 5-21　定子磁链与电压空间矢量图

磁链调节器通常采用两级滞环比较器，它的输入信号是定子磁链给定值与观测的幅值之差，输出信号是磁链开关逻辑信号，其值为 1 或 -1，滞环环宽为 $2\Delta\Psi_s$。根据定子磁链给定值和定子磁链估算值之差经过滞环比较器确定当前时刻的控制量，通常按下述规则确定：当 $|\Psi_s^*|-|\Psi_s|>|\Delta\Psi_s|$ 时，需要增大磁链，滞环比较器输出 $\phi=1$；当 $|\Psi_s^*|-|\Psi_s|<-|\Delta\Psi_s|$ 时，需要减小磁链，滞环比较器输出 $\phi=-1$。可得磁链滞环控制器的方程为

$$\phi=\begin{cases}1 & |\Psi_s^*|-|\Psi_s|>|\Delta\Psi_s| \\ -1 & |\Psi_s^*|-|\Psi_s|<-|\Delta\Psi_s|\end{cases} \tag{5-58}$$

转矩调节器是三级滞环比较器，其输入信号是电磁转矩给定值与转矩观测值之差，输出信号是转矩开关逻辑信号，其值为 1、0 或 -1，滞环环宽为 $2\Delta T_e$。根据转矩滞环控制器的输出确定当前时刻对转矩的控制量，即：当 $T_e^*-T_e>\Delta T_e$ 时，需要增大转矩，滞环比较器输出 $\tau=1$；当 $|T_e^*-T_e|<\Delta T_e$ 时，需要保持电磁转矩，滞环比较器输出 $\tau=0$；当 $T_e^*-T_e<-\Delta T_e$ 时，需要减小转矩，滞环比较器输出 $\tau=-1$。同理可得转矩滞环控制器的方程为

$$\tau=\begin{cases}1 & T_e^*-T_e>\Delta T_e \\ 0 & |T_e^*-T_e|<\Delta T_e \\ -1 & T_e^*-T_e<-\Delta T_e\end{cases} \tag{5-59}$$

依据转矩滞环的输出 τ 和磁链滞环的输出 ϕ，再结合定子磁链所在的扇区，就可以通过查找开关表选取合适的电压矢量。表 5-1 为直接转矩控制的电压矢量开关表。

表 5-1　直接转矩控制的电压矢量开关表

ϕ	τ	定子磁链位置					
		$-30°\sim30°$	$30°\sim90°$	$90°\sim150°$	$150°\sim210°$	$210°\sim-90°$	$-90°\sim-30°$
1	1	U_6（110）	U_2（010）	U_3（011）	U_1（001）	U_5（101）	U_4（100）
	0	U_7（111）	U_0（000）	U_7（111）	U_0（000）	U_7（111）	U_0（000）
	-1	U_5（101）	U_4（100）	U_6（110）	U_2（010）	U_3（011）	U_1（001）
-1	1	U_2（010）	U_3（011）	U_1（001）	U_5（101）	U_4（100）	U_6（110）
	0	U_0（000）	U_7（111）	U_0（000）	U_7（111）	U_0（000）	U_7（111）
	-1	U_1（001）	U_5（101）	U_4（100）	U_6（110）	U_2（010）	U_3（011）

基于滞环控制器和开关表的直接转矩控制，每个采样周期内计算并选择一个电压空间矢量，作用到逆变器，驱动电动机转动，而根据前面的分析可知，三相两电平逆变器可供选择的矢量只有 8 个（包括 6 个基本电压空间矢量和 2 个零矢量），它们在空间上相隔 60° 分布。开关逻辑信号和扇区信号的变化决定电压矢量是阶跃式的变化。相应地，定子磁链矢量也将阶跃式做近似圆形轨迹旋转，并实时调节旋转速度以控制转矩。在有限数量的电压矢量作用下，很难同时满足磁链和转矩的高精度控制要求。另外，滞环比较器的滞环宽度也会影响转矩脉动，滞环宽度减小，磁链纹波、转矩脉动都会有所减小，但减小滞环宽度会增大逆变器的开关频率，增加开关损耗。

5.4.4　基于 SVPWM 调制的直接转矩控制

基于开关表和滞环比较器的直接转矩控制电动机转矩脉动大，开关频率无法固定，出现了基于空间矢量脉宽调制（SVPWM）的直接转矩控制（SVM-DTC）。SVM-DTC 利用定子磁场定向，直接对磁链和转矩进行闭环控制。相比开关表和滞环比较器的直接转矩控制，SVM-DTC 系统结构更加复杂，计算量增加，还需要调节 PI 参数，但其对转矩脉动出色的抑制能力、开关频率固定、电流和磁链纹波小等优点是基于开关表和滞环控制器的 DTC 所无法企及的。

1. SVPWM 原理分析

SVPWM 以三相对称正弦波电压供电时交流电动机产生的理想圆形磁链轨迹为基准，用逆变器不同的开关模式产生的磁通去逼近基准磁链圆，从而达到较高的控制性能。采用 SVPWM 的目标是利用逆变器的基本电压空间矢量合成所需的参考电压空间矢量。电压源型逆变器固有的 8 个基本电压空间矢量在图 5-21 中已经给出。

SVPWM 矢量合成原理如图 5-22 所示。以扇区 I 为例来说明电压空间矢量的合成过程。图中的 U_{ref} 代表需要合成的参考电压空间矢量，可以通过与其相邻的两个电压矢量 U_4（100）、U_6（110），以及两个零矢量 U_0（000）和 U_7（111）进行合成。

设控制周期为 T_s，进行矢量合成时 U_4（100）、U_6（110）和零矢量的作用时间分别为 T_1、T_2 和 T_0，则根据伏秒平衡原理，可以得到以下数学方程：

$$\begin{cases} \boldsymbol{U}_{ref}T_s = \boldsymbol{U}_4 T_1 + \boldsymbol{U}_6 T_2 + \boldsymbol{U}_0 T_0 \\ T_s = T_1 + T_2 + T_0 \end{cases} \quad (5\text{-}60)$$

将上述方程在 α-β 坐标系下表示，得到如下的坐标分量形式：

$$\begin{cases} U_\alpha = \dfrac{T_1}{T_s}\,|\boldsymbol{U}_4| + \dfrac{T_2}{T_s}\,|\boldsymbol{U}_6|\cos 60° \\ U_\beta = \dfrac{T_2}{T_s}\,|\boldsymbol{U}_6|\sin 60° \end{cases} \quad (5\text{-}61)$$

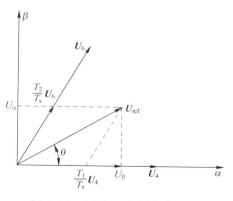

图 5-22　SVPWM 矢量合成原理

式中，U_α 和 U_β 为参考电压矢量 $\boldsymbol{U}_{ref}$ 在 α、β 轴上的分量。

由式（5-60）和式（5-61）可以计算出各个电压矢量的作用时间

$$\begin{cases} T_1 = \dfrac{T_s}{2U_{dc}}(3u_\alpha - \sqrt{3}\,u_\beta) \\ T_2 = \dfrac{\sqrt{3}\,T_s}{U_{dc}}u_\beta \end{cases} \tag{5-62}$$

式中，U_{dc} 为直流母线电压（V）。

2. 参考电压矢量计算

在定子 α-β 静止坐标系下，定子电压矢量方程已由式（5-63）给出，当 Δt 足够小时，可近似认为

$$u_s^{\alpha\beta} = i_s R_s + \frac{\Delta\Psi_s^{\alpha\beta}}{\Delta t} \tag{5-63}$$

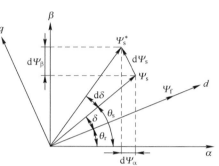

一个控制周期内，SVM-DTC 系统的定、转子磁链矢量关系如图 5-23 所示。

图中，Ψ_s^* 是给定磁链（Wb），Ψ_s 是实时估测的定子磁链（Wb），$\Delta\delta$ 是给定磁链与本次估测的定子磁链之间的变化角度（°）。

根据式（5-64）计算出给定磁链和实时估测的定子磁链二者在 α、β 轴的变化量，磁链偏差计算原理如图 5-24 所示。由直接转矩控制原理可知，若定

图 5-23 SVM-DTC 系统的定、转子磁链矢量关系图

子磁链 Ψ_s 为常数，则转矩与负载角 δ 呈非线性关系，转矩的变化可以由 δ 的变化直接决定。将定子磁链幅值 $|\Psi_s|$ 保持不变时，定子磁链的变化量 $\mathrm{d}\Psi_s$ 仅由 δ 的变化决定。根据上述分析，一个周期内的磁链变化量为

$$\begin{cases} \mathrm{d}\Psi_{s\alpha} = |\Psi_s^*|\cos(\gamma+\mathrm{d}\delta) - |\Psi_s|\cos\gamma \\ \mathrm{d}\Psi_{s\beta} = |\Psi_s^*|\sin(\gamma+\mathrm{d}\delta) - |\Psi_s|\sin\gamma \end{cases} \tag{5-64}$$

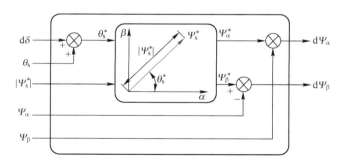

图 5-24 磁链偏差计算原理

根据式（5-61），可以得到参考电压空间矢量表达式：

$$\begin{cases} u_\alpha^* = \mathrm{d}\Psi_\alpha / T_s + R_s i_\alpha \\ u_\beta^* = \mathrm{d}\Psi_\beta / T_s + R_s i_\beta \end{cases} \tag{5-65}$$

根据上述的分析，基于 SVPWM 的永磁同步电动机直接转矩控制的工作过程可以归纳如下：由测量所得电动机变量估算定子磁链矢量和电磁转矩，采用 u_s 估计器得出为消除直接

转矩控制系统定子磁链、电磁转矩的误差而需要的参考电压空间矢量，再采用 SVPWM 单元对合成该参考电压空间矢量进行调制，将调制中生成的一系列开关信号送入逆变器，实现定子磁链和电磁转矩的准确、平滑控制。

3. 控制结构框图

永磁同步电动机的 SVM-DTC 系统结构图如图 5-25 所示。与基于开关表和滞环控制器的 DTC 相同，SVM-DTC 同样以定子磁链的圆形轨迹为基础，两者结构十分类似。SVM-DTC 采用了不同的方法，将滞环比较器替换为 PI 调节器，将开关逻辑表替换为空间矢量调制即 SVM 模块。前者完全在两相静止坐标系下进行分析，后者在同步旋转坐标系计算参考电压矢量。

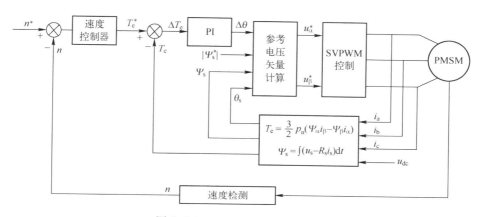

图 5-25　SVM-DTC 系统结构图

SVM-DTC 基本实现过程如下：

1）通过检测逆变器输出的三相相电流以及逆变器直流侧电压，结合坐标变换和系统控制规律可计算出电动机的电磁转矩、定子磁链。

2）由于转矩观测值 T_e 与速度调节器输出的转矩参考值 T_e^* 之间存在误差 ΔT_e，为了能够补偿这个误差，定子磁链的相位角需要增加 $\mathrm{d}\delta$，由转矩计算公式［式（5-47）］可知，电动机转矩与定、转子磁链夹角之间存在着非线性关系，因此，转矩误差 ΔT_e 可以通过一个 PI 调节器来预测磁链相位角增量 $\mathrm{d}\delta$。

3）由此得到定子磁链的参考矢量 $\mathbf{\Psi}_s^*$，它与定子磁链观测值 $\mathbf{\Psi}_s$ 之间存在矢量误差 $\Delta\mathbf{\Psi}_s$，再经过电压空间矢量计算模型得到能够补偿 $\Delta\mathbf{\Psi}_s$ 的定子电压分量 u_α^* 和 u_β^*。

4）通过 SVPWM 计算所选相邻电压矢量的作用时间，输出逆变器控制信号，控制逆变器开关状态，实现磁链偏差的精确补偿和电压矢量连续可调。

值得注意的是，在基于开关表和滞环控制器的直接转矩控制中，矢量的选择是根据定子磁链所在的位置，通过开关表来选择不同的电压矢量。而在 SVM-DTC 中，受到关注的不再是定子磁链本身，而是定子磁链实际观测值和期望值之间的误差，进而根据误差磁链矢量选择电压空间矢量并计算各矢量的作用时间。从图 5-25 所示的控制框图中可以看出，SVM-DTC 保留了基于开关表和滞环控制器 DTC 的优点，例如，没有复杂的坐标变换，对电动机参数依赖小，无电流环。但有两个不同之处：首先省略了滞环控制器，采用转矩 PI 调节器和参考矢量计算单元；其次，利用电压空间矢量调制单元来代替开关表。

5.4.5　直接转矩控制系统仿真

使用 MATLAB 对上述两种直接转矩控制搭建仿真模型，控制系统仿真中用到的三相永磁同步电动机的主要参数如下：永磁体磁链为 0.175 Wb，电动机为 4 对磁极。仿真中给定转速：600r/min。负载：0~0.15s 空载，0.15~0.3s 为 10N·m。速度环采用 PI 控制器，输出量为 d 轴电流给定。仿真结果如图 5-26 和图 5-27 所示。

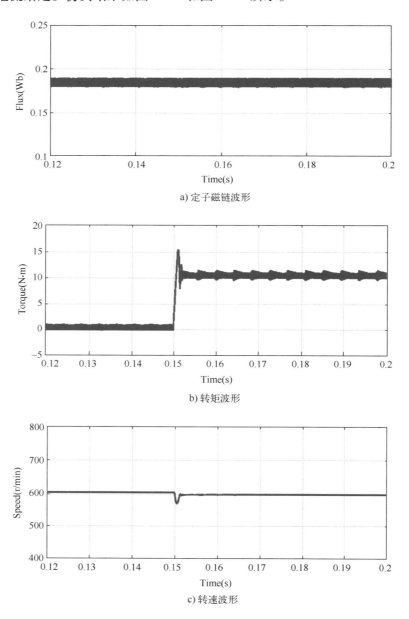

a) 定子磁链波形

b) 转矩波形

c) 转速波形

图 5-26　基于开关表和滞环控制器的直接转矩控制系统仿真结果

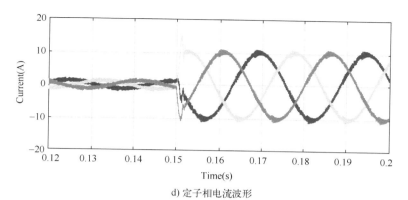

d) 定子相电流波形

图 5-26　基于开关表和滞环控制器的直接转矩控制系统仿真结果（续）

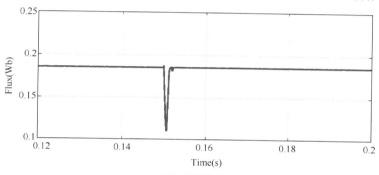

a) 定子磁链波形

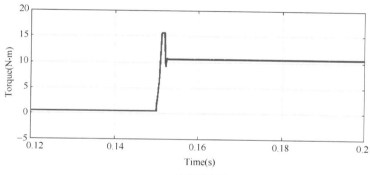

b) 转矩波形

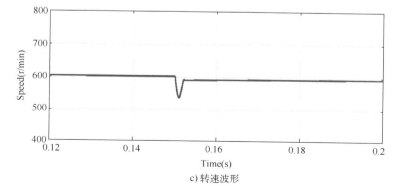

c) 转速波形

图 5-27　SVM-DTC 系统仿真结果

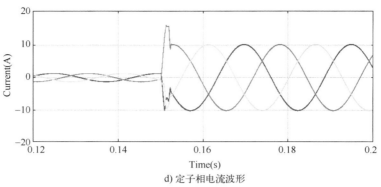

d) 定子相电流波形

图 5-27　SVM-DTC 系统仿真结果（续）

长知识——"永磁高铁"电机

　　世界轨道交通车辆牵引技术正朝着"永磁"驱动技术发展，中车株洲电机有限公司研制了时速 400 km 高速动车组用 TQ-800 永磁同步牵引电机，标志着中国高铁动力首次搭建起时速 400 km 速度等级的永磁牵引电机产品技术平台，填补了国内技术空白，为我国轨道交通牵引传动技术升级换代奠定了坚实基础。这款"永磁高铁"电机具有多项优点：采用全新的封闭风冷及关键部位定向冷却技术，确保了电机内部清洁并有效平衡了电机各部件的温度；采用新型稀土永磁材料，有效解决了永磁体失磁的难题；结合了大功率机车和高铁牵引电机绝缘结构的优点，具备更高的绝缘可靠性。

　　相比传统的异步牵引电机，这款"永磁高铁"电机具备功率密度更高、效率更高、环境适应能力更强和全寿命周期成本更低等优势。这台时速 400 km 等级的"永磁高铁"电机研发成功，不仅填补了我国高铁技术的空白，也加快了我国高铁智能化、绿色化的发展进程，让世界再次见证中国智造和中国速度。

5.5　永磁同步电动机模型预测控制

5.5.1　有限控制集模型预测控制（FCS-MPC）的基本原理

　　在交流调速领域，矢量控制和直接转矩控制方法都是先计算出给定值与反馈值的误差，由线性控制器或者开关表得到所需要的控制量来消除或者减小误差。MPC（模型预测控制）先由电动机模型和当前状态预测出每个电压矢量作用给电动机后的预测值，然后由预先定义的价值函数选择一个使得预测值与给定值最接近的电压矢量作为控制量，如此选择的控制量考虑了系统的未来状态，在误差出现之前就对误差进行了消除，可以获得更好的控制性能。

　　模型预测控制原理可以概括如下：首先基于离散的电动机数学模型计算得到所有可能的电压矢量对应的控制变量预测值，然后通过价值函数选择出使其值最小的电压矢量，并在下一个控制周期施加。整个"预测—评估"机制直观简洁，易于理解和实现。根据上述分析，FCS-MPC 可分为预测模型、控制集以及价值函数三部分。下面对预测模型、价值函数和控制延迟补偿等环节进行具体介绍。

1. 预测模型

由式（5-10）可得 PMSM 的状态空间方程为

$$
\begin{bmatrix} \dfrac{\mathrm{d}i_d}{\mathrm{d}t} \\[3mm] \dfrac{\mathrm{d}i_q}{\mathrm{d}t} \end{bmatrix} = \begin{bmatrix} -\dfrac{R_s}{L_d} & \dfrac{\omega_e L_q}{L_d} \\[3mm] -\dfrac{\omega_e L_d}{L_q} & -\dfrac{R_s}{L_q} \end{bmatrix} \begin{bmatrix} i_d \\[2mm] i_q \end{bmatrix} + \begin{bmatrix} \dfrac{1}{L_d} & 0 \\[3mm] 0 & \dfrac{1}{L_q} \end{bmatrix} \begin{bmatrix} u_d \\[2mm] u_q \end{bmatrix} + \begin{bmatrix} 0 \\[3mm] -\dfrac{\omega_e \Psi_f}{L_q} \end{bmatrix} \tag{5-66}
$$

由于实际控制中算法一般在微处理器上运行，FCS-MPC 应采用离散化模型，因此需要对连续状态方程式（5-66）进行离散化处理。在众多离散化方法中，简单且应用较为普遍的是前向欧拉法，即将微分项做前向差分近似处理，如下：

$$
\frac{\mathrm{d}i}{\mathrm{d}t} \approx \frac{i(k+1)-i(k)}{T_s} \tag{5-67}
$$

式中，T_s 为采样周期（s）；$i(k)$ 表示第 k 个采样时刻（$k=1,2,3,\cdots$）状态变量 i 的值（A）。利用前向欧拉离散法对定子电压状态方程式（5-66）进行离散化，可以得到 PMSM 离散模型。

2. 控制集

PMSM 控制系统通常采用三相两电平电压源型逆变器，6 个功率器件可以产生 8 种有效开关状态组合，包括 6 个非零电压矢量（$U_1 \sim U_6$）和 2 个零电压矢量（U_0 和 U_7），它们共同构成了 MPC 集。不同电压矢量对应的 $\alpha\text{-}\beta$ 轴电压 $u_{\alpha\beta}$ 经过同步旋转变换即可得到 u_d 和 u_q，代入预测模型式，即可计算出下一时刻控制变量预测值。

3. 价值函数

价值函数的设计是 MPC 算法实现的重要一环。对于 PMSM 控制系统而言，通常会考虑到以下几类控制目标：首先是实现对指令值的准确跟踪，常见的如实现电流、转矩和转速等受控量对参考值的跟踪；在此基础上有一些更高性能指标要求，如降低开关频率以减小开关损耗、在全速度范围实现 MTPA 和弱磁控制以提高效率等；最后还要考虑基于应用场景和系统自身对于受控量的约束限制条件。模型预测控制相对于传统电动机控制策略来讲，一个重要的优势是可以通过设计合理的价值函数来同时实现以上控制要求。这里的"合理"包括两方面内容，一方面要把控制目标具体反映为可以在价值函数中表达的一项，另一方面是赋予价值函数中各项以合适的权重。常见的价值函数组成项可包含误差项、性能指标项和约束条件项等。其中，误差项反映受控量预测值与参考值的偏差，常见的表达形式主要有三种：误差绝对值、误差二次方和误差积分等。综合考虑计算简洁性、表达的物理含义等因素，价值函数采用误差二次方的形式，如下：

$$
g = (x^* - x(k+1))^2 \tag{5-68}
$$

5.5.2 预测电流控制

PMSM 采用 $i_d=0$ 的控制方法中包括速度外环和电流内环，这两个控制环都采用传统 PI 控制器。永磁同步电动机是一个复杂的非线性系统，如果再改变参数或增加外部扰动等其他因素，就会发现传统 PI 控制器的局限性。模型预测电流控制相比于传统 PI 控制，在抗扰性能调节方面更方便、更容易，结构转换更易实现，并且不失电动机良好的控制性能，是近些年研究的一个方向。PMSM 速度变化相对于电流变化要慢得多，速度环的控制周期一般比电流环控制周期长，因此可以根据速度环和电流环各自的特点来选择适合的控制算法。针对电流环响应快、变化频繁的特点，采用有限集模型预测控制器取代传统 PI 电流控制器，外环速度环依然应用 PI 控制器，采用励磁电流 $i_d = 0$ 控制，建立一个完整的永磁同步电动机双闭环有限集模型预测电流控制（FCS-MPCC）系统，其结构框图如图 5-28 所示。

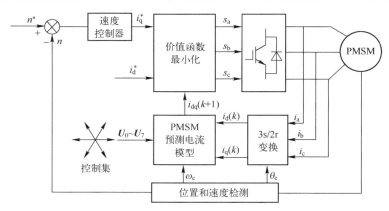

图 5-28　FCS-MPCC 结构框图

经过上述分析可知，FCS-MPCC 的控制过程包括 5 个主要步骤，总结如下：

1）测量永磁同步电动机三相电流。

2）将控制集中所有矢量代入预测模型，计算所有矢量作用下电流在下一时刻的预测值。

3）计算每个预测状态下的目标函数。

4）选择最小化目标函数的开关状态。

5）应用这种新的开关状态。

为实现 PMSM 的预测电流控制，首先推导 PMSM 的电流预测模型。将式（5-67）代入式（5-66），得到 $k+1$ 时刻 d、q 轴电流的预测值分别为

$$\begin{cases} i_d^p(k+1) = \left(1 - \dfrac{RT_s}{L_d}\right) i_d(k) + T_s \omega_e \dfrac{L_q}{L_d} i_q(k) + \dfrac{T_s}{L_d} u_d \\[3mm] i_q^p(k+1) = \left(1 - \dfrac{RT_s}{L_q}\right) i_q(k) - T_s \omega_e \dfrac{L_d}{L_q} i_d(k) - \dfrac{1}{L_q} \Psi_m \omega_e T_s + \dfrac{T_s}{L_q} u_q \end{cases} \tag{5-69}$$

式中，$i_d^p(k+1)$、$i_q^p(k+1)$ 为 $k+1$ 时刻 d、q 轴电流预测值（A）；$i_d(k)$、$i_q(k)$ 为 k 时刻 d、q 轴电流值，即当前时刻电流采样值（A）；ω_e 为当前时刻电动机电角速度（rad/s）；u_d、u_q 为控制集中各电压矢量的 d、q 轴分量（V）。

6 个有效矢量和 2 个零矢量构成了三相两电平电压源型逆变器的控制集合，将上述矢量依次代入式（5-69），可以得到 7 个预测电流值。

模型预测电流控制以电流为控制变量，其价值函数只需考虑参考电流与预测电流之间的误差。其经典的价值函数可设计为

$$g = \left(i_d^* - i_d^p(k+1)\right)^2 + \left(i_q^* - i_q^p(k+1)\right)^2 \tag{5-70}$$

式中，i_d^* 和 i_q^* 分别为 d、q 轴电流给定值（A）。

前面分析提到，在预测控制方案中，可以将约束条件项纳入价值函数中。例如，在电动

机起动的初始瞬间，定子电流大于最大转矩时的电流。因此，需要考虑将电流限制应用于预测控制中。限制定子电流幅值的非线性函数如下：

$$I_\mathrm{m}(k+1)=\begin{cases}0 & |i(k+1)|\leqslant|i_\mathrm{max}|\\ \infty & |i(k+1)|\geqslant|i_\mathrm{max}|\end{cases} \tag{5-71}$$

式中，$i(k+1)=\sqrt{(i_\mathrm{d}^p(k+1))^2+(i_\mathrm{q}^p(k+1))^2}$。如果预测电流值小于最大电流值 i_max，价值函数中这部分对控制算法没有影响；反之，如果选择的电压矢量可能引起电流超过 i_max，价值函数中的这部分将会阻止该电压矢量的选择。因此，系统的安全性得到了保证，包含电流约束的价值函数为

$$g=(i_\mathrm{d}^*-i_\mathrm{d}^p(k+1))^2+(i_\mathrm{q}^*-i_\mathrm{q}^p(k+1))^2+I_\mathrm{m}(k+1) \tag{5-72}$$

利用价值函数即可计算出下一时刻与参考给定值最接近的电流值，从而在下一时刻开始将该预测电流对应的电压矢量作用到逆变器。

5.5.3　预测转矩控制

PMSM 预测转矩控制（FCS-MPTC）系统框图如图 5-29 所示。与 FCS-MPCC 控制器相比，FCS-MPTC 主要的变化在于预测模型为转矩、磁链预测，相应的价值函数也进行了改变；速度环 PI 控制器产生转矩参考值。

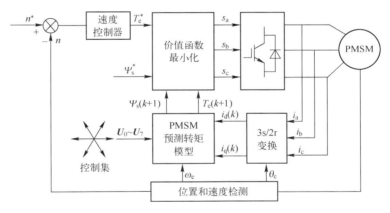

图 5-29　PMSM 预测转矩控制系统框图

模型预测转矩控制的控制对象与直接转矩控制相同，都是通过选择电压矢量来直接控制电动机的转矩和定子磁链。不同的是两者选择电压矢量的方法，直接转矩控制通过滞环比较器和电压矢量选择表来选择，而预测转矩控制是通过预测电动机下一时刻的运行状态来选择最优矢量，相比前者其对转矩和磁链的控制精度得到提高。

模型预测转矩控制以转矩和磁链为控制变量。根据预测控制基本原理，下一时刻磁链和转矩的预测值可以表示为

$$\begin{cases}\boldsymbol{\Psi}_\mathrm{d}(k+1)=L_\mathrm{d}i_\mathrm{d}(k+1)+\boldsymbol{\Psi}_\mathrm{f}\\ \boldsymbol{\Psi}_\mathrm{q}(k+1)=L_\mathrm{q}i_\mathrm{q}(k+1)\end{cases} \tag{5-73}$$

$$\boldsymbol{\Psi}_\mathrm{s}=\sqrt{\boldsymbol{\Psi}_\mathrm{d}^2(k+1)+\boldsymbol{\Psi}_\mathrm{q}^2(k+1)} \tag{5-74}$$

$$T_\mathrm{e}(k+1)=\frac{3}{2}p[\boldsymbol{\Psi}_\mathrm{d}(k+1)i_\mathrm{q}(k+1)-\boldsymbol{\Psi}_\mathrm{q}(k+1)i_\mathrm{d}(k+1)] \tag{5-75}$$

此时的价值函数需包含具有不同量纲的转矩和磁链，因而，FCS-MPTC 的价值函数通常设计为

$$g = (T_e^* - T^p(k+1))^2 + \lambda (\Psi_s^* - \Psi_s^p(k+1))^2 + I_m(k+1) \tag{5-76}$$

式中，T_e^* 和 Ψ_s^* 分别为转矩和磁链给定值；λ 为权重系数。

5.5.4　模型预测控制系统仿真

使用 MATLAB 对上述两种直接转矩控制搭建仿真模型，三相 PMSM 的主要参数如下：永磁体磁链为 0.175 Wb，电动机为 4 对磁极。仿真中给定转速：600 r/min。负载：0~0.15 s 空载，0.15~0.3 s 为 10 N·m。速度环采用 PI 控制器，输出量为 d 轴电流给定。使用 MAT-LAB Function 编写循环函数，将控制集中所有矢量代入预测模型。FCS-MPCC 的仿真波形如图 5-30 所示。

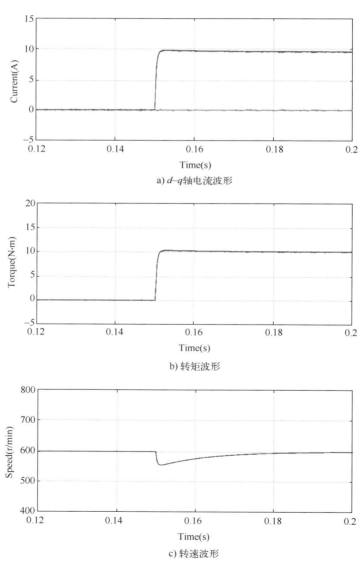

a) d-q 轴电流波形

b) 转矩波形

c) 转速波形

图 5-30　FCS-MPCC 的仿真波形

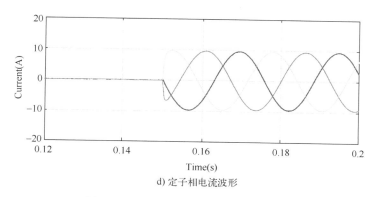

d) 定子相电流波形

图 5-30　FCS-MPCC 的仿真波形（续）

　　FCS-MPCC 的控制变量为同一量纲的电流，价值函数在设计时无须引入权重系数，因而无须参数整定过程。而 FCS-MPTC 控制变量包括磁链和转矩，因而加入了权重系数，需要通过反复实验确定最优值。

　　与 FCS-MPCC 采用同样的仿真工具和参数，FCS-MPTC 的仿真波形如图 5-31 所示。

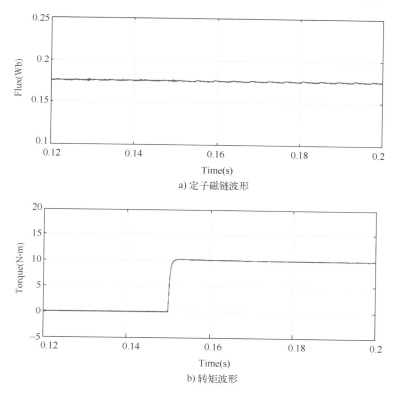

a) 定子磁链波形

b) 转矩波形

图 5-31　FCS-MPTC 的仿真波形

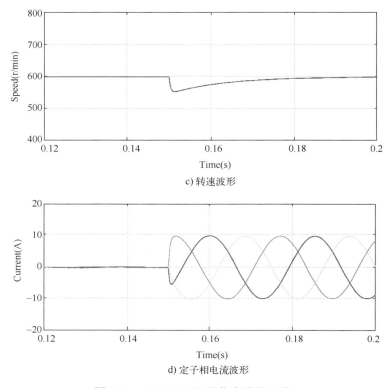

c) 转速波形

d) 定子相电流波形

图 5-31　FCS-MPTC 的仿真波形（续）

5.5.5　模型预测控制面临的挑战

FCS-MPC 虽然因其在电力电子和电力传动领域内的巨大优势而吸引了众多研究人员关注，但在实际发展应用中，同时面临了一些新问题。

（1）计算量大　FCS-MPC 算法在每个采样周期里有着较大的计算量，直到近十年来随着 DSP、FPGA 的发展才逐渐得以解决。FCS-MPC 算法采用遍历寻优方式来获取最优矢量，采用两电平逆变器时，需要搜寻 8 个矢量，对于三电平而言达到了 27 个，四电平则达到 64 个。而 FCS-MPC 需要较小的采样周期才能保证良好的稳态性能，要在较短的时间内计算这么多矢量会给 CPU 带来很大的计算负荷。

（2）价值函数的设计　FCS-MPC 的一大优势在于价值函数设计的灵活性。但通常一个控制系统可能同时要有多个限制条件，这时就需要将不同控制变量的价值函数加以组合，如转矩和磁链的同时控制（DTC）。不同的控制算法中所要求解的优化目标也有所不同，这就涉及价值函数的定义或计算问题。

（3）定频控制　FCS-MPC 相比于传统的线性控制算法，主要的缺点在于逆变器的输出状态不固定，使得交流电流及电压谐波频谱较为分散，不利于在控制结构中添加滤波器。

（4）控制系统参数敏感性　FCS-MPC 的控制效果受到系统离散模型和控制时域的影响。模型越接近真实情况，控制效果越佳。此外，模型参数值不准确，会降低预测精度，使控制效果变差。FCS-MPC 本身具有一定的鲁棒性，但无法适应参数大范围变化。

长知识——永磁同步电动机在工业机器人领域的应用

　　工业机器人是面向工业领域的多关节机械手或多自由度的机器装置，它能接受人类指挥，靠自身动力、控制能力自动执行工作来实现各种功能，现代的工业机器人还可以根据人工智能技术制定的原则纲领行动。机器人在成本上通常仅为人工成本的四分之一，而且在质量、效率和管理等方面还能带来很多新的附加值，因而工业机器人在市场异军突起。

　　我国的工业机器人正处于一个井喷时代。工业机器人市场将迎来大增长，对人才需求量非常大。多方数据统计，在所有硬件人才需求中机器人应用工程师的需求达到全部需求量的 60%~70%。在控制算法上，通常采用矢量控制，有针对齿槽转矩的补偿算法、针对转矩脉动的谐波注入法。

　　针对工业机器人的应用场合，永磁同步电动机相比异步电动机的主要优势有以下三个方面：

　　1）工业机器人应用上，电动机功率最多不超过 10 kW，在这一功率等级，永磁同步电动机具有功率密度高、转矩大的优势，很符合工业机器人对电动机质量和过载的要求。

　　2）永磁同步电动机配合驱动器，整个系统的控制精度高，响应快。

　　3）永磁同步电动机比异步电动机效率更高，更节能。

5.6　多相永磁同步电动机容错控制

　　由于永磁同步电动机性能卓越，引起广泛关注与应用。传统的永磁交流电动机均为三相电动机，技术发展相当成熟，但由于相数的限制，无法满足一些特殊场合的应用。多相电动机具有功率密度大、转矩波动小、效率高、容错性能强和可靠性高等优点；同时多相电动机驱动系统能够实现低压大功率传动，提升调速系统的整体性能，尤其是多相电动机的容错性能。当电动机出现一相或者多相故障时，可以适当地调整电动机的控制策略，实现电动机的容错无扰运行。多相电动机由于这些独特的优势，更适合航空航天、船舶舰艇和电动汽车等对可靠性要求高的场合应用。

5.6.1　多相永磁同步电动机的特点

　　（1）高可靠性　多相永磁同步电动机存在相数冗余，当多相永磁同步电动机驱动系统中的电动机或者驱动器的一相甚至几相发生故障时，可以将故障相断开，电动机仍可运行，驱动系统可靠性大大提高，多相永磁同步电动机驱动系统特别适合于具有高可靠性要求的场合。

　　（2）适用于低压大功率驱动　在供电电压受限制的场合，采用多相永磁同步电动机驱动系统是解决低压大功率的有效途径。此时驱动系统中的中大功率逆变器采用目前电流等级的功率器件就能实现，而不必选择电流等级更大的功率器件，同时也避免了选用小电流功率器件并联引起的动态及静态均流问题。而且，采用低压实现大功率还避免了功率器件串联带来的静态及动态均压问题。

　　（3）低转矩脉动　随着电动机相数的增加，空间谐波次数增加，转矩脉动频率提高，幅值下降，进而降低了转矩脉动。永磁同步电动机的静态性能得到了很大的改善，振动和噪声大大减小。甚至可以不采用PWM的方法，而采用方波电压供电，这大大减少了驱动器的开关损耗。因此，多相永磁同步电动机驱动系统特别适合于直接驱动的应用场合。

（4）丰富的控制资源 在多相永磁同步电动机控制系统中，多相逆变器的电压空间矢量指数性增加，为PWM、直接转矩控制和模型预测控制等提供了丰富的控制资源。同时，多相永磁同步电动机可以通过矢量空间解耦来实现基波分量和谐波分量的解耦，在精确控制转矩和磁链的同时，有效抑制电动机的谐波。

5.6.2 容错控制基本原理

容错控制是在故障下通过重新调整剩余各相电流的幅值和相位，使其产生的旋转磁动势与正常状态下一致，保证电动机平稳运行。由于多相电动机在故障后定子结构不再对称，为了产生与正常状态下一致的旋转磁动势，容错模式运行的电枢电流必然是不对称的，此时可以根据定子铜耗最小、输出转矩最大等约束条件离线求解最优容错电流，并通过电流滞环等策略驱动电动机，实现容错运行。

以磁场正弦分布的五相永磁同步电动机为例，当定子绕组中施加对称的正弦波电流时，其产生的磁动势在气隙圆周内匀速旋转，如下式所示：

$$F_s = \frac{5}{2} N_1 I_1 \cos(\omega t - \varphi) = \frac{5}{2} N_1 I_1 [\cos\omega t \cos\varphi + \sin\omega t \sin\varphi] \tag{5-77}$$

当定子绕组发生开路故障时，设各相绕组中电流的表达式为

$$\begin{cases} i_a(t) = x_a \cos\omega t + y_a \sin\omega t \\ i_b(t) = x_b \cos\omega t + y_b \sin\omega t \\ i_c(t) = x_c \cos\omega t + y_c \sin\omega t \\ i_d(t) = x_d \cos\omega t + y_d \sin\omega t \\ i_e(t) = x_e \cos\omega t + y_e \sin\omega t \end{cases} \tag{5-78}$$

式（5-78）可以构成任何形式的正弦波信号，此时五相永磁同步电动机定子产生的气隙磁动势为

$$F_s = N_1 \cos(\varphi) [i_a(t) + 0.309 i_b(t) - 0.809 i_c(t) - 0.809 i_d(t) + 0.309 i_e(t)] + \\ N_1 \sin(\varphi) [0.9511 i_b(t) + 0.5878 i_c(t) - 0.5878 i_d(t) - 0.9511 i_e(t)] \tag{5-79}$$

根据故障前后磁动势保持不变的原则，由式（5-77）和式（5-79）可知：

$$\begin{cases} \frac{5}{2} I_1 \cos\omega t = i_a(t) + 0.309 i_b(t) - 0.809 i_c(t) - 0.809 i_d(t) + 0.309 i_e(t) \\ \frac{5}{2} I_1 \sin\omega t = 0.9511 i_b(t) + 0.5878 i_c(t) - 0.5878 i_d(t) - 0.9511 i_e(t) \end{cases} \tag{5-80}$$

对于定子绕组无中线连接的五相永磁同步电动机，各相绕组电流的瞬时值之和始终等于零，即有如下等式成立：

$$\begin{cases} x_a + x_b + x_c + x_d + x_e = 0 \\ y_a + y_b + y_c + y_d + y_e = 0 \end{cases} \tag{5-81}$$

将式（5-78）代入式（5-80）并化简，可得基于故障后磁动势不变的约束条件如下：

$$\begin{cases} x_a+0.309x_b-0.809x_c-0.809x_d+0.309x_e=\dfrac{5}{2}I_1 \\ y_a+0.309y_b-0.809y_c-0.809y_d+0.309y_e=0 \\ 0.9511y_b+0.5878y_c-0.5878y_d-0.9511y_e=\dfrac{5}{2}I_1 \\ 0.9511x_b+0.5878x_c-0.5878x_d-0.9511x_e=0 \\ x_a+x_b+x_c+x_d+x_e=0 \\ y_a+y_b+y_c+y_d+y_e=0 \end{cases} \tag{5-82}$$

当五相永磁同步电动机 A 相发生开路故障时，将 $x_a=y_a=0$ 代入式（5-82）中，此时方程组的 6 个方程中共包含有 8 个未知数，存在无穷多个解，需要人为地增加一些限制条件，以得到满足某一性能指标的唯一解。为了提高开路故障状态下电动机输出的最大转矩，假设剩余四个正常相绕组的电流幅值保持相等，求得的容错电流如下：

$$\begin{cases} i_a(t)=0 \\ i_b(t)=1.382\cos(\omega t-0.5\pi) \\ i_c(t)=1.382\cos(\omega t-0.8\pi) \\ i_d(t)=1.382\cos(\omega t+0.8\pi) \\ i_e(t)=1.382\cos(\omega t+0.5\pi) \end{cases} \tag{5-83}$$

同样，为了降低故障后的铜耗，提升系统的效率，以定子铜耗最小为优化目标，其目标函数可以表示为

$$F=x_b^2+y_b^2+x_c^2+y_c^2+x_d^2+y_d^2+x_e^2+y_e^2 \tag{5-84}$$

可以构建拉格朗日函数：

$$\begin{aligned} F_1={}&x_b^2+y_b^2+x_c^2+y_c^2+x_d^2+y_d^2+x_e^2+y_e^2+ \\ &\lambda_1\left(x_a+0.309x_b-0.809x_c-0.809x_d+0.309x_e-\frac{5}{2}I_1\right)+ \\ &\lambda_2(y_a+0.309y_b-0.809y_c-0.809y_d+0.309y_e)+ \\ &\lambda_3\left(0.9511y_b+0.5878y_c-0.5878y_d-0.9511y_e-\frac{5}{2}I_1\right)+ \\ &\lambda_4(0.9511x_b+0.5878x_c-0.5878x_d-0.9511x_e)+ \\ &\lambda_5(x_a+x_b+x_c+x_d+x_e)+ \\ &\lambda_6(y_a+y_b+y_c+y_d+y_e) \end{aligned} \tag{5-85}$$

利用拉格朗日乘数法，可以得到各相电流的表达式为

$$\begin{cases} i_a(t)=0 \\ i_b(t)=1.468\cos(\omega t+49.62°) \\ i_c(t)=1.263\cos(\omega t-62.27°) \\ i_d(t)=1.263\cos(\omega t+62.27°) \\ i_e(t)=1.468\cos(\omega t+49.62°) \end{cases} \tag{5-86}$$

5.6.3 容错控制仿真

以下为五相永磁同步电动机 A 相开路时基于磁场定向的容错控制。

图 5-32 为采用输出转矩最大作为约束条件的容错控制算法。图 5-32a 为电动机的电磁转矩波形，电动机的负载转矩在 0.05 s 时由 5 N·m 突变至 10 N·m。图 5-32b 为五相电流波形，可以看出在稳态时剩余四相电流幅值相等。图 5-32c 为 d-q 轴的电流波形。

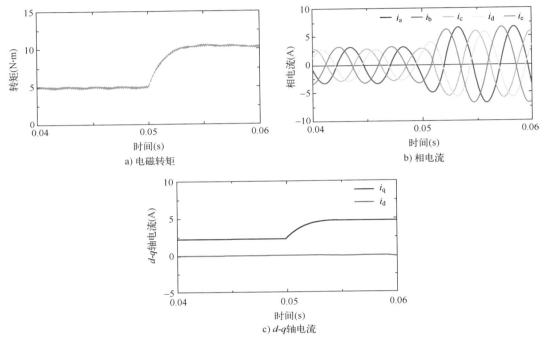

图 5-32　输出转矩最大作为约束条件

而图 5-33 则为采用定子铜耗最小作为约束条件的容错控制算法。同样，图 5-33a 展示的是电动机的负载转矩在 0.05 s 由 5 N·m 突变至 10 N·m 的情况下电磁转矩波形。图 5-33b 为五相电流波形，B 相和 E 相幅值相等，C 相和 D 相幅值相等。图 5-33c 为 d-q 轴电流的响应。

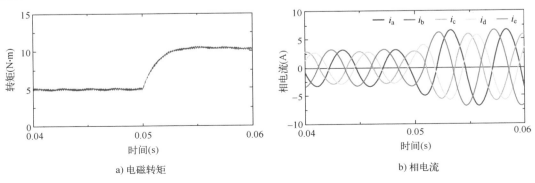

图 5-33　定子铜耗最小作为约束条件

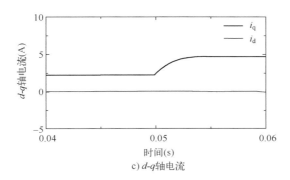

c) *d-q* 轴电流

图 5-33　定子铜耗最小作为约束条件（续）

5.7　永磁无刷直流电动机控制[32]

所谓梯形波永磁同步电动机实质上是一种特定类型的同步电动机，其转子磁极采用瓦型磁钢，经专门的磁路设计，可获得梯形波的气隙磁场，定子采用集中整距绕组，因而感应的电动势也是梯形波。为了使其运行，必须由逆变器提供与电动势严格同相的方波电流。由于各相电流都是方波，逆变器的电压只需按直流 PWM 的方法进行控制。然而由于绕组电感的作用，换相时电流波形不可能突跳，其波形实际上只能是近似梯形的，因而通过气隙传送到转子的电磁功率也是梯形波。

由三相桥式逆变器供电的丫联结梯形波永磁同步电动机的等效电路如图 5-34 所示。从电动机本身看，它是一台同步电动机，但是如果把它和逆变器、转子位置检测器组合起来，由于电源侧仅提供直流电压和电流，该组合就像是一台直流电动机，所以在商业领域称这个组合为无刷直流电动机（Brushless DC Motor，BLDM）。直流电动机电枢里面的电流本来就是交变的，只是经过机械式的换向器和电刷才在外部电路表现为直流，这时，直流电动机换向器相当于逆变器，电刷相当于磁极位置检测器。与此相应，在 BLDM 系统中则采用电力电子逆变器和转子位置检测器。稍有不同的是，直流电动机的磁极在定子上，电枢是旋转的，而同步电动机的磁极一般都在转子上，电枢却是静止的，这只是相对运动不同，没有本质上的区别。

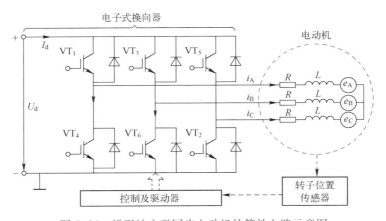

图 5-34　梯形波永磁同步电动机的等效电路示意图

5.7.1 工作原理

按照图 5-34 所示，以下以 120°电角度导电模式为例，分别分析梯形波永磁电动机的换相过程、转子磁场的位置检测和电力电子逆变电源的供电方式。

1. 换相过程

以图 5-35a 所示的两极电动机为例讨论。图 5-35a 中的定子磁场位置和转子位置为 $\omega_1 t = 60°(0_-)$ 时刻前的位置。在 $\omega_1 t = 60°(0_+)$ 时刻进行电流换相，假定换相瞬间完成，电流波形如图 5-35g 中区间"$60°(0_+) \sim 120°(0_-)$"所示，则定子磁场旋转至图 5-35b 位置，于是在动转矩的作用下转子旋转至图 5-35c 所示位置。同理可以讨论其他换相过程。分析可知，这些换相是由逆变器和检测转子位置的传感器共同完成的。

2. 转子磁场的位置检测

由图 5-35a 可知，只需要每隔 60°电角度变换一次控制电流（或电压），所以对位置检测的分辨率要求不高，一般采用霍尔效应传感器就可以了。通常，将三个霍尔式传感器以空间相差 120°电角度的方式安装在电动机的气隙内，例如，可以将霍尔式传感器装在图 5-35a 的 A、B 和 C 区域。

3. 逆变器的供电及 PWM 电压（或电流）的控制模式

三相反电动势 $e_{A,B,C}$ 和电流 $i_{A,B,C}$ 波形如图 5-35g 所示。6 个开关 $VT_1 \sim VT_6$ 的动作使得直流母线的电流 I_d 以 120°电角度的宽度，以与各相反电动势同步并以反电动势波形的中轴线对称的波形分配给各相电流。因此，在任意瞬间两相导通而另一相断开。

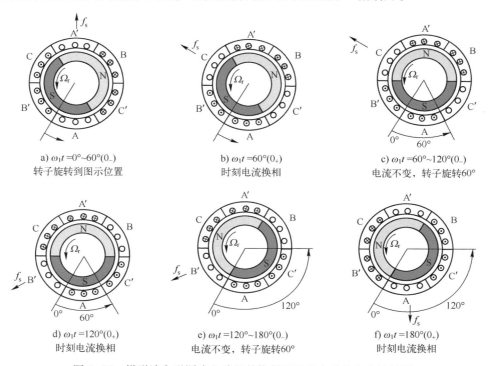

a) $\omega_1 t = 0° \sim 60°(0_-)$
转子旋转到图示位置

b) $\omega_1 t = 60°(0_+)$
时刻电流换相

c) $\omega_1 t = 60° \sim 120°(0_-)$
电流不变，转子旋转60°

d) $\omega_1 t = 120°(0_+)$
时刻电流换相

e) $\omega_1 t = 120° \sim 180°(0_-)$
电流不变，转子旋转60°

f) $\omega_1 t = 180°(0_+)$
时刻电流换相

图 5-35 梯形波永磁同步电动机的换相以及反电动势和电流波形

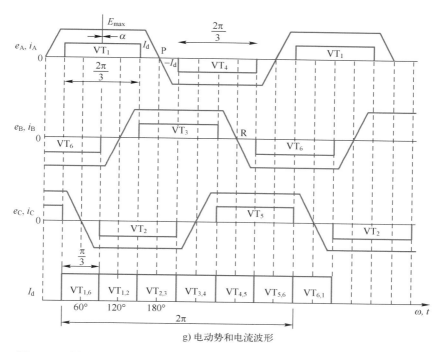

g) 电动势和电流波形

图 5-35 梯形波永磁同步电动机的换相以及反电动势和电流波形（续）

实际上在 120°电角度内，逆变器可采用 PWM 斩波器模式控制电动机的端电压或电流的大小。图 5-36 给出了采用电流控制型逆变器并使用 PWM 控制时，定子电流和电动机反电动势的波形。图中的 I_{av} 为平均电流，与直流母线电流 I_d 相等。

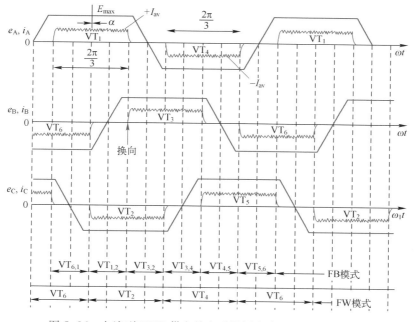

图 5-36 电流型 PWM 供电的电动机侧电流和反电动势波形

一般地,有两种基本的 PWM 控制模式,即反馈模式（FB Mode）和前馈模式（FW Mode）。以反馈模式为例,在 $VT_{6,1}$ 区间为 VT_1、VT_6 的动作期间。该区间内如果 VT_1、VT_6 = ON 的占空比增加,则平均电流增加;反之,电流则减少。所以调节占空比可以调节电流的大小。

设方波电流的峰值为 I_d,梯形波电动势的峰值为 E_{max},在一般情况下,同时只有两相导通,从逆变器直流侧看进去,为两相绕组串联,则电磁功率为 $P_M = 2E_{max}I_d$。忽略电流换相过程的影响、逆变器的损耗等,电磁转矩为

$$T_e = \frac{P_M}{\omega_1/n_p} = \frac{2n_p E_{max} I_d}{\omega_1} \tag{5-87}$$

理想条件下,E_{max} 正比于磁场磁通密度 B_f 和转速 n,而 BLDM 的 B_f 主要由永磁体决定,可认为是常数。于是:

$$E_{max} = K_e \omega_1 \tag{5-88}$$

$$T_e = K_B B_f I_d \tag{5-89}$$

式中,K_e、K_B 是与电动机结构有关的常数。式（5-89）说明,BLDM 系统的转矩与直流电源的供电电流 I_d 成正比,和一般的直流电动机相当。注意此时的转矩公式不同于正弦波永磁同步电动机的转矩公式 [式（5-29）]。

这样,BLDM 系统也和直流调速系统一样,要求不高时,可采用开环调速,对于动态性能要求较高的负载,可采用双闭环控制系统。无论是开环还是闭环系统,都必须具备转子位置检测、发出换相信号和对直流电压的 PWM 控制等功能。

5.7.2 系统动态模型

对于梯形波的电动势和电流,由于三相在同一时刻不都导通（不对称）且有谐波,不能简单地用矢量表示。因而旋转坐标变换也不适用,只能在静止的 A-B-C 坐标上建立电动机的数学模型。假定转子磁阻不随位置变化（例如表贴式转子）,电动机的电压方程可以用下式表示:

$$\begin{bmatrix} u_A \\ u_B \\ u_C \end{bmatrix} = \begin{bmatrix} R_s & 0 & 0 \\ 0 & R_s & 0 \\ 0 & 0 & R_s \end{bmatrix}\begin{bmatrix} i_A \\ i_B \\ i_C \end{bmatrix} + \begin{bmatrix} L_s & L_m & L_m \\ L_m & L_s & L_m \\ L_m & L_m & L_s \end{bmatrix} p\begin{bmatrix} i_A \\ i_B \\ i_C \end{bmatrix} + \begin{bmatrix} e_A \\ e_B \\ e_C \end{bmatrix} \tag{5-90}$$

式中,$u_{A,B,C}$ 为三相输入对地电压;$i_{A,B,C}$ 为三相定子电流;$e_{A,B,C}$ 为三相电动势;R_s 为定子每相电阻;L_s 为定子每相绕组的自感;L_m 为定子任意两相绕组间的互感。

由于三相定子电流有 $i_A + i_B + i_C = 0$,则

$$\begin{cases} L_m i_B + L_m i_C = -L_m i_A \\ L_m i_C + L_m i_A = -L_m i_B \\ L_m i_A + L_m i_B = -L_m i_C \end{cases} \tag{5-91}$$

代入式（5-90）,定义各相定子漏感为 $L_\sigma = L_s - L_m$,整理后得

$$\begin{bmatrix} u_A \\ u_B \\ u_C \end{bmatrix} = \begin{bmatrix} R_s & 0 & 0 \\ 0 & R_s & 0 \\ 0 & 0 & R_s \end{bmatrix}\begin{bmatrix} i_A \\ i_B \\ i_C \end{bmatrix} + \begin{bmatrix} L_\sigma & 0 & 0 \\ 0 & L_\sigma & 0 \\ 0 & 0 & L_\sigma \end{bmatrix} p\begin{bmatrix} i_A \\ i_B \\ i_C \end{bmatrix} + \begin{bmatrix} e_A \\ e_B \\ e_C \end{bmatrix} \tag{5-92}$$

不考虑换相过程及 PWM 波等因素的影响，当图 5-34 中的 VT_1 和 VT_6 导通时，A、B 两相导通而 C 相关断，则

$$i_A = -i_B, \quad i_C = 0, \quad e_A = -e_B = E_{max} \tag{5-93}$$

代入式（5-90），可得无刷直流电动机的动态电压方程为

$$u_A - u_B = 2R_s i_A + 2L_\sigma p i_A + 2E_{max} \tag{5-94}$$

其中的 "$u_A - u_B$" 是 A、B 两相之间输入的平均线电压。若 PWM 控制的占空比为 ρ，则 $u_A - u_B = \rho U_d$，于是式（5-94）可改写成

$$\rho U_d - 2E_{max} = 2R_s(T_1 p + 1) i_A \tag{5-95}$$

式中，$T_1 = L_\sigma / R_s$ 为电枢漏磁时间常数（s）。

根据式（5-88）、式（5-89）、式（5-95）和运动方程式（5-12），可以绘出 BLDM 系统的动态结构图如图 5-37 所示。

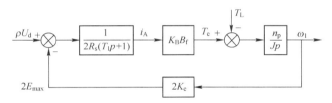

图 5-37　BLDM 系统的动态结构图

实际上，换相过程中电流的变化、关断相电动势所引起的瞬态电流、PWM 调压对电流和电动势的影响等都会使转矩特性变差，造成转矩和转速的脉动。例如，由于定子漏感的作用定子电流不能突变，所以每次换相时平均电磁转矩都会降低一些，实际的转矩波形每隔 60° 电角度都出现一个缺口，而用 PWM 调压调速又使平顶部分出现纹波，这样的转矩脉动使梯形波永磁同步电动机的调速性能低于正弦波永磁同步电动机。

在稳态条件下，由式（5-95）可知

$$\rho U_d = 2R_s I_d + 2E_{max} \tag{5-96}$$

而 E_{max} 与电动机的转速 n 成正比。可以看出，其机械特性与他励直流电动机的机械特性在形式上完全一致。

5.8　工程应用案例——永磁同步电动机在电动静液作动器上的应用

电动静液作动器是一种新型伺服作动器，由于其集成度高、功重比大、可靠性高、效率高和安装维护性好等优点，可替代传统集中油源阀控液压作动系统，被广泛应用于飞机、舰艇和机器人等移动平台的重载场合。美国、欧洲和日本等发达国家或地区对于电动静液作动器的研究与发展起步较早，目前已将电动静液作动器正式应用于航空航天、军工和机器人等领域。我国前期进行了电动静液作动器的理论和技术研究，当前已开始正式产品的研制。电动静液作动器正在促进液压伺服作动领域的更新换代，有望成为大型装备的一项通用技术。电动静液舵机要求电动机具有较大的平均转矩和较小的转矩脉动、较低的振动和噪声管理能力。基于上述需求设计了三相永磁同步电动机，其结构如图 5-38 所示，电动机参数见表 5-2 所列。

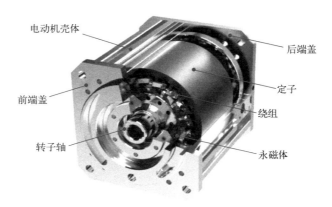

图 5-38　电动静液作动器用永磁同步电动机结构

表 5-2　电动静液作动器用永磁同步电动机参数

名　称	数　值
槽/极数	36/12
额定转速/$r \cdot min^{-1}$	3000
额定功率/kW	3
铁心长度/mm	90
定子外径/mm	125
定子内径/mm	80
气隙长度/mm	1.5
永磁体材料	SM32
定子相电阻/Ω	2.27
d 轴电感/mH	5.028
q 轴电感/mH	5.351
永磁体磁链/Wb	0.2108

　　该电动机采取面包状偏心磁极结构，选取合适的偏心距并通过抑制奇数次的永磁磁场谐波使转矩脉动降低了 88.7%，效果如图 5-39 所示。此外，由于偏心磁极的谐波抑制作用，进一步地降低槽数阶电磁力以及高频边带电磁力的幅值，最大振动位移降低了 76.9%，如图 5-40 所示。

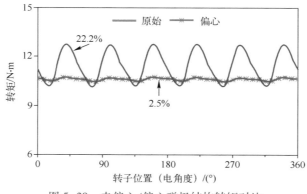

图 5-39　未偏心/偏心磁极结构转矩对比

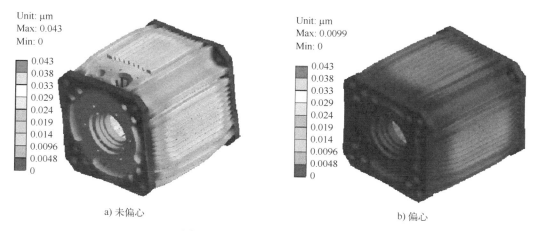

a) 未偏心   b) 偏心

图 5-40 磁极结构振动位移对比

根据上述电动静液作动器用永磁同步电动机的参数，在 MATLAB/Simulink 中搭建模型预测电流控制的仿真模型，仿真模型如图 5-41 所示。

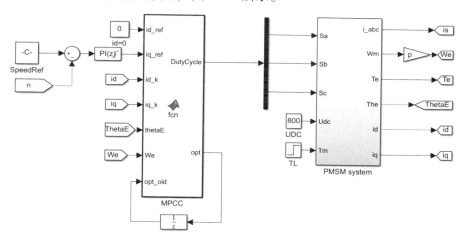

图 5-41 电动静液作动器仿真模型

仿真模型主要包含两个部分：电动机控制部分（模型预测电流控制）和电动静液作动器用永磁同步电动机的仿真模块。以下分别进行介绍。

1. 电动静液作动器用永磁同步电动机的仿真模块

永磁同步电动机系统模块内部结构依然包括两个部分，一部分负责将开关序列转换为三相电压模块，另一部分为永磁同步电动机模块。图 5-42 为功率变换模块及电动机模块框图。

其中，交流侧相电压 V_{AN}、V_{BN}、V_{CN} 与开关函数之间的关系如下：

$$\begin{cases} V_{\text{AN}} = \dfrac{U_{\text{dc}}}{3}(2s_{\text{a}} - s_{\text{b}} - s_{\text{c}}) \\[2mm] V_{\text{BN}} = \dfrac{U_{\text{dc}}}{3}(-s_{\text{a}} + 2s_{\text{b}} - s_{\text{c}}) \\[2mm] V_{\text{CN}} = \dfrac{U_{\text{dc}}}{3}(-s_{\text{a}} - s_{\text{b}} + 2s_{\text{c}}) \end{cases} \tag{5-97}$$

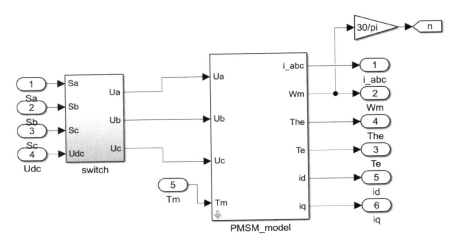

图 5-42 功率变换模块及电动机模块框图

按照式（5-97），图 5-42 中的 switch 模块内部结构（开关函数和电压计算模块）如图 5-43 所示。

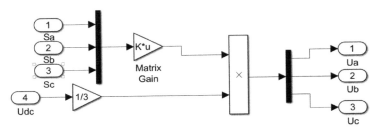

图 5-43 开关函数和电压计算模块

根据永磁同步电动机的数学模型，建立电动静液作动器用永磁同步电动机的仿真模型，其内部结构如图 5-44 所示。

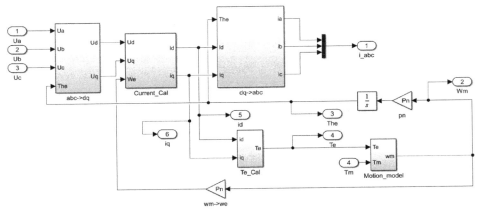

图 5-44 电动静液作动器用永磁同步电动机的仿真模型

其中，abc->dq 与 dq->abc 模块分别为三相自然坐标系到旋转坐标系的变换矩阵及其逆矩阵。根据永磁同步电动机的数学模型，可以得到 d-q 轴电流计算模块、电磁转矩计算模块以及机械角速度计算模块，各部分的内部结构如图 5-45~图 5-47 所示。

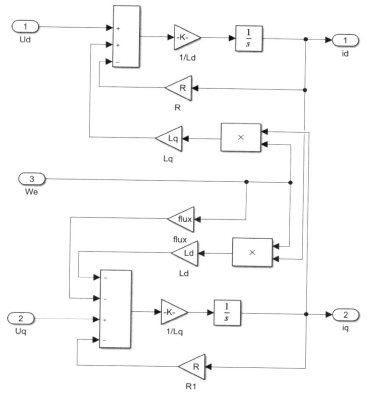

图 5-45　d-q 轴电流计算模块

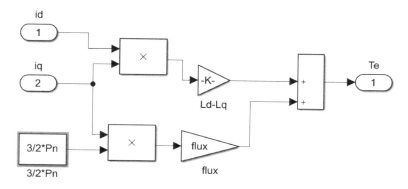

图 5-46　电磁转矩计算模块

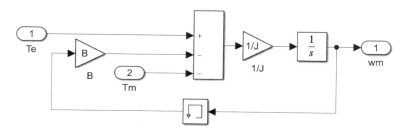

图 5-47　机械角速度计算模块

2. 控制部分

为验证电动静液作动器用永磁同步电动机的运行性能，设计了 d 轴电流为零的模型预测控制策略，速度环采用比例积分控制器。通过 MATLAB Function 对控制算法编程，具体步骤如下。

第一步：建立电动机初始化 . m 文件，包括电动机参数、负载参数等。具体代码如下。

```
01   %%
02 clc, clear;
03 Tmin= 1e-6;
04 Ts= 1e-5;
05 KP= 2;                    % 速度环 PI 调节器比例系数
06 KI= 1;                    % 速度环 PI 调节器积分系数
07 imax= 20;                 % 电流保护阈值 [A]
08
09 UDC= 800;                 % 直流母线电压 [V]
10 SpeedRef= 3000;           % 速度给定值 [r/min]
11 TL= 10;                   % 负载转矩 [N·m]
12 Rs= 1.2;                  % 定子相电阻 [Ohm]
13 Ld= 5.028e-3;             % d-axis 电感 [H]
14 Lq= 5.351e-3;             % q-axis 电感 [H]
15 PSIf= 0.2108;             % 永磁体磁链 [Wb]
16 p= 6;                     % 永磁体极对数
```

第二步：建立驱动器初始化 . m 文件，由于驱动器采用的是常规三相两电平拓扑，8 个有效电压矢量对应的开关状态分别如下。

```
01   % 1. 矢量 alpha 轴投影
02   U_alpha0= 0;
03   U_alpha4= 2/3 * UDC * cos(0 * pi/180);
04   U_alpha6= 2/3 * UDC * cos(60 * pi/180);
05   U_alpha2= 2/3 * UDC * cos(120 * pi/180);
06   U_alpha3= 2/3 * UDC * cos(180 * pi/180);
07   U_alpha1= 2/3 * UDC * cos(240 * pi/180);
08   U_alpha5= 2/3 * UDC * cos(300 * pi/180);
09   U_alpha7= 0;
10   % 2. 矢量 beta 轴投影
11   U_beta0= 0;
12   U_beta4= 2/3 * UDC * sin(0 * pi/180);
13   U_beta6= 2/3 * UDC * sin(60 * pi/180);
14   U_beta2= 2/3 * UDC * sin(120 * pi/180);
15   U_beta3= 2/3 * UDC * sin(180 * pi/180);
16   U_beta1= 2/3 * UDC * sin(240 * pi/180);
17   U_beta5= 2/3 * UDC * sin(300 * pi/180);
18   U_beta7= 0;
19   %各个矢量表示方式
```

```
20    VV = [ U_alpha0 U_beta0;
21             U_alpha4 U_beta4;
22             U_alpha6 U_beta6;
23             U_alpha2 U_beta2;
24             U_alpha3 U_beta3;
25             U_alpha1 U_beta1;
26             U_alpha5 U_beta5;
27             U_alpha7 U_beta7];
28  %各矢量对应的开关状态
29    states = [ 0 0 0;    %0
30               1 0 0;    %4
31               1 1 0;    %6
32               0 1 0;    %2
33               0 1 1;    %3
34               0 0 1;    %1
35               1 0 1;    %5
36               1 1 1];   %7
```

第三步：在 Simulink 仿真库中拖出 MATLAB function 模块，进行模型预测电流控制算法编程，整体程序如下。

```
01  %定义函数的输入、输出变量(PSIf, Ld, Lq, Rs, Ts, states, VV 为电动机及驱动器初
02  始化变量，可在 Edit data 功能中直接定义为 parameter 属性)
03  function[ DutyCycle, opt] = fcn( id_ref, iq_ref, id_k, iq_k, thetaE, We, opt_old, PSIf,
04  Ld, Lq, Rs, Ts, states, VV)
05  DutyCycle = states(opt_old,:)';    %开关状态输出
06  %2S→2R 坐标变换，获得 k 时刻的 ud,uq
07  ud_k = cos(thetaE) * VV(opt_old,1) + sin(thetaE) * VV(opt_old,2);
08  uq_k = -sin(thetaE) * VV(opt_old,1) + cos(thetaE) * VV(opt_old,2);
09  %EMF estimation
10  Ed_k = -We * Lq * iq_k;
11  Eq_k = We * Ld * id_k + We * PSIf;
12  %第一步预测，获得 k+1 时刻的 d、q 轴电流预测值
13  id_k1 = id_k + Ts * ( ud_k - Rs * id_k - Ed_k)/Ld;
14  iq_k1 = iq_k + Ts * ( uq_k - Rs * iq_k - Eq_k)/Lq;
15  g = zeros(1,8);                    %定义数组，用以存储价值函数的结果
16  %遍历所有矢量
17  for i = 1:8
18  %2S→2R 坐标变换，获得各个电压矢量作用下的 ud,uq
19      ud_i = cos(thetaE) * VV12(i,1) + sin(thetaE) * VV12(i,2);
20      uq_i = -sin(thetaE) * VV12(i,1) + cos(thetaE) * VV12(i,2);
21  %再次用预测模型，多预测一步，进行延时补偿
22      id_k2 = id_k1 + Ts * ( ud_i - Rs * id_k1 - Ed_k)/Ld;    %k+2 时刻的 d 轴电流预测值
23      iq_k2 = iq_k1 + Ts * ( uq_i - Rs * iq_k1 - Eq_k)/Lq;    %k+2 时刻的 q 轴电流预测值
```

```
24        g(i) = (id_ref − id_k2)^2 + (iq_ref − iq_k2)^2;            %价值函数
25    end
26    [~, I] = sort(g);    %对价值函数进行排序
27    opt = I(1);          %选出最优矢量（排序在第一个即为最优）
28    end
```

3. 仿真结果

仿真实验波形如图 5-48 所示。仿真中，设置给定转速为 3000 r/min，电动机最初运行在空载状态，稳定运行之后，突加负载转矩（10 N·m）。从仿真结果可以看出，在额定工

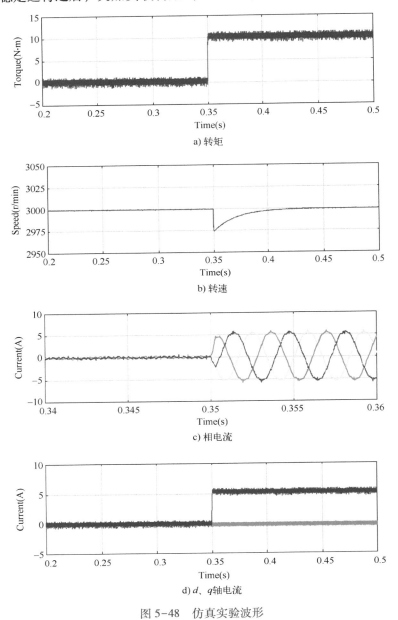

a) 转矩

b) 转速

c) 相电流

d) d、q 轴电流

图 5-48 仿真实验波形

况下（3000 r/min、10 N·m），设计的电动机能够稳定输出 10 N·m 转矩，转速平稳，相电流正弦、畸变低。在突加负载这一动态过程中，转速在略有降低后能很快跟随给定的 3000 r/min，d 轴电流在加负载前后均能控制为零。

长知识——永磁同步电动机在电梯领域的应用

电梯可以看成是一个复杂的机电一体化设备，与现代人类的生活密不可分，电梯驱动用电动机是该设备的重要环节，也是衡量一部电梯技术指标的关键。近年来，众多国内外电梯和曳引机生产商纷纷推出了各种形式的以永磁同步电动机为主的无齿轮曳引电动机，较之交流异步电动机，将永磁同步电动机应用于电梯拖动系统具有如下几个特点：

1）相比于传统的齿轮驱动的电梯系统，采用永磁同步电动机的无齿轮曳引机系统的效率高达 90% 以上，比交流异步电动机和减速箱结构系统节能 30% 以上。

2）永磁同步电动机产生的噪声小，应用于电梯系统中，可以带来更佳的舒适感。

3）永磁同步电动机与异步电动机相比更加紧凑、体积更小。通过合理的电动机设计和制造技术，能够使得永磁同步电动机低速下产生足够大的转矩。

4）永磁同步电动机转子没有损耗，效率更高，而异步电动机功率因数偏低、高效率区窄。

由于上述优点，使用永磁同步电动机的无齿轮传动系统成为电梯拖动系统发展的方向。

思考题与习题

5-1　简述永磁同步电动机矢量控制技术的含义。

5-2　以电动汽车为例，何时会采用转速控制，何时会采用转矩控制？

5-3　永磁同步电动机矢量控制系统是如何组成的？为什么要用位置传感器？

5-4　永磁同步电动机采用弱磁控制策略时，需要注意哪些事项？

5-5　表面式和内嵌式永磁同步电动机在控制策略上有何不同？

5-6　画出 $i_d = 0$ 控制策略的相量图，并分析其特点。

5-7　简述 PMSM 直接转矩控制的基本思想。

5-8　对于 PMSM，DTC 是如何控制定子磁链幅值的，又是如何控制电动机的电磁转矩？

5-9　在一个采样周期内，PMSM 的转矩增量与哪些因素有关？如果试图控制转矩增量，应如何做？

5-10　基于开关表和滞环比较器的 DTC 有哪些优点？又有哪些缺点？哪些措施可以用来改进该 DTC 技术的性能？

5-11　SVM-DTC 较基于开关表和滞环比较器的 DTC 有哪些优势？又有哪些劣势？

5-12　为什么 DTC 无须同步旋转变换？与矢量控制相比，DTC 的最大优势是什么？

5-13　异步电动机 DTC 与永磁同步电动机的 DTC 有何区别？

5-14　除了七段式 SVPWM，还有哪种调制方式？与七段式调制区别在哪？

5-15　相同的采样频率下，SVM-DTC 和基于开关表和滞环比较器的 DTC，哪种开关损耗更大？为什么？

5-16　简述模型预测控制的基本思想。

5-17 画出模型预测控制的原理框图，并简要介绍各部分。

5-18 与矢量控制和直接转矩控制相比，模型预测控制的优势在哪？劣势又有哪些？

5-19 简述模型预测控制计算量大的原因，并说明如何减小计算量。

5-20 举例说明哪些措施可以改善 FCS-MPC 的性能。

5-21 针对 FCS-MPC 存在的问题，哪些问题是可以通过价值函数予以解决的，并简述解决思路。

5-22 简述 FCS-MPTC 和直接转矩控制的区别。

5-23 PMSM 电源频率为 50 Hz 和 60 Hz 时，10 极 PMSM 转速是多少？18 极 PMSM 转速又是多少？

5-24 结合 PMSM 数学模型，讨论 PMSM 非线性、强耦合和多变量的性质，并说明具体体现在哪些方面。

5-25 隐极式与凸极式 PMSM 的结构与电磁转矩分别有何特点？

5-26 PMSM 永磁转矩与哪些因素有关，磁阻转矩与哪些因素有关？

5-27 试分析 PMSM 结构简单、运行可靠的原因。

5-28 PMSM 的机械角度与电角度是什么关系？

5-29 从控制电动机的角度，永磁同步电动机较异步电动机更复杂还是更简单？为什么？

5-30 永磁无刷直流电动机与普通直流电动机有何区别？

5-31 位置传感器在无刷直流电动机中起到什么作用？

5-32 简述使用无位置传感器控制两相导通三相星形六状态永磁无刷直流电动机的工作原理。

5-33 试分析"反电动势法"无位置传感器永磁无刷直流电动机控制原理。

5-34 比较正弦波永磁同步电动机和永磁无刷电动机各自的优点及区别。

5-35 什么是无位置传感器永磁无刷直流电动机控制的"三段式"起动法？

5-36 梯形波永磁同步电动机和正弦波永磁同步电动机构成的特点是什么？两者在调速系统组成上的区别是什么？

参考文献

［1］ 国务院办公厅. 国务院办公厅关于印发新能源汽车产业发展规划（2021—2035 年）的通知：国办发 ［2020］39 号［A/OL］.（2020-11-02）［2024-04-30］. https://www.gov.cn/zhengce/content/2020-11/02/content_5556716.htm.

［2］ BLASCHKE F. Das Prinzip der Feldorientierung, die Grundlage fuer die TRANSVEKTOR-Regelung von Drehfeldmaschinen［J］. Siemens-Z, 1971, 45.

［3］ DEPENBROCK M. Direct self-control（DSC）of inverter-fed induction machine［J］. IEEE Transactions on Power Electronics, 1988, 3（4）：420-429.

［4］ TAKAHASHI I, NOGUCHI T. A new quick-response and high efficiency control strategy of an induction motor ［J］. IEEE Transactions on Industry Applications, 1986, 22（5）：820-827.

［5］ RODRIGUEZ J, CORTES P. Predictive control of power converters and electrical drives［M］. New York：Wiley, 2012.

［6］ TARCZEWSKI T, GRZESIAK L M. Constrained state feedback speed control of PMSM based on model predictive approach［J］. IEEE Transactions on Industrial Electronics, 2016, 63（6）：3867-3875.

［7］ WANG W, LIU T, SYAIFUDIN Y. Model predictive controller for a micro-PMSM-based five-finger control system［J］. IEEE Transactions on Industrial Electronics, 2016, 63（6）：3666-3676.

［8］ 席裕庚. 预测控制［M］. 2 版. 北京：国防工业出版社, 2013.

［9］ 庞中华, 崔红. 系统辨识与自适应控制 MATLAB 仿真［M］. 3 版. 北京：北京航空航天大学出版社, 2017.

［10］ NOVAK M, XIE H, DRAGICEVIC T, et al. Optimal cost function parameter design in predictive torque control（PTC）using artificial neural networks（ANN）［J］. IEEE Transactions on Industrial Electronics, 2020, 68（8）：7309-7319.

［11］ 李言俊, 张科. 自适应控制理论及应用［M］. 西安：西北工业大学出版社, 2005.

［12］ 韩京清. 自抗扰控制技术：估计补偿不确定因素的控制技术［M］. 北京：国防工业出版社, 2008.

［13］ 李永东, 郑泽东. 交流电机数字控制系统［M］. 3 版. 北京：机械工业出版社, 2017.

［14］ 冯垛生, 曾岳南. 无速度传感器矢量控制原理与实践［M］. 2 版. 北京：机械工业出版社, 2006.

［15］ 吕月. 坐底 10909 米！"奋斗者"号勇往直"潜"有哪些硬科技？［J］. 今日科技, 2020（12）：39-41.

［16］ 胡寿松, 姜斌, 张绍杰. 自动控制原理［M］. 8 版. 北京：科学出版社, 2023.

［17］ 王斌锐, 李璟, 周坤, 等. 运动控制系统［M］. 北京：清华大学出版社, 2020.

［18］ 王立乔, 沈虹, 吴俊娟, 等. 电力传动与调速控制系统及应用［M］. 北京：化学工业出版社, 2017.

［19］ 彭鸿才, 边春元. 电机原理及拖动［M］. 3 版. 北京：机械工业出版社, 2015.

［20］ 汤蕴璆. 电机学［M］. 5 版. 北京：机械工业出版社, 2015.

［21］ 陈坚, 康勇. 电力电子学：电力电子变换和控制技术［M］. 3 版. 北京：高等教育出版社, 2011.

［22］ 林忠岳. 现代电力电子应用技术［M］. 北京：科学出版社, 2007.

［23］ 吕刚. 直线电机在轨道交通中的应用与关键技术综述［J］. 中国电机工程学报, 2020, 40（17）：10.

［24］ 付守永. 工匠精神：国家战略行动路线图［M］. 北京：北京大学出版社, 2018.

［25］ 汤蕴璆, 史乃. 电机学［M］. 北京：机械工业出版社, 2001.

［26］ 阮毅, 杨影, 陈伯时. 电力拖动自动控制系统：运动控制系统［M］. 5 版. 北京：机械工业出版社, 2016.

［27］ LEONHARD W. 电气传动控制［M］. 吕嗣杰, 译. 北京：科学出版社, 1988.

［28］阮毅，陈维钧．运动控制系统［M］．北京：清华大学出版社，2006.

［29］唐任远．现代永磁电机理论与设计［M］．北京：机械工业出版社，2016.

［30］寇宝泉，程树康．交流伺服电机及其控制［M］．北京：机械工业出版社，2008.

［31］胡育文，高瑾，杨建飞，等．永磁同步电动机直接转矩控制系统［M］．北京：机械工业出版社，2015.

［32］杨耕，罗应立．电机与运动控制系统［M］．2 版．北京：清华大学出版社，2014.